Dr. Florian M. Nebel

# Die Besiedlung des
# MONDES

Technisch machbar. Finanziell profitabel. Logisch sinnvoll.

für Yvonne

# EINLEITUNG

»Ich glaube, dass dieses Land sich dem Ziel widmen
sollte, noch vor Ende dieses Jahrzehnts einen
Menschen auf dem Mond landen zu lassen und
ihn wieder sicher zur Erde zurückzubringen.«

– John F. Kennedy, 25. Mai 1961 –

Acht Jahre nachdem Kennedy dieses Ziel ausgegeben hatte, landeten die USA auf dem Mond und brachten Neil Armstrong und Buzz Aldrin sicher zur Erde zurück. Ohne Kennedys politischen Willen hätte es das amerikanische Raumfahrtprogramm Apollo und Menschen auf dem Mond nicht gegeben. Damals war die technische Machbarkeit keinesfalls gewiss. Ohne Raumfahrtpioniere wie Sergei Pawlowitsch Koroljow, den Vater des sowjetischen Raumfahrtprogramms, der mit Sputnik den ersten Satelliten und mit Juri Gagarin den ersten Menschen in den Weltraum brachte, oder Wernher von Braun, den Vater des Apollo-Programms, wären vermutlich niemals Menschen auf den Mond gelangt.

Heute ist die Raumfahrt nicht mehr abhängig von Einzelpersonen. Das Wissen ist weit verbreitet und moderne Projekte sind viel zu komplex, um von einer Person in allen Details verstanden zu werden. Forschung und Technik sind zu Teamsportarten geworden, bei denen eine Person alleine kein Spiel mehr gewinnt.

Das Apollo-Programm war nicht nur ein großer Beitrag zur Raumfahrt, es war auch ein großer Beitrag die Regeln zu verstehen, nach denen ein Großprojekt wie eine Mondmission funktionieren kann. Heute, 40 Jahre nach dem Ende des Apollo-Programms, gibt es keine Unsicherheit mehr, ob eine Mondreise technisch machbar ist.

Damals wie heute ist die Politik abhängig von Einzelpersonen. Nur den politischen Willen zum Mond zu reisen, den gibt es nicht mehr. Zumindest nicht in der westlichen Welt. Die Motivation, sich und seinem Erzfeind etwas beweisen zu müssen, ist mit dem Kalten Krieg verschwunden. Die alten Feinde arbeiten jetzt Hand in Hand, betreiben gemeinsam die Internationale Raumstation (ISS). Die Motivation, sich erneut der Herausforderung einer Mondreise zu stellen, ist gering.

Heute verfolgen zwei Länder vorsichtige Pläne einer Rückkehr zum Mond: China und die USA. China entwickelt die Trägerrakete Langer Marsch 9 (deutsch für Chángzheng), während die USA kurz vor dem Erstflug des Space Launch Systems (SLS) stehen. Die Nutzlast beider Raketen wird mit über 100 t zum Erdorbit vergleichbar mit der Saturn V des Apollo Programms sein – genug für eine Wiederholung der Mondlandung nach dem Vorbild von Apollo. Noch sind diese Raketen nicht verfügbar.

Mit den heute verfügbaren Trägerraketen müssen andere Wege beschritten werden. Dieses Buch zeigt einen solchen Weg. Der hier vorgestellte Weg zum Mond ist ein auf Nachhaltigkeit ausgerichteter Ansatz, der bei minimalem Aufwand für neue Entwicklungen Schritt für Schritt vom Erdorbit zum Mond geht. Der vorgestellte Plan kommt ohne eine neue Trägerrakete und ohne die Neuentwicklung eines Raumschiffs aus. Für eine Mondlandung wird lediglich eine Landefähre benötigt. Alle präsentierten Neuentwicklungen verwenden soweit möglich vorhandene Technologien. Die benötigten Technologien sind bekannt und werden zweckmäßig kombiniert. Dabei wird in vielen Fällen die russische Raumfahrtphilosophie, Produkte weiter statt neu zu entwickeln, aufgegriffen. Diese Philosophie hat sich in den vergangenen 60 Jahren als nachhaltiger und kosteneffizienter gezeigt.

Ein gutes Beispiel, wie man es nicht machen sollte, zeigt die NASA. Nachdem mit der Saturn V der Gipfel der menschlichen Raketenkonstruktionskunst erreicht wurde, stellte man das Projekt ein und die Raketen ins Museum, um sich fortan dem Space-Shuttle-Projekt zu widmen, in der Hoffnung Geld zu sparen. Die Hoffnungen wurden enttäuscht. Als es sich neben zu teuer auch noch als zu unsicher entpuppte, wurde das Projekt nach 40 Jahren eingestellt. Die Shuttles kamen ins Museum.

Heute investiert der Staat viel Geld in den privaten Sektor und subventioniert Firmen wie SpaceX in der Hoffnung, zu Startpreisen pro Tonne zu gelangen, bei denen sich die russische Raumfahrt bereits befindet und bei denen auch die Saturn V bereits war.

Fehler wie diese sollen sich bei der Mondmission der zweiten Generation nicht wiederholen. In diesem Buch geht es um Nachhaltigkeit. Wenn noch mal in ein Mondprogramm investiert wird, dann nur aus einem Grund: Um dort bleiben zu können. Es sollte eine Siedlung gegründet werden und die Siedlung sollte unabhängig sein können. Überlebensfähig ohne Unterstützung von der Erde. Es sollte eine Siedlung für jedermann sein, für Männer und Frauen, Kinder und Greise, Arm und Reich, Arbeiter und Akademiker, Industrie und Forschung. Die Siedlung sollte in der Lage sein, zu wachsen und eine Industrieleistung zu erbringen. Eine Industrieleistung nicht nur für den Eigenbedarf, sondern auch für den Export.

Buzz Aldrin auf dem Mond.

Schritt, den Schritt nach dem Mond: zum Mars. Ziel dieses Buchs ist es, Kosten und Machbarkeit einer Siedlungsgründung auf dem Mond zu untersuchen und ein Konzept vorzustellen, auf dem eine „Mondmission zweiter Generation" aufgebaut werden kann. Es liegt in der Natur eines Grundkonzepts, dass Detailfragen nicht vollständig beantwortet werden können. Im Rahmen der Konzepterstellung ist es ausreichend, wenn Zahlen, Abschätzungen und Überschlagsrechnungen auf 20 % genau stimmen. Das vorgestellte Konzept wird die Vorteile einer nachhaltigen Besiedlung des Weltraums zeigen, bei der jeder Schritt den Grundstein für den nächsten legt. Nur wenn die Siedlungen, die wir errichten, von der Erde unabhängig sind, können die Kosten im Zaum gehalten werden. Nur wenn die Siedlungen produzieren, können sie sich an Missionen zu immer weiter entfernten Planeten und Monden beteiligen. Nur durch diese Beteiligung wird die Expansion der Menschheit in die Tiefen des Weltraums finanzierbar und damit umsetzbar.

Das Ziel einer Besiedlung des Weltraums mag in weiter Ferne sein. Schritt für Schritt kann jedoch jede Distanz überwunden werden. Mit der Internationalen Raumstation sind wir den ersten Schritt gegangen. Es wird Zeit für den zweiten: zum Mond.

Dieses Buch wird zeigen, wie diese Siedlung realisiert werden kann. Die Kosten werden abgeschätzt und es wird gezeigt, dass eine Mondsiedlung nicht so teuer ist, wie gemeinhin vermutet. Vor allem aber wird sich zeigen, dass wer einen Schritt nach dem anderen macht und stets auf Nachhaltigkeit achtet, sich mit jedem Schritt leichter tut. Die Mondsiedlung leistet somit einen wichtigen Beitrag für den nächsten

**»Das ist ein kleiner Schritt für einen Menschen, aber ein großer Sprung für die Menschheit!«**

**– Neil Armstrong, 20. Juli 1969 –**

# HISTORIE VON MENSCH UND STERNEN

Äthiopien, ca. 160.000 Jahre vor unserer Zeit: In einer lauen Sommernacht schenkt eine homo erectus Mutter dem ersten homo sapiens das Leben. Stolz hebt der Vater das erste Menschenkind in die Höhe, reckt es dem Nachthimmel entgegen, als wolle er sich bei seinen Göttern bedanken. Sternenlicht, so alt wie das Universum selbst, spiegelt sich in den Augen des Säuglings – der Erste von vielen, die ausziehen werden, um die Welt zu erobern und nach den Sternen zu greifen.

## ENTWICKLUNG DER ASTRONOMIE
**Von den Anfängen bis Christi Geburt**

Während sich der Mensch von Äthiopien aus über die Welt ausbreitet und beginnt, seine Vorgänger und die Neandertaler zu verdrängen, entwickeln sich die ersten Niederlassungen. Nachdem die junge Menschheit die wichtigsten Aspekte des Überlebens – Nahrung und Unterkunft – gemeistert hat, beginnen um etwa 17.000 v. Chr. die ersten systematischen Himmelsbeobachtungen. Mondphasen und Sternenkonstellationen werden studiert und in Höhlenmalereien festgehalten, wie in der Höhle von Lascaux in Frankreich, wo einige der ältesten bekannten von Menschen geschaffenen Malereien gefunden wurden. Darunter Abbildungen, die der Sternenkonstellation der Plejaden gleichen.

▶ **Etwa 5000 v. Chr.** errichten Siedler, die sich bei Goseck in Norddeutschland niedergelassen haben, das erste Sonnenobservatorium in Form einer Kreisgrabenanlage, um den Zeitpunkt der Wintersonnwende zu bestimmen. In stark von Jahreszeiten geprägten Regionen war die Motivation groß, zu wissen wie lange die kalte Jahreszeit dauert und wann sie vorüber sein wird.

▶ **Um 3373 v. Chr.** entwickeln die Maya ihren Kalender und studieren den Auf- und Untergang der Venus, später auch die Umlaufzeiten der anderen mit bloßem Auge sichtbaren Planeten. Bis zu ihrer Vernichtung durch die spanischen Konquistadoren im 17. Jahrhundert gelingt den Maya die Bestimmung der Umlaufzeiten der Planeten bis auf wenige Minuten genau. Die Messung des Mondumlaufs gelingt noch erheblich genauer.

▶ **Parallel zu** den Forschungen der Maya in Amerika entwickelt sich das Interesse an Astronomie in Mesopotamien. Sumerer und Babylonier beginnen ebenfalls mit Mond- und Venusbeobachtungen. Die Sumerer führen um 3300 v. Chr. das Sexagesimalsystem (Zahlensystem mit der Basis 60 anstatt der Basis 10, wie wir es heute verwenden) ein. Daraus ergibt sich bis heute die Einteilung eines Kreises in 360 Grad, 60 Minuten pro Grad und 60 Sekunden pro Minute.

▶ **Etwa zur selben Zeit** führte man in Ägypten einen 365-Tage-Kalender ein, richtet die Pyramiden nach dem Nordstern aus und beginnt mit astronomischen Erforschungen von Sonne, Mond und Planeten, um die Nilhochwasser vorhersagen zu können.

▶ **Für die Chinesen** bekommt die Harmonie von Himmel, Erde und Mensch große spirituelle Bedeutung. Entsprechend wichtig wird die Vorhersage von Störungen der Harmonie wie Mond- und Sonnenfinsternissen. Es werden Beamte eingesetzt, die für Kalender und Vorhersage von Himmelsereignissen zuständig sind. Die Beamten bürgen für die Vorhersagen mit ihrem Leben, entsprechend werden die Astronomen Xi und He enthauptet, nachdem die Vorhersage der Sonnenfinsternis am 3. Oktober 2137 v. Chr. misslang.

▶ **Um etwa 1200 v. Chr.** erstellen die Babylonier den ersten Sternenkatalog. Etwa 740 v. Chr. entdecken sie unter Nabonassar den 18-jährigen Zyklus der Mondfinsternis.

▶ **613 v. Chr.** dokumentieren die Chinesen den Vorbeiflug des Kometen Halley.

▶ **Um etwa 300 v. Chr.** kann man in Babylon den Lauf der bekannten Planeten vorhersagen und erwägt die Möglichkeit eines heliozentrischen Sonnensystems.

▶ **Der Grieche Aristoteles (384–322 v. Chr.)** entdeckt das Prinzip der Lochkamera, das erst mehr als 1000 Jahre später zur systematischen Beobachtung der Sonne eingesetzt wird, und vermutet als erster: Die Erde ist eine Kugel.

▶ **Um etwa 300 v. Chr.** erhöhen griechische Stoiker die Zahl der bekannten Planeten auf 5: Merkur, Mars, Venus, Jupiter und Saturn.

▶ **Etwa 200 Jahre später ist es der Grieche Hipparchos,** der die Präzessionsbewegung der Erde (Taumelbewegung der Erde, ausgelöst durch die leicht gegenüber der Senkrechten verschobenen Erdachse) als Erklärung für die Veränderung der Koordinaten von Fixsternen am Nachthimmel entdeckt.

### Christi Geburt bis Ende 17. Jahrhundert

▶ **Mit der Ausbreitung** des griechischen Reiches verschmilzt mesopotamisches und ägyptisches Wissen über die Astronomie. Die ägyptische Hafenstadt Alexandria entwickelt sich zum Zentrum von Wissenschaft und Forschung und erreicht unter römischer Herrschaft, im ersten Jahrhundert nach Christus, ihren Höhepunkt. Claudius Ptolemäus, ein Bibliothekar in der Großen Bibliothek von Alexandria, verfasst eine Zusammenstellung über Mathematik und Astronomie, Almagest genannt, die bis zum Ende des Mittelalters zum Standardwerk der Astronomie wird. Inspiriert von Hipparchos von Nicäa beschreibt Ptolemäus ein geozentrisches Weltbild – das Ptolemäische Weltbild.

▶ **Ebenfalls im ersten Jahrhundert nach Christus** beginnt man in China mit der Beobachtung von Sonnenflecken, Novae und Supernovae, die als Gaststerne bezeichnet werden. Die bedeutendste Supernova, die auch bei Tageslicht wochenlang sichtbar bleibt, ereignet sich 1054 im Krebsnebel.

▶ **Im europäischen Mittelalter** setzte sich das im römischen Reich aufgekommene Desinteresse an einer Weiterentwicklung der Astronomie fort. Es ist die arabische Welt, die unter dem aufkommenden Islam das antike Wissen bewahrt und Fehler in den antiken Überlegungen erkennt. Man verfügt zwar nicht über die Mittel, die Fehler zu korrigieren, dennoch gelingen eigene Beobachtungen. So ist es der persische Astronom Al-Sufi, der im 10. Jahrhundert als erster Mensch eine zweite Galaxie entdeckt: Den Andromeda Nebel.

▶ **Etwa um 500 n. Chr.** erlebt die indische Astronomie einen Höhepunkt: Unter dem Astronomen Aryabhata, der das Konzept der Zahl Null entdeckt und so einen wichtigen Impuls für die Zukunft der Mathematik gibt.

▶ **1543 leitete Nikolaus Kopernikus** mit seinem Buch „De Revolutionibus Orbium Coelestium" die Renaissance der europäischen Astronomie ein. Etwa 1800 Jahre nach den Babyloniern hält auch er ein heliozentrisches Sonnensystem für möglich und beschreibt es im Detail.

▶ **1609** gelingt es dem Wissenschaftler und evangelischen Theologen Johannes Kepler, nach Vorarbeiten des dänischen Adligen Tycho Brahe, die Planetenbewegungen im heliozentrischen Sonnensystem mit dem nach ihm benannten 1. und 2. Kepplerschen Gesetz exakt zu beschreiben.

▶ **Anfang des 17. Jahrhunderts** erfährt die Beobachtung der Himmelskörper durch die Erfindung des Fernrohrs großen Auftrieb. Einen wichtigen Grundstein legt der venezianische Wissenschaftler und Politiker Daniele Barbaro, indem er die von Aristoteles erfundene Lochkamera – auch Camera Obscura genannt – um eine geschliffene Linse erweitert. 1608 schließlich konstruiert der holländische Brillenmacher Hans Lipperhey das erste Fernrohr.

▶ **Dieses wird** in der Folge von Galileo Galilei weiter entwickelt. 1610 entdeckt der aus Pisa stammende Naturwissenschaftler damit die Jupitermonde Kallisto, Io, Europa und Ganymed. Die Entdeckung der ersten Himmelskörper, die nachweislich nicht die Erde umkreisen, widerspricht dem ptolemäischen Weltbild und führt zu einer nachhaltigen Störung der

### Geozentrisches (Ptolemäus) Sonnensystem

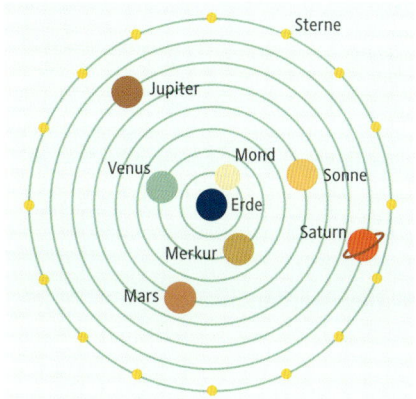

### Heliozentrisches (Kopernikus) Sonnensystem

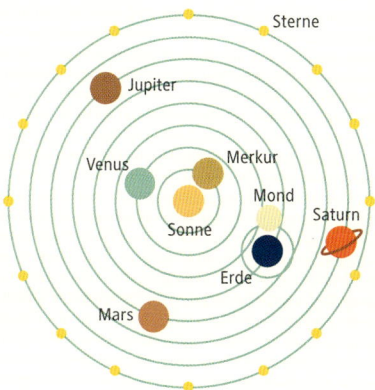

Jupiter und die vier
galileischen Monde.

Beziehung zwischen Kirche und Wissenschaft. Nachdem Galilei aus Sicht der Inquisition zu hartnäckig versucht, die Kirche vom kopernischen Weltbild zu überzeugen, wird gegen ihn ermittelt. Nachdem er seinen Ansichten abschwört, wird er zu einer milden Kerkerhaft verurteilt, die er nie antreten muss. Erst 360 Jahre später wird Galilei durch Papst Johannes Paul II offiziell rehabilitiert.

Die Erfindung des Fernrohres führt zu zahlreichen weiteren Entdeckungen. 1612 gelingt Simon Marius die Wiederentdeckung des Andromeda Nebels, 1619 dem Schweizer Johann Baptist Cysat die Entdeckung des ersten Doppelsternsystems. 1655/56 entdecken Giovanni Domenico Cassini und Christiaan Huygens die Saturnringe, seinen Mond Titan und den 1350 Lichtjahre entfernten Orionnebel. Zum Ende des 17. Jahrhunderts (1676) beweist der Däne Ole Rømer anhand von Verdunklungen der Jupitermonde, dass die Lichtgeschwindigkeit endlich ist.

### 18. Jahrhundert bis heute

▶ **Es dauert bis zum Jahr 1781,** bis die Entdeckung des siebten Planeten, Uranus, gelingt. Obwohl der Planet bei guten Bedingungen auch mit bloßem Auge zu sehen ist, wurde er bis dahin immer für einen Fixstern gehalten. Sein Entdecker Wilhelm Herschel hält ihn anfangs für einen Kometen.

▶ **Bis 1845 werden mit** Ceres, Pallas, Juno,-Vesta und Astraea die Planeten 8 bis 12 entdeckt. 1846 entdeckt der Franzose Le Verrier Neptun als 13. Planeten. 1851 ändert man die Planetendefinition und degradiert alle neu entdeckten Himmelskörper zu Asteroiden, nur Neptun behält seinen Status, jetzt als achter Planet.

▶ **Am 18. Februar 1930** entdeckt der Amerikaner Clyde Tombaugh Pluto als 9. Planet und beendet eine 25 Jahre dauernde Suche nach dem legendären Transneptun, dessen Existenz man – aufgrund von Bahnstörungen in der Neptun- und Uranus-Bahn – bereits lange vermutet hatte. 2006 und damit 76 Jahre später wird Pluto der Planetenstatus aberkannt. Heute ist er als Zwergplanet klassifiziert.

▶ **Erst 1992** werden die ersten Planeten außerhalb des Sonnensystems entdeckt. Der in den USA lehrende Pole Aleksander Wolszczan und der Kanadier Dale Frail entdecken die ersten beiden Exo-Planeten um den 1000 Lichtjahre entfernten Pulsar PSR B1257+12. Die Planeten umkreisen den Pulsar in 0.19 und 0.36 AU (AU = Astronomic Unit, englisch für Astronomisch Einheit. 1 AU entspricht dem mittleren Abstand der Erde von der Sonne), was zu Helligkeitsschwankungen des Pulsars führt. Drei Jahre später entdecken Michel Mayor und sein Mitarbeiter Didier Queloz den ersten Planeten um einen sonnenähnlichen Stern. 51 Pegasi b, auch Bellerophon genannt, umkreist seinen Stern in nur 0.05 AU. Auch wenn Bellerophon noch viel zu nahe um seine Sonne kreist, um Leben zu ermöglichen, so zeigt seine Entdeckung, dass Planeten im Universum möglicherweise eine gewöhnliche Erscheinung und vermutlich sogar die Regel sind.

▶ **2007 wird** im nur 20 Lichtjahre entfernten System Gliese 581 der erste Exoplanet entdeckt, der seinen Stern in der Mitte der bewohnbaren Zone umkreist: Gliese 581 d. Seine Masse beträgt das Achtfache der Erde und seine Umlaufzeit 66 Tage. Auch der etwas kleinere Planet Gliese 581 c, der den Zentralstern in 13 Tagen umkreist, befindet sich möglicherweise noch in der bewohnbaren Zone.

**Zum Vergleich:** In unserem Sonnensystem befinden sich Venus, Erde und Mars in der bewohnbaren Zone. Die Erde ist in der Mitte.

## GESCHICHTE DER LUFTFAHRT

In Europa leistet Leonardo da Vinci (1452–1519) mit seinen Zeichnungen und Entwürfen von Fluggeräten schon früh einen erwähnenswerten Beitrag, die Menschen näher an die Sterne zu bringen. Auch wenn seine Entwürfe noch nicht flugfähig sind, so ist es doch eine wichtige Pionierarbeit für die Entwicklung von Flugzeug und Helikopter.

### 1783 bis Anfang 20. Jahrhundert

▶ **1783 gelingt** der Menschheit der erste Flug. In einem von den Brüdern Montgolfier entwickelten Heißluftballon heben der Physiker Jean-François Pilâtre de Rozier und der Offizier François d'Arlandes von Versailles aus vom Boden ab. 25 Minuten später kehren die ersten Luftfahrer der Geschichte unbeschadet zur Erde zurück. Das Zeitalter der Luftfahrt hatte begonnen.

▶ **In seinem 1865** verfassten Werk „De la Terre à la Lune" (Von der Erde zum Mond) kreiert Jules Verne den Traum vom bemannten Flug zum Mond. Der erste motorisierte Flug ereignet sich am 18. August 1903 durch den deutschen Flugpionier Karl Jatho, ehe den Brüdern Wright am 17. Dezember 1903 der erste andauernde und gesteuerte Flug in einem motorbetriebenen Flugzeug gelingt.

▶ **Im gleichen Jahr** stellt der russische Amateurraketenforscher Konstantin Ziolkowski – weitgehend unbemerkt von der Öffentlichkeit – als erster Mensch die Raketengleichung auf, die bis heute die grundlegende Funktion aller Raketen theoretisch beschreibt.

1903: Erster Flug der Brüder Wright.

▶ **Bereits 1909** überquert der Franzose Louis Blériot den Ärmelkanal und fliegt von Calais nach Dover. Am 12. Juni 1912 findet der erste Postflug innerhalb von Deutschland statt. Keine fünf Jahre später überquert Albert C. Read im Mai 1919 als erster Mensch in einem Flugzeug den Atlantik. Wenige Monate später wiederholen John Alcock und Arthur Whitten Brown die Überquerung ohne Zwischenlandung, ehe 1927 Charles Lindbergh als erster Mensch, der alleine und ohne Zwischenlandung von New York nach Paris fliegt, zu Weltruhm gelangt.

### Erster und Zweiter Weltkrieg

▶ **Im Ersten Weltkrieg** etablieren sich Flugzeuge als Kriegsgerät. Die ersten Flugplätze entstehen, der Flugfunk wird entwickelt und die Leistungsfähigkeit gesteigert. Hugo Junkers erprobt 1915 das erste Ganzmetallflugzeug, die Junkers J1, die er später zum ersten Ganzmetall-Verkehrsflugzeug, der Junkers F13, weiterentwickelt.

▶ **Nach Kriegsende** besteht in Europa und USA eine groß dimensionierte Luftfahrtindustrie, der die militärischen Aufträge wegbrechen. Man verlagert sich in den zivilen Bereich, so wird zum Beispiel 1926 die Deutsche Luft Hansa AG gegründet.

▶ **1923 veröffentlicht** der Raketenpionier Herman Oberth seine Dissertation „Die Rakete zu den Planetenräumen", entdeckt die Raketengleichung für den deutschsprachigen Raum und verhilft dem Thema Raumfahrt und Raketentechnik zu breiterer Popularität. Vier Jahre später gründet sich in Breslau, im heutigen Polen, der Verein für Raumschifffahrt. 1929 zieht der Verein nach Berlin um und zieht weitere Mitglieder an, darunter die Raketeningenieure Rudolf Nebel und Wernher von Braun. Noch im selben Jahr gründet Nebel in Berlin-Tegel den ersten Raketenflugplatz und startet dort die zusammen mit Oberth entwickelte erste Flüssigtreibstoff-Rakete. Die erreichten Flughöhen sind anfangs nur um die 100 m. Nach seinem Ingenieurstudium beginnt von Braun beim Raketenprogramm des Heereswaffenamtes. Bereits 1934 erreicht das von ihm entwickelte

Aggregat 2 eine Gipfelhöhe von 2.200 m. In den folgenden Jahren arbeitet von Braun zusammen mit Ernst Heinkel an einem Raketentriebwerk für Flugzeuge, ehe er 1937 die Leitung der Heeresversuchsanstalt Peenemuende übernimmt.

▶ **Am 20. Juni 1939** unternimmt die Heinkel He 176, das erste Flugzeug mit Flüssigkeitsraketenantrieb, ihren Jungfernflug. Nur zwei Monate später ist das Modell He 178 das erste Flugzeug mit Turbinen-Luftstrahltriebwerk.

▶ **Im Zweiten Weltkrieg** steigert sich die Leistung der Flugzeuge immer weiter. Im Deutschen Reich erzielt man besonders gute Fortschritte im Verständnis des Überschallflugs und erbringt zahlreiche Pionierleistungen. 1941 überschreitet das Raketenflugzeug Me 163 die Grenze von 1.000 km/h im Horizontalflug, drei Jahre später erreicht dasselbe Modell 1.130 km/h im Neigungsflug, was bei genügender Höhe bereits Überschallgeschwindigkeit entspricht. Ein Durchbrechen der Schallmauer durch die Me 262 im Bahnneigungsflug kann nie offiziell bestätigt werden. Diese Ehre bleibt dem amerikanischen Raketenflugzeug Bell X-1, das den Rekord 1947 offiziell aufstellt.

▶ **In den letzten Kriegsjahren** entwickelt von Braun Aggregat 4 in Peenemuende. 1942 erreicht die besser als Vergeltungswaffe 2 (V2) bekannte Rakete eine Gipfelhöhe von 80 km. Nach kontinuierlichen Verbesserungen erreicht Aggregat 4 1945 eine Flughöhe von 184 km und wird so zum ersten von Menschen geschaffenen Objekt im Weltraum.

## 1945 bis 1961: Auf in den Weltraum

▶ **Nach Kriegsende** läuft von Braun mit seinen führenden Mitarbeitern zu den Amerikanern über, während die Russen Kontrolle über die V2-Produktionsstätten und die restlichen Mitarbeiter erlangen. Es beginnt der Wettlauf der Supermächte um den Weltraum.

Mit dem Ziel, eine Interkontinentalrakete zu entwickeln, erhält Sergei Pawlowitsch Koroljow, von Stalin den Auftrag, so viel Wissen vom deutschen Raketenprogramm abzuschöpfen wie möglich. Ähnlich zu von Braun hatte Koroljow bereits 1930 mit der Konstruktion von Hybridraketen begonnen. 1938 ist er, von einem Rivalen denunziert, verhaftet und zu zehn Jahren Arbeitslager verurteilt worden. Er verbrachte fünf Monate im Lager Maldjak, ehe er in ein Speziallager für Wissenschaftler verlegt wurde, das von einem Mitgefangenen als „Erster Kreis der Hölle" beschrieben wird. Nach vier Jahren wurde er nach Kasan verlegt, um Motoren für Jagdflugzeuge zu konstruieren. Zwei Jahre später wurde er von dort, auf Betreiben des Flugzeugbauers Andrei Nikolajewitsch Tupolew, entlassen.

▶ **Mit Koroljow beginnt ein Goldenes Zeitalter** für die russische Raumfahrt. Am 4. Oktober 1957 bringen die Sowjets den Satelliten Sputnik 1 mit einer R-7 auf eine Umlaufbahn um die Erde und erschaffen so den ersten künstlichen Erdtrabanten. Die R-7 wird später zur Sojus weiterentwickelt und bleibt bis heute die meist verwendete Rakete in der Raumfahrt. Sputnik 1 verglüht 92 Tage nach dem Start in der Erdatmosphäre.

Ursprünglich als Interkontinentalrakete konzipiert um thermonukleare Sprengköpfe in den verfeindeten Westen transportieren zu können, löst die erfolgreiche R-7-Mission in den USA einen verständliche Panikreaktion aus: den Sputnik-Schock.

Während die Sowjetunion auf einem militärisch hochgradig relevanten Gebiet absolute Überlegenheit demonstriert, entwickelt sich in den USA ein kräftezehrender Wettstreit zwischen Armee, Marine und Luftwaffe. Am Redstone Arsenal in Huntsville, Alabama, leitete von Braun die Entwicklung der Jupiter-C- und Redstone-Raketen für die Armee. Die Marine entwickelt die Vanguard und die Luftwaffe schlägt die Atlas-Interkontinentalrakete vor. Präsident Eisenhower gibt der Marine den Vorzug. Mit Sputnik 2 bringt die Sowjetunion die Hündin Laika am 3. November 1957 als erstes Lebewesen in den Weltraum. Laika stirbt wenige Stunden nach dem Start an Überhitzung oder Stress. Erst nachdem eine Vanguard-Rakete beim Start versagt, erhält von Braun grünes Licht für den Start seiner Jupiter-C. Die Rakete bringt am 1. Februar 1958 den Satelliten Explorer 1 in den Weltraum.

▶ **In der Folge** konsolidieren die Amerikaner ihr Raumfahrtprogramm und gründen am 29. Juli 1958 die NASA als zivile Luft- und Raumfahrtbehörde. Ein Jahr später wechselt von Braun mit 5.000 Mitarbeitern zur NASA und beginnt die Entwicklung der Saturn I. Gleichzeitig wird die NASA mit dem Mercury Projekt beauftragt: einen Menschen in den Weltraum zu bringen.

Sowjetischer Ersttagsbrief zum 80. Geburtstag Koroljows 1987

Juri Gagarin

Wernher von Braun

Die Sowjetunion verfolgt dasselbe Ziel. Erfüllt von den allerschlimmsten Befürchtungen, was die Menschen im Weltraum erwartet, bereiten sich im Sternenstädchen bei Moskau 20 Kandidaten auf den ersten bemannten Flug in den Weltraum vor. Unsicher über die Situation im Weltall wird das Training unmenschlich hart gestaltet. Für den nur 1,57 Meter großen Juri Alexejewitsch Gagarin zahlt sich das Leiden aus.

▶ **Am 14. April 1961** startet Gagarin, ausgewählt wegen seiner ruhigen und ausgeglichenen Persönlichkeit, vom Weltraumbahnhof in Baikonur. Die mit einer abgewandelten Oberstufe ausgestattete R-7 bringt ihn sicher auf die Erdumlaufbahn. Eine Erdumrundung und 106 Minuten später landet der Kosmonaut unbeschadet südwestlich der Stadt Engels: als erster Mensch im Weltraum.

Für den Amerikaner Alan Shepard bleibt nur der zweite Platz, als er am 5. Mai 1961 von einer Redstone-Rakete auf einen kurzen Ausflug in den Weltraum befördert wird. Die Antriebskraft der Rakete reicht nicht für einen Flug auf eine stabile Umlaufbahn, so wassert Shepard schon nach 15 Minuten Flugzeit im Atlantik.

### 1961 bis 1975: Bis zum Mond

Entschlossen, der Sowjetunion nicht alle Lorbeeren der Raumfahrt zu überlassen, gibt John F. Kennedy am 25. Mai 1961 das Ziel aus, vor dem Ende des Jahrzehnts einen Amerikaner auf den Mond zu bringen.

▶ **Am 14. Januar 1966** stirbt der an Darmkrebs erkrankte und unter einem schwachen Herz leidende Sergei Koroljow bei einer Operation an Herzschwäche. Mit ihm sterben die sowjetischen Hoffnungen auf eine bemannte Reise zum Mond. Sein Nachfolger agiert glücklos.

▶ **Ende der sechziger Jahre** bleibt auch das amerikanische Mondprogramm nicht ohne Rückschläge. Bei einem Test auf der Startrampe, im Rahmen der Apollo-1-Mission, kommt es am 27. Januar 1967 zu einem tödlichen Zwischenfall. Das Apollo-Programm erholt sich jedoch schnell von dem Rückschlag und so gelingt am 9. November 1967 der Jungfernflug der Saturn V und des unbemannten Apollo-Raumschiffs in den Orbit. Von Brauns Meisterstück ist die größte jemals gebaute Rakete, ihr Startgewicht beträgt 2.934,8 t bei einer beeindruckenden Höhe von 110,6 m. Einmal gezündet setzen ihre Triebwerke eine Leistung von 120 GW frei – mehr als 100 Kernkraftwerke.

**Die Komplexität des Apollo-Programms macht es zur größten Ingenieursleistung aller Zeiten und legt den Grundstein für alle folgenden Großprojekte.**

Die Krönung des Apollo-Programms und der Zenit der menschlichen Raumfahrt ist die Mondlandung durch Apollo 11 am 20. Juli 1969. Um 20:17:58 Uhr UTC teilt Neil Armstrong 600 Millionen gespannter Fernsehzuschauer mit: "Houston, Tranquility Base here. The Eagle has landed!"

Die Mondlandung ist vollbracht. Der Traum von Visionären wie Jules Verne und Pionieren wie Hermann Oberth ist Wirklichkeit geworden. Die Menschheit hat ihre Wiege verlassen und einen anderen Himmelskörper erreicht. Juri Gagarin, der erste Mensch im Weltraum, konnte diesen Tag nicht mehr erleben. Er starb 1968 bei einem Trainingsflug im Rahmen seiner Pilotenausbildung.

▶ **Am 21. Juli 1969** um 02:56:20 UTC (in den USA noch der 20. Juli) verlässt Neil Armstrong das Landemodul, betritt als erster Mensch den Mond und spricht seine weltberühmten Worte: „That's one small step for man, one giant leap for mankind!"

Bei diesem großen Sprung bleibt es. Was folgt, ist weit weniger spektakulär. Die mächtige Saturn V erhebt sich noch elf Mal, fliegt fünf weitere Male zum Mond. Dem Apollo-Programm fehlt das übergreifende Ziel, es fehlt die Motivation, aus den zahlreichen Mondflügen etwas Bleibendes zu machen. Anstatt die Flüge zum Aufbau einer Mondbasis zu nutzen, geraten sie zu Abenteuerurlauben. Man stellt Geschwindigkeitsrekorde im Mondauto auf und spielt Golf.

**Am 11. Dezember 1972** ist Eugene Cernan der letzte Mensch auf dem Mond. Das Apollo-Programm endet mit seiner 17. Mission. Die Saturn-V-Rakete wird noch für vier Skylab-Missionen eingesetzt. Die amerikanische Raumstation bleibt vom 14. Mai 1973 bis zum 11. Juli 1979 im Orbit, ehe sie kontrolliert zum Absturz gebracht wird und über Australien verglüht.

**1975 bis 2003: Die Zeit der Space Shuttle**

▶ **Am 15. Juli 1975** startet die Saturn V zu ihrem letzten Flug. Sie bringt ein amerikanisches Raumschiff zum Rendezvous mit der russischen Sojus-Kapsel. Das erste gemeinsame Raumfahrtprojekt der verfeindeten Großmächte.

Kosten sind der entscheidende Grund für die Einstellung des Apollo-Programms und das Ende der Saturn-V-Flüge. In den USA der 70er-Jahre ist Geld knapp. Man benötigt jeden Dollar für den Vietnamkrieg. Hinzu kommt, dass Präsident Nixon kein Fan der Raumfahrt ist. Entsprechend wird auch der von Braunsche Vorschlag einer bemannten Marsmission eingestellt. 1.000 Saturn-V-Raketen sollten dafür verwendet werden.

Stattdessen findet die Idee einer wiederverwendbaren Raumfähre großen Anklang. Obwohl die Idee bereits in den 60er-Jahren geboren wurde, dauert es bis 1975, ehe der erste flugfähige Orbiter, die Enterprise, zur Erprobung des Flugverhaltens in der Erdatmosphäre hergestellt wird.

▶ **Am 12. April 1981** und damit sechs Jahre später hebt das erste wiederverwendbare Raumfahrtzeug der Geschichte vom Kennedy Space Center ab: Space Shuttle Columbia.

In den nächsten fünf Jahren verrichten die Shuttle Columbia, Challenger, Discovery und Atlantis insgesamt 24 Flüge in den Erdorbit. Die meisten Flüge dienen dem Satelliten-Transport. Die 25. Mission jedoch gerät zur Katastrophe.

Die Enterprise, Prototyp für die Space Shuttles.

▶ **Der 28. Januar 1986** ist ein für Florida ungewöhnlich kalter Tag. Die Außentemperatur liegt bei 2 Grad Celsius. Trotz der Warnungen seiner Ingenieure gibt das Management des Booster-Herstellers der NASA grünes Licht für den Start. Wie befürchtet sind nicht alle Dichtringe für diese Temperaturen geeignet, einer der Dichtringe leckt, heiße Gase entweichen mit hoher Geschwindigkeit und brennen ein Loch in den Haupttreibstofftank. Das Shuttle explodiert kurz nach dem Start. Alle sieben Astronauten sterben. Es folgen Umstrukturierungen und eine Fortsetzung des Shuttle-Programms.

▶ **Im selben Jahr** trägt eine sowjetische Sojus-Rakete das erste Bauteil zur russischen Raumstation Mir. Bis 1990 folgen weitere drei Module, die alle wissenschaftlichen Zwecken dienen. Bis 1995 werden weitere Module hinzugefügt. Insgesamt besuchen 96 Kosmonauten die Raumstation, einige davon mehrfach. Waleri Poljakow stellt dabei mit 438 Tagen den Rekord für den längsten zusammenhängenden Aufenthalt im Weltraum auf und mit 679 Tagen den Rekord für die längste Zeit im Weltraum.

▶ **Am 20. November 1998** wird das erste Modul der Internationalen Raumstation ISS von einer russischen Proton-Rakete ins All getragen. Damit beginnt das Ende der russischen Raumstation Mir. Ihr Betrieb wird noch bis 2001 fortgesetzt, ehe sie

am 23. März desselben Jahres nach 86.325 Erdumkreisungen kontrolliert zum Absturz gebracht wird und nahe der Fidschi-Inseln in den Pazifik stürzt.

▶ **Am 1. Februar 2003** läutet das Unglück der Columbia das Ende der Space-Shuttle-Ära ein. Beim Start hatten sich Schaumstoffteile oder Eisstücke vom Außentank gelöst und kollidierten mit der Flügelkante des Shuttles. Der Schaden wurde entdeckt und unterschätzt. Beim Wiedereintritt in die Erdatmosphäre bricht die Columbia infolge von eindringendem Plasma und veränderter Aerodynamik in 70 km Höhe bei einer Reisegeschwindigkeit von Mach 23 auseinander. Alle sieben Astronauten sterben.

Eine starke Reduzierung des Shuttle-Programms ist die Folge. Als einzig verbleibende Aufgabe wird die Fertigstellung der ISS betrachtet, deren restliche Module nicht mit anderen Transportmitteln gestartet werden können.

## 21. Jahrhundert: Zeitalter der privaten Raumfahrt

Gefördert von der US-Regierung und privaten Sponsoren soll das 21. Jahrhundert das Jahrhundert der privaten Raumfahrt werden.

▶ **Am 21. Juni 2004** gewinnt das von Microsoft-Mitgründer Paul Allen finanzierte und von Burt Rutan konstruierte Space Ship One den Ansari-X-Price. Voraussetzung war es, den Piloten und zwei Passagiere in 100 km Höhe, die offizielle

Grenze zum Weltraum, zu bringen und die Mission mit dem gleichen Gefährt innerhalb von 14 Tagen zu wiederholen. Durch den Sieg wird Space Ship One das erste rein privat finanzierte Fluggerät, das die Schallmauer durchbricht, und das erste privat finanzierte Raumschiff.

► **Am 28. September 2008** gelingt es dem 2002 von PayPal-Gründer Elon Musk gegründeten Unternehmen SpaceX, eine Demonstrationsnutzlast auf einen niedrigen Erdorbit zu bringen. Die verwendete Rakete ist die von SpaceX entwickelte Falcon 1. Durch einen hohen Anteil wiederverwertbarer Bauteile soll die Falcon-Familie die Kosten für Flüge zur ISS erheblich reduzieren und einen Teil der Transporte zur Raumstation übernehmen. Während die Falcon 1 in ihrer Nutzlast noch auf 670 kg limitiert ist, soll die Falcon Heavy, in der Lage sein, 53t auf einen niedrigen Erdorbit zu bringen. Damit wäre sie die leistungsstärkste Rakete seit der Saturn V, die 133 t stemmen konnte. SpaceX war weltweit das erste Unternehmen mit der Fähigkeit, Fracht auf einen niedrigen Erdorbit zu bringen.

► **Am 21. Juli 2011** bedeutet die Landung der Atlantis das offizielle Ende der Space-Shuttle-Ära. Insgesamt wurden durch die fünf Shuttle 135 Missionen ausgeführt, über 21.000 Mal die Erde umrundet und 64 Satelliten oder Sonden ausgesetzt. Das Programm konnte niemals die hohen Erwartungen erfüllen. Mit ihrem letzten Flug brachte die Atlantis ein Bauteil zur Internationalen Raumstation.

SpaceShipOne, das erste privat finanzierte Raumschiff.

# WARUM SOLLTEN WIR DEN MOND BESIEDELN?

# BESIEDLUNG DES MONDES:
## MOTIVATION UND ZIELE

Seit der Amerikaner Eugene Cernan am 11. Dezember 1972 den Mond verlassen hat, ist kein Mensch mehr dorthin zurückgekehrt. Seine Fußabdrücke, zusammen mit jenen seiner Vorgänger, sind neben ein paar Flaggen und Ausrüstungsgegenständen das Einzige, das vom „Rennen zum Mond" übrig geblieben ist. Wie bei jedem Wettlauf war nur ein Ziel wichtig: Erster sein. Ein nachhaltiges Ziel – zumindest auf dem Mond – hat das amerikanische Mondfahrtprogramm Apollo nicht erreicht.

Heute, verfügt keine Nation mehr über eine Trägerrakete von der Kapazität der für das Apollo-Programm verwendeten Saturn V. Mondlandefähren stehen nur noch im Museum, genau wie die Raumschiffe, die die Crews zum Mond brachten. Betrachtet man das Apollo-Programm unter dem Aspekt „Besiedlung des Mondes", war es ein Fehlschlag. Trotz der Kosten von auf heutige Dollar umgerechnet 150 Mrd. USD hat es nicht zu einer Besiedlung des Mondes gereicht.

**Ziel dieses Buches ist es, ein nachhaltiges Besiedlungskonzept für zukünftige Mondreisen vorzustellen.** Um Nachhaltigkeit zu erreichen, ist es wichtig, die Idee des Wettlaufs zu begraben. Aus dem Wettkampf zweier Supermächte muss eine gemeinsame Anstrengung aller interessierten Länder werden. Eine internationale Unternehmung nach dem Vorbild der Internationalen Raumstation (ISS).

Raumfahrt und die Besiedlung des Weltraums im Speziellen haben das Potenzial, die Menschen in zwei Lager zu spalten: Enthusiasten und Realisten. Ein Enthusiast benötigt keine besonderen Gründe. Allein der Gedanke, die Wiege der Menschheit zu verlassen, hinauszugehen ins Universum und eine neue Welt zu entdecken, ist Grund genug es auch zu tun. Genau wie dem Entdecker früherer Tage reichen einem Enthusiasten das Abenteuer und die Belohnung, der Erste zu sein, der etwas Neues, etwas Wunderbares, sieht.

Einem Realisten fehlt dieser Abenteuergeist. Was zählt, steht unter dem Strich. Für ihn steht die Frage nach dem wirtschaftlichen Nutzen im Mittelpunkt. Bei der Raumfahrt liegt der Hauptnutzen in der Entwicklung neuer Technologien, dem Voranbringen von Wissenschaft und Technik. Wer nach „Spin off"-Technologien des Apollo-Programms sucht, der wird schnell fündig: Feuerfeste Kleidung oder Wasserfilter sind nur zwei Beispiele, bei denen ursprünglich für die Raumfahrt entwickelte Produkte mit großem Erfolg für den irdischen Alltag genutzt werden. Einige der Spin-Offs werden später im Kapitel näher vorgestellt.

Niemand weiß genau, wie viel Umsatz heute mit diesen Technologien erwirtschaftet wird. Es gilt aber als sicher, dass die Umsätze die Kosten des Apollo-Programms von 150 Mrd. USD bei Weitem übertreffen.

Wer wissen will, was unter dem Strich steht, muss unter viele Striche blicken. Unstrittig ist, dass eine Besiedlung des Mondes kurzfristig Kosten verursacht, die in ihrer Summe gesehen immens sind. Verteilt auf verschiedene Länder werden die Kosten jedoch überschaubar und tragbar, auf verschiedene Jahre aufgeteilt schließlich sogar klein. Versteht man Investitionen für die Raumfahrt als Subventionen für eine zukunftsträchtige Hightech-Industrie oder einfach nur als Investitionen in Bildung und Forschung, dann relativieren sich die Zahlen ganz schnell. Pro Jahr investiert alleine Deutschland über 150 Mrd. Euro in verschiedene Subventionen. Ausgaben in Bildung und Forschung übersteigen sogar die 200-Mrd.-Euro-Marke deutlich. Dagegen sind die Kosten des Apollo-Programms mit umgerechnet 115 Mrd. Euro geradezu gering. Bedenkt man die Laufzeit des Apollo-Programms von 12 Jahren (1961 bis 1972), so lagen die jährlichen Kosten nur bei 9,6 Mrd. Euro – nur etwa 6 % der Deutschen Subventionsausgaben. Geht man davon aus, dass sich Deutschland mit etwa 10 % an einer Mondmission von den Dimensionen des Apollo-Programms beteiligen würde, wären das gerade einmal 960 Mio. Euro bzw. 0,6 % der Ausgaben, die heute in Subventionen fließen.

Eugene Cernan 1972 auf dem Mond.

**Zum Vergleich:** Deutschland ließ sich das Betreuungsgeld – bis zu seinem Verbot auf Bundesebene – pro Jahr 680 Mio. Euro kosten, die Mehrwertsteuersenkung im Hotelgewerbe sogar etwa 1 Mrd. Euro.

Nur mit diesen beiden, bei der Bevölkerung sehr unbeliebten Subventionen ließen sich 18 % der jährlichen Kosten eines Mondprogramms von den Dimensionen des Apollo-Programms tragen.

## APOLLO WAR NICHT TEUER

Ausgaben in Deutschland pro Jahr für:

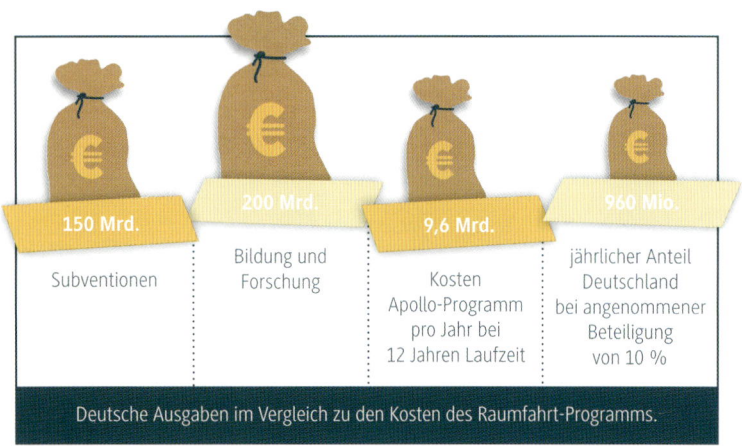

| 150 Mrd. | 200 Mrd. | 9,6 Mrd. | 960 Mio. |
|----------|----------|----------|----------|
| Subventionen | Bildung und Forschung | Kosten Apollo-Programm pro Jahr bei 12 Jahren Laufzeit | jährlicher Anteil Deutschland bei angenommener Beteiligung von 10 % |

Deutsche Ausgaben im Vergleich zu den Kosten des Raumfahrt-Programms.

▶ **Die Zahlen sprechen für sich:** Geld für ein Großprojekt wie die Besiedlung des Mondes ist genug da. Es wird nur gerade anders verwendet. Die Frage, die wir uns also stellen müssen, ist: Wo ist das Geld am besten angelegt? Mittelfristig muss es das Ziel einer Mondkolonie sein, von irdischer Unterstützung unabhängig zu werden, um selbst einen Beitrag zur Besiedlung des Weltraums leisten zu können. Im Folgenden werden einige Ideen erklärt, was eine Mondkolonie leisten kann.

# ENTWICKLUNG DER MENSCHHEIT

Für den Enthusiasten der treibende Aspekt ist die Entwicklung der Menschheit hin zu einer idealen utopischen Gesellschaft. Eine Mondsiedlung wird dieses Ziel sicherlich nicht in einem Schritt erreichen, nähert sich diesem Ziel jedoch an.

## EXTRATERRESTRISCHE ARCHE

Eine Mondsiedlung, wie klein auch immer, stellt einen Überlebensraum für die Menschheit außerhalb der Erde dar. Abhängig von der Größe der Siedlung kann mehr und mehr irdischen Lebensformen auf dem Mond eine Chance gegeben werden, eine irdische Katastrophe von globalem Ausmaß zu überstehen. Die Notwendigkeit für einen sicheren Überlebensraum wird schon länger gesehen, so hat z. B. die norwegische Regierung auf Spitzbergen den Svalbard Global Seed Vault errichten lassen, um Saatgut vor einer globalen Katastrophe zu beschützen. Mögliche Ursachen für eine globale Katastrophe gibt es viele. Meteoriteneinschläge haben bereits in der Vergangenheit der Erde ihr Potenzial gezeigt, die vorherrschende Weltordnung zu zerstören. Ein ähnliches Ausmaß an Zerstörung wird vom Ausbruch eines der sieben bekannten Supervulkane erwartet, deren bekannteste Vertreter im Yellowstone Natio-

Ein Vulkanausbruch könnte eines Tages große Teile der Erde zerstören.

nalpark (USA), bei Neapel (Italien) oder bei Taupo (Neuseeland) liegen. Jede dieser Katastrophen hat das Potenzial, eine weltweite Tragödie auszulösen. Angewiesen ist die Menschheit auf diese Hilfe allerdings nicht. Seit dem Kalten Krieg verfügen die Supermächte über ausreichend Zerstörungskraft, um jedes Leben auf der Erde mehrfach auszulöschen. Auch nach Jahren der Abrüstung ist die Gefahr eines Atomkriegs mit der weitgehenden Auslöschung der Menschheit nicht gebannt. Eine autonome Siedlung auf dem Mond bietet einer kleinen Gruppe Menschen die Chance, jede irdische Katastrophe unter Garantie zu überleben.

## FÖRDERUNG DES WELTFRIEDENS

Neben der Möglichkeit der plötzlichen Zerstörung der Zivilisation schöpft die Menschheit schleichende Maßnahmen im großen Stil aus. Klimawandel, Überbevölkerung, Wassermangel und sich ausbreitende lokale Konflikte haben langfristig das Potenzial, das Leben auf der Erde verhältnismäßig unattraktiv zu machen. Eine internationale Mondsiedlung bietet die Chance, die Möglichkeiten einer Welt ohne Grenzen und politische Unterschiede aufzuzeigen.

**Nach einer Besiedlung des Mondes teilt sich der menschliche Lebensraum nicht mehr in Deutschland, Frankreich und Italien, oder Amerika und Europa, sondern in Mond und Erde.**

Eine internationale Mondsiedlung würde automatisch als „Der Mond" oder „Mondbürger" wahrge-

nommen werden. Das sollte auch eine Veränderung in der Wahrnehmung der restlichen Menschheit bewirken: als Erdbürger. Sobald dieses Gefühl der Zusammengehörigkeit auch in das politische Denken eingesickert ist und beginnt, das politische Handeln zu prägen, kann auch die Erde ein besserer Ort, ein grenzloser Ort, werden.

## ERSTER SCHRITT IN DEN WELTRAUM

Jede große Reise beginnt mit einem ersten Schritt. Die Ausbreitung der menschlichen Zivilisation auf andere Himmelskörper sollte mit dem nächstgelegenen, dem Mond, beginnen. Eine Reise zum Mond dauert nur wenige Tage. Zeitlich gesehen liegt der Mond für die ersten Pioniere näher an der Erde als Amerika an Europa. Trotzdem ist es Europäern gelungen, Amerika zu besiedeln. Eine Besiedlung des Mondes kann genauso gut gelingen.

# FORSCHUNG UND WISSENSCHAFT

Als vermutlich primär von Wissenschaftsbudgets finanziertes Projekt werden Forscher und Wissenschaftler auf der ganzen Welt auch die ersten Nutznießer der Mondbasis sein.

## EXTRATERRESTRISCHER STATIONSBAU UND BETRIEB

Bau und Betrieb eines Außenpostens auf einem lebensfeindlichen Himmelskörper wie dem Mond wird ein herausragendes Testfeld für alle involvierten Ingenieurswissenschaften. Der Bau einer Mondstation wird wertvolle Erkenntnisse für zukünftige Basen auf anderen Himmelskörpern – beispielsweise dem Mars – liefern, bietet aber immer noch die Sicherheit, in relativ geringer Zeit zur Erde evakuieren zu können oder neues Material nachzuschicken, um Planungsfehler zu korrigieren. Auf weiter entfernten Himmelskörpern wäre dies nur mit großer zeitlicher Verzögerung denkbar.

Zweifellos ist es möglich, eine Vielzahl dieser Erfahrungen auch auf der Erde zu sammeln. Alle Aspekte einer extraterrestrischen Siedlung können, für sich alleine, auf der Erde nachgebildet werden. Als Vorbereitung für den Basisbau sind diese Tests unerlässlich. Die Kombination von ausgedehnter Vakuumumgebung, starken Temperaturunterschieden, Strahlenbelastung und niedriger Gravitation gibt es allerdings nur auf dem Mond. Der Basisbau auf dem Mond wird Ergebnisse liefern, die in irdischen Tests nicht aufgetreten sind. Neue Erkenntnisse sollten sich im Bereich Bergbau, extraterrestrischer Landwirtschaft, Leichtbau und Biosphärenforschung ergeben, ebenso wie in der Erforschung der Auswirkung von geringer Gravitation auf den Menschen.

## TEILCHENBESCHLEUNIGER

Die größte Maschine der Welt ist der Large Hadron Collider, kurz LHC, am CERN (Europäische Organisation für Kernforschung) bei Genf. In einem 26,7 km langen Tunnel unter dem Grenzgebiet zwischen der Schweiz und Frankreich beschleunigt ein Synchrotron Protonen bzw. Bleikerne aufeinander, um in den folgenden Reaktionen Rückschlüsse auf die Physik der Elementarteilchen zu ziehen. Mit großem Aufwand werden hierfür Vakuum erzeugt

Der Teilchenbeschleuniger am CERN.

und Magnete gekühlt. Auf dem Mond gibt es das erforderliche Vakuum gratis. Im Schatten sind auch Tieftemperaturen kein Problem. Bau und Betrieb eines Teilchenbeschleunigers wären auf dem Mond erheblich einfacher. Vor allem Linearbeschleuniger – die keine Magneten zur Umlenkung erfordern, dafür aber eine lange gerade Strecke – könnten von einer Mondsiedlung betrieben werden.

## TELESKOPE

In der Nähe der Pole gibt es auf dem Mond Orte, die in ewiger Dunkelheit liegen. Astronomen spekulieren seit Langem darauf, dort optische oder Radioteleskope zu betreiben, die vollkommen frei sind von jeglicher atmosphärischen Störung und irdischem Einfluss. An Orten ewiger Dunkelheit kann das Teleskop zudem immer zur Weltraumbeobachtung verwendet werden. Im Vergleich zum Niedrigen Erdorbit (LEO) könnten hier größere Teleskope errichtet, einfacher gewartet und ausgebaut werden. Die Nähe vom Mond zur Erde würde immer noch eine Auswertung und Fernsteuerung der Teleskope von der Erde aus ermöglichen. Ist einmal ein routinemäßiger Materialtransport zum Mond etabliert, kann es kosteneffizienter sein, ein Teleskop auf dem Mond zu errichten als auf der Erde. Ein auf dem Mauna Kea (Hawaii) geplantes Teleskop mit einem 30 m durchmessenden Spiegel wird auf etwa 1,3 Mrd. USD nur für den Bau veranschlagt. Das seit 1990 im LEO betriebene Hubble-Weltraumteleskop hat bis heute 2,5 Mrd. USD für Bau und Betrieb gekostet.

**Auf dem Mond wird es nicht viel teurer werden. Aufgrund der ewigen Dunkelheit kann das Teleskop dort jedoch dreimal so lange genutzt werden wie eines auf Hawaii.**

Da keine technischen Maßnahmen zur Korrektur der Atmosphärischen Störungen erfolgen müssen, wird das Teleskop insgesamt einfacher und damit in der Herstellung – abgesehen vom Standort – günstiger. Bei einem Bau auf dem Mond ist es vorstellbar, dass anders als im LEO zumindest das Gebäude für das Teleskop und eventuell Teile der Grobmechanik aus lokalen Baustoffen gefertigt werden können. Auf mögliche industrielle Beiträge des Mondes wird in späteren Kapiteln noch ausführlicher eingegangen.

## ANDERE WISSENSCHAFTLICHE EXPERIMENTE

Mit fortschreitendem Kenntnisstand der Menschheit werden die zu untersuchenden Phänomene immer unscheinbarer und von anderen Effekten leicht überlagert. Der Mond besitzt viele dieser störenden Faktoren nicht. Als seismisch toter Himmelskörper gibt es quasi keine Erdbeben, womit erschütterungsempfindliche Experimente einfacher zu betreiben sind. Neben der Atmosphäre fehlt es dem Mond auch am Magnetfeld. Ohne diese Störgröße ist es vergleichsweise simpel zu überprüfen, ob die Gravitation auf Elektronen und ihre Anti-Teilchen, die Positronen, unterschiedlich wirkt. Eine Mondsiedlung wird viele Experimente ermöglichen, die heute eingeengt durch irdische Beschränkungen noch gar nicht erdacht worden sind.

# WIRTSCHAFT UND FINANZEN

Wo eine neue Region erschlossen wird, sind auch Geschäftsleute nicht weit. Ob Mondtourismus für zahlungskräftige Kunden, Abbau teurer Rohstoffe oder profitable Finanzgeschäfte – der ein oder andere Unternehmer hat mit Sicherheit bereits ein Konzept für das Geschäft mit dem Mond in der Schublade.

## TOURISMUS

Die zweite Branche nach Forschung und Wissenschaft, die von einer Mondbasis profitieren wird, ist der Tourismus. Ambitionierte Firmen haben bereits jetzt Mond und Mars als Ziel für touristische Unternehmungen im Auge, ohne dass es die Infrastruktur gibt, dorthin zu gelangen. Mehr noch als der Erdorbit bietet der Mond attraktive touristische Aktivitäten: Besuch der Apollo-Landestellen, sportliche Aktivitäten wie Mondgolf, Mondauto fahren oder Berge besteigen, die noch niemand bestiegen hat. Stärker noch als der Orbittourismus wird der Mondtourismus unter den hohen Anreisekosten leiden. Vorstellbar sind daher längere Aufenthalte bis hin zur Übersiedelung. Abgesehen von der unstrittigen Pioniererfahrung, die man auf dem Mond machen kann, wird sich die niedrigere Anziehungskraft positiv auf manche gesundheitliche Leiden auswirken.

Mondtourismus wird allerdings auf absehbare Zeit ein Luxusgut erster Klasse bleiben, das sich nur wenige leisten können.

## WELTRAUMBAHNHOF

Die Besiedlung des Mondes ist der erste Schritt auf der Reise zu weiter entfernten Zielen wie dem Mars. Wegen der geringeren Schwerkraft und der fehlenden Atmosphäre ist ein Raketenstart vom Mond erheblich einfacher als von der Erde. Die Fluchtgeschwindigkeit des Mondes beträgt mit 2,4 km/s weniger als ein Viertel der irdischen. Auf die benötigte kinetische Energie umgerechnet ist für einen Start vom Mond sogar nur 1/22 der Energie notwendig, die ein Raketenstart von der Erde verbraucht. Ersparnisse aufgrund der fehlenden Luftrei-

bung sind dabei noch nicht berücksichtigt. Man kann sich die Einsparung gut veranschaulichen, wenn man den Treibstoffbedarf für den Start einer Sojus-Rakete auf der Erde mit dem Start des Apollo-Aufstiegmoduls vom Mond vergleicht:

## Potential zum Treibstoff sparen

| | Sojus Start von der Erde | Apollo Start vom Mond |
|---|---|---|
| **Masse Raumschiff** | 7 t | 2,1 t |
| **Benötigter Treibstoff** | 157 t | 2,6 t |
| **Verhältnis Treibstoff zu Raumschiff** | 22:1 | 1,2 : 1 |

## VIEL ALUMINIUM AUF DEM MOND

Vergleich der Konzentrationen der häufigsten Elemente auf Mond und Erde

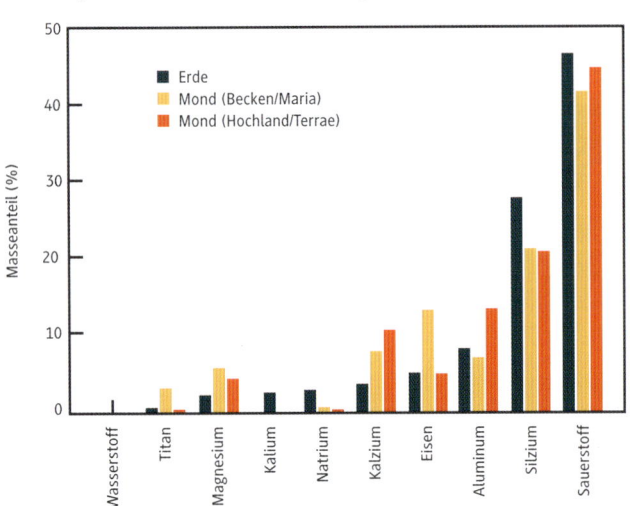

Der theoretisch berechnete Faktor 22 zwischen Erde und Mond findet sich nicht ganz wieder, da es Effizienzunterschiede zwischen den beiden Startvehikeln gibt, die zugunsten von Sojus eingehen. Die Ersparnis ist dennoch lukrativ.

Jegliche Fortbewegung im Weltraum benötigt Treibstoff. Die einzigen zurzeit entwickelten Triebwerke, die hohen Schub zur Verfügung stellen, sind chemische Antriebe. Diese haben den Nachteil, dass der benötigte Treibstoff eine vergleichsweise geringe Energiedichte aufweist. Für einen Flug zum Mars oder darüber hinaus werden folglich große Mengen an Treibstoff verbraucht. Vom Kostenstandpunkt aus ist es erheblich attraktiver, diesen Treibstoff vom Mond aus zur Verfügung zu stellen. Voraussetzung hierfür ist, dass es auf dem Mond möglich ist, Treibstoff zu erzeugen. Bereits 2002 hat die Firma Wickman Spacecraft & Propulsion Company Studienergebnisse über auf dem Mond erzeugte Raketentreibstoffe veröffentlicht. Untersucht wurde von der NASA zurückgebrachtes Mondgestein auf seine Eignung als Rohstoff für die Treibstoffherstellung. Zahlreiche Kandidaten wurden identifiziert, darunter Phosphor, Schwefel, Magnesium und Aluminium. Die meisten Metalle liegen auf dem Mond in ihrer oxidierten Form vor, sodass ausreichend Rohmaterial vorhanden ist, um daraus flüssigen Sauerstoff (LOX) als Oxidationsmittel für den Treibstoff herzustellen. Schwefel und Phosphor könnten als Treibstoff mit LOX verbrannt werden. In den Tanks würden sie als Feststoff gelagert, schmelzen allerdings bei 115 °C bzw. 44 °C. Damit ist es ein Leichtes, sie mit geringer Vorheizung als Flüssigkeit in die Brennkammer zu pumpen. Die Schmelzpunkte von Aluminium und Magnesium liegen zu hoch, um diesen Ansatz möglich zu machen. Es wurde jedoch bereits durch andere Firmen demonstriert, wie man die beiden Metalle in Pulverform mithilfe eines sogenannten inerten Gases, das nicht an der beabsichtigten Reaktion teilnehmen wird, z. B. Stickstoff, in die Brennkammer transportieren kann. Von Wickman wurde untersucht, wie sich Aluminium in LOX als Monotreibstoff verhält. Die bei Testläufen erzielten Ergebnisse waren sehr gut. Theoretisch steht damit einem auf dem Mond entwickelten Treibstoff nichts im Weg. Wie die Grafik zeigt, ist Aluminium auf dem Mond sehr häufig. Es liegt dort in der Verbindung $Al_2O_3$ vor. Durch Aufbrechen dieser Verbindung lassen sich sowohl der benötigte Sauerstoff als auch das gewünschte Aluminium herstellen.

Als weiteres Auswahlkriterium kann man sich die bei der Verbrennung der verschiedenen Stoffe frei werdende Energie ansehen. Die folgende Tabelle vergleicht Aluminium, Magnesium und Schwefel mit Wasserstoff. Ein Vergleich der freigesetzten Energie pro kg Abgas verläuft sehr positiv für Aluminium als Brennstoff. Vergleicht man die Energiedichte des Brennstoffs alleine, bleibt Wasserstoff unerreicht.

Der erwartete Spezifische Impuls eines Al/LOX-Triebwerks, das mit Aluminium und flüssigem Sauerstoff arbeitet, liegt bei 285 Sekunden. Durch Zugabe von geringen Mengen Wasserstoff (20 %) werden Spezifische Impulse bis zu 475 Sekunden erwartet.

**Zum Vergleich:**

Die erste Stufe der russischen Proton-M-Rakete hat einen Spezifischen Impuls von ebenfalls 285 Sekunden, die folgenden Stufen 327 Sekunden, 325 Sekunden und 352 Sekunden. Das Apollo-Rückkehrmodul hatte einen Spezifischen Impuls von 315 Sekunden.

Wie im Rahmen der Mondlandefähre noch gezeigt wird, lässt sich bei einem Al/LOX-Treibstoffaufwand von etwa 26 t eine Nutzlast von 4 t in die Umlaufbahn befördern und die Fähre entladen zum Mond zurückbringen. Findet man eine kostengünstigere Einweglösung, könnten mit 8,7 t Einsatz 4 t Nutzlast transportiert werden.

### Wer liefert die meiste Energie?

| Brennstoff | Energie pro kg Abgas (kWh/kg) | Energie pro kg Brennstoff (kWh/kg) |
|---|---|---|
| Aluminium | 4,56 | 8,63 |
| Wasserstoff | 4,41 | 39,69 |
| Magnesium | 4,15 | 6,88 |
| Schwefel | 1,28 | 2,57 |

Betrachtet man alle Aspekte, scheint Al/LOX ein geeigneter Raketentreibstoff zu sein und ist definitiv für Starts und Landungen vom/auf dem Mond geeignet. Für interplanetaren Verkehr kann man in Erwägung ziehen, den Treibstoff mit Wasserstoff anzureichern, um höhere Spezifische Impulse zu erreichen. Werden keine Wasserstoffvorräte auf dem Mond entdeckt, müsste dieser Wasserstoff von der Erde importiert werden, was entsprechende Mehrkosten verursacht. Nachdem die Machbarkeit und Verwendbarkeit von lunarem Treibstoff geklärt ist, bleibt noch das Problem der Produktion. Um Aluminium aus Mondgestein herzustellen, benötigt man eine spezialisierte Aluminiumschmelze. Auf eine derartige Schmelze wird noch genauer eingegangen.

## BERGBAU

Science-Fiction-Literatur suggeriert gerne, dass extraterrestrische Mienen Rohstoffe zur Erde liefern und sich damit ein Profit erwirtschaften lässt. Leider ist dies ausschließlich Fiktion und wird in naher Zukunft wohl keine Rolle spielen. Raumfahrt ist noch sehr teuer. Gerade aufgrund der Erdatmosphäre ist die Landung von Material auf der Erde mit großem Verschleiß verbunden. Die Start-up-Kosten für ein extraterrestrisches Mienenunternehmen sind immens. Langfristig kann dies nur ausgeglichen werden, wenn es gelingt, die Vorkommen erheblich einfacher abzubauen als auf der Erde. Da alle extraterrestrischen Objekte im Sonnensystem extrem lebensfeindlich sind, ist an einen einfachen Abbau allerdings nicht unbedingt zu denken.

**Die Alternative:** Man findet ein Material, das extrem teuer ist und außerhalb der Erde in großen Vorräten vorkommt. So etwas könnte lukrativ werden und wird in den folgenden Kapiteln genauer betrachtet. Von den auf dem Mond häufigen Metallen gibt es Aluminium, Titan und Magnesium in größeren Konzentrationen als auf der Erde. Die folgende Tabelle zeigt die Verkaufspreise für Metalle:

### Verkaufspreise für Metalle

| Material | Verkaufspreis |
|----------|---------------|
| Aluminium | 1,6 USD/kg |
| Magnesium | 3,2 USD/kg |
| Titan | 20 USD/kg |

Da es allerdings an einer Technologie fehlt, dieses Material kostengünstig zum Boden zu bringen, ist dieser Wirtschaftszweig vermutlich auf Jahrzehnte hinaus unattraktiv. Bergbau zum Betrieb und Ausbau einer Mondbasis hingegen ist absolut notwendig. Aufgrund der hohen Transportkosten für Importware ist die lokale Produktion hier eindeutig im Vorteil.

## MONDFABRIK

Langfristig wird eine Mondbasis überschüssige Produktionskapazitäten haben. Ist dieser Zeitpunkt gekommen, können auf dem Mond Industrieanlagen entstehen, die den Bau von Raumschiffen erlauben. Wegen der geringeren Schwerkraft und der fehlenden Atmosphäre ist man hier in der Form überhaupt nicht und in der Masse weitaus weniger limitiert als auf der Erde. Mondbasierte Fabriken werden irdische bei allen Gütern für die Raumfahrt ausstechen können, die groß und schwer sind.

Mit Titan und Aluminium sind auf dem Mond zwei für die Raumfahrt sehr interessante Materialien auch noch häufiger vorhanden als auf der Erde. Der Aufbau einer Produktionskette zum Abbau von Titan und Aluminiumoxiden, bis hin zur Fertigstellung von großen Bauteilen für zukünftige Raumschiffe, ist ein Industriezweig, der in 40 bis 100 Jahren auf dem Mond extrem profitabel sein kann.

## HANDEL

Langfristig gesehen ist Handel mit dem Mond der attraktivste Vorteil einer Mondsiedlung. Als Nordamerika 1492 von Kolumbus entdeckt wurde, konnte sich niemand ausmalen, dass dieser Kontinent 420 Jahre später die Welt dominieren würde. Heute überträgt der Anteil der USA am Welthandel mehr als 4 Billionen USD. Die USA alleine importieren über 16 % der weltweit hergestellten Waren. In einem Wirtschaftssystem, das wie das irdische auf Wachstum angewiesen ist, ist das Erschließen neuer Wachstumsräume und Handelspartner essenziell. Dieser Drang, immer neue Handelspartner und Wachstumsräume zu erschließen, beendet zurzeit die Isolation Kubas und Irans – obwohl sich an den zugrunde liegenden politischen Differenzen wenig geändert hat. Eine Investition in eine Mondsiedlung ist eine Investition in den Handelspartner der Erde von übermorgen.

## UNTERHALTUNG

Aus wissenschaftlicher Sicht abwegig, aus finanzieller Sicht aber möglich, erscheint die Idee, mit einem Reality-Show-Format auf einer Mondbasis Umsätze zu erzielen. Zahlreiche Formate, bei denen die Zuschauer das Leben auf der Mondbasis beobachten, sind vorstellbar.

## FINANZEN

Kleine Inselstaaten wie die Kaimaninseln oder die Britischen Jungferninseln machen es vor. Wer sich als Finanzstandort profiliert und Kunden bei der Steuervermeidung hilft, kann auch für sich ein Stück vom Kuchen abhaben. Auch wenn die Praxis, mit der diese Kleinstaaten ihr Geld verdienen, moralisch fragwürdig ist, stellt sie dennoch ein legitimes Geschäftsmodell dar. Es bleibt abzuwarten, inwieweit findige Banker in einer Siedlung auf dem Mond ein Steuerparadies erkennen. Schärferes Vorgehen gegen irdische Steueroasen vorausgesetzt, könnte der Mond zu einem letzten Rückzugsort für diese Art von Finanzgeschäften werden.

# SPIN-OFF-TECHNOLOGIEN
# AUS DEM APOLLO-PROGRAMM

Von den Entwicklungen für die Raumfahrt profitieren nicht nur Astronauten, sondern auch viele andere Menschen. Die NASA hat Informationen zu den sogenannten Spin-Off-Technologien des Apollo-Programms zusammengestellt, aus denen viele mittlerweile alltägliche Produkte entstanden sind. Im Folgenden finden sich einige Beispiele.

### Gefriergetrocknete Lebensmittel

Gefriergetrocknete Lebensmittel lösten das Problem, die Astronauten während des Raumfluges zu ernähren. Der Markt für gefriergetrocknete Lebensmittel hatte 2014 ein Volumen von 2 Mrd. USD.

### Kühlende Anzüge

Steht die Sonne auf dem Mond im Zenit, kann die Oberflächentemperatur bis zu 130 °C erreichen.

Materialien der Raumanzüge mussten die Astronauten auf dem Mond vor dieser Hitze schützen und sind auch geeignet, Kühlung auf der Erde zu bieten. Heute findet das Material neben den Raumanzügen der ISS-Astronauten auch in anderer Bekleidung Anwendung: z. B. bei Rennfahrern, Technikern in Kernreaktoren, Werftarbeitern oder bei Kleidung für Personen mit Multipler Sklerose.

### Verbesserung des Dialyseprozesses

Technologie, die ursprünglich zur Reinigung von Wasser während langer Weltraummissionen entwickelt wurde, führte zur Verbesserung von Dialysemaschinen hin zu den Geräten, wie sie heute unersetzlich für 2 Mio. Dialysepatienten sind. Der Markt für Dialysegeräte hat 2015 etwa 70 Mrd. USD Umsatz produziert.

## Luftschiffbau

Die superleichten Materialien, die für die Raumanzüge entwickelt wurden, finden in der Konstruktion von modernen Luftschiffen Anwendung. Diese werden oft auch zu Werbezwecken eingesetzt. Der Markt für Luftschiffe hatte 2015 ein Volumen von etwa 150 Mio. USD.

## Physiotherapie

Fitnessgeräte, die ursprünglich für Astronauten konzipiert wurden, führten zur Erfindung der Physiotherapie. Nachfolger der entwickelten Geräte stehen heute der breiten Bevölkerung zur Verfügung und werden unter anderem von Sportlern, Kliniken und Rehabilitationszentren eingesetzt. Der Markt für Physiotherapie wird alleine in den USA auf etwa 30 Mrd. USD pro Jahr geschätzt.

## Feuerfeste Kleidung

Nach dem Tod von drei Apollo-1-Astronauten infolge eines Feuers in der Kapsel hat die NASA feuerfeste Textilien entwickeln lassen. Diese Stoffe werden heute beispielsweise für die Kleidung von Feuerwehrleuten, Motorsportlern und Soldaten verwendet. Der Markt für schwer entflammbare Textilien lag 2013 bei etwas über 3 Mrd. USD.

## Wasserfilter

Ursprünglich entworfen, um im Rahmen des Lebenserhaltungssystems der Apollo-Missionen das Trinkwasser für die Astronauten wieder aufzubereiten, findet die Technologie inzwischen breite Anwendung, um Bakterien, Viren und Pilze aus dem Trinkwasser zu filtern. Aufgrund der Vielzahl der Anwendungen dieser Technologie ist es schwer, die Größe des daraus entstandenen Marktes zu bestimmen. Er kann aber auf 3 Mrd. USD bis zu 50 Mrd. USD geschätzt werden.

# DER MOND: EIN ÜBERBLICK

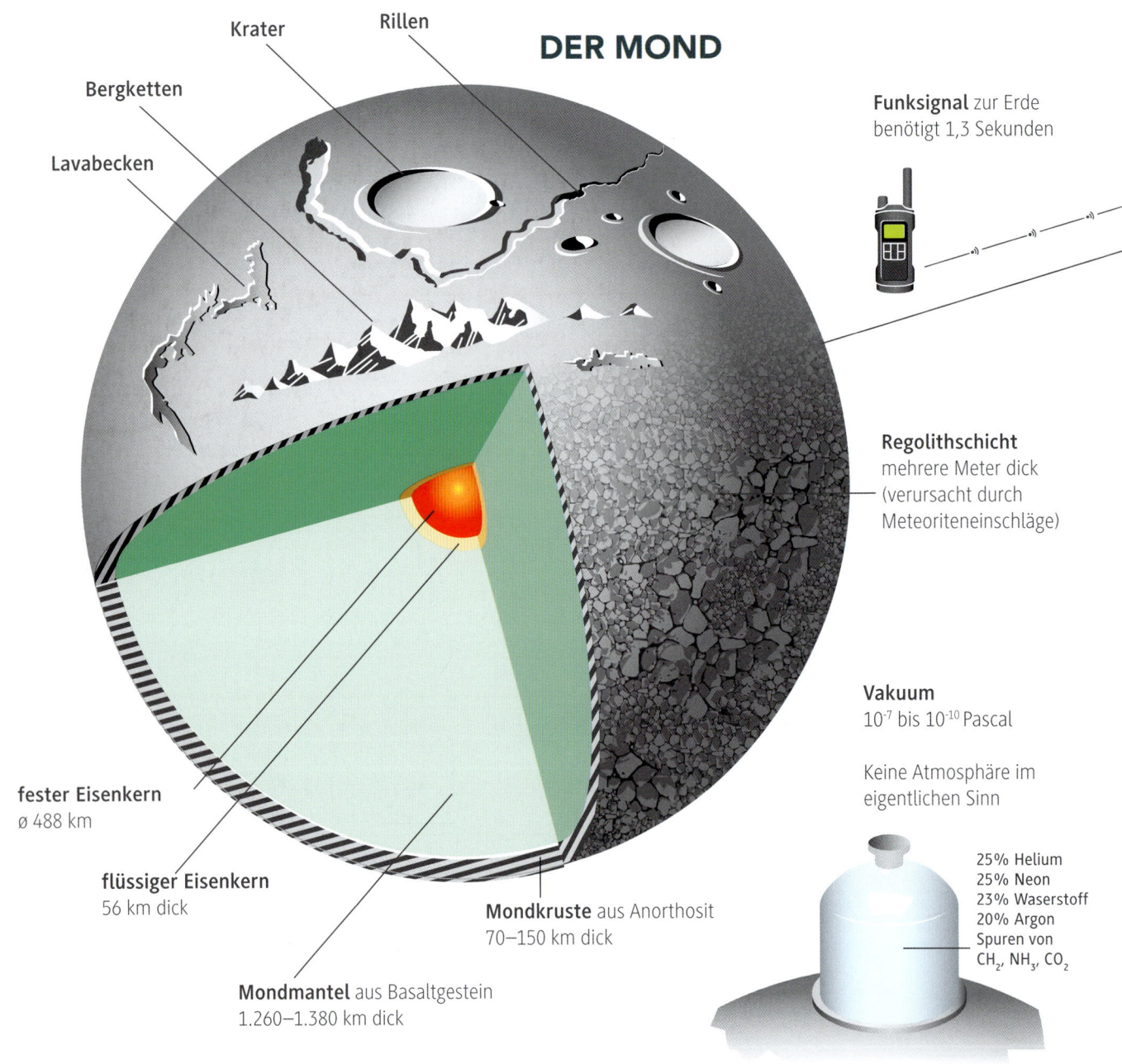

# DER MOND

**Lavabecken**

**Bergketten**

**Krater**

**Rillen**

**Funksignal** zur Erde
benötigt 1,3 Sekunden

**Regolithschicht**
mehrere Meter dick
(verursacht durch
Meteoriteneinschläge)

**Vakuum**
$10^{-7}$ bis $10^{-10}$ Pascal

Keine Atmosphäre im
eigentlichen Sinn

25% Helium
25% Neon
23% Waserstoff
20% Argon
Spuren von
$CH_2$, $NH_3$, $CO_2$

**fester Eisenkern**
ø 488 km

**flüssiger Eisenkern**
56 km dick

**Mondkruste** aus Anorthosit
70–150 km dick

**Mondmantel** aus Basaltgestein
1.260–1.380 km dick

# DIE ERDE

**Abstand:**
363.295 bis 405.503 km

**Länge Mondtag**
inkl. Nacht:
**29,5 Erdtage**

| JANUAR | | | | | | |
|---|---|---|---|---|---|---|
| | | | | | | 1 |
| 2 | 3 | 4 | 5 | 6 | 7 | 8 |
| 9 | 10 | 11 | 12 | 13 | 14 | 15 |
| 16 | 17 | 18 | 19 | 20 | 21 | 22 |
| 23 | 24 | 25 | 26 | 27 | 28 | 29,5 |

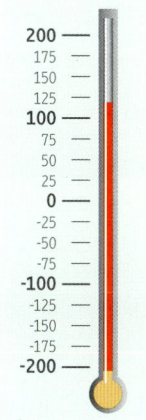

**Temperaturen**
-203 °C bis 117 °C

# DER MOND: EIN ÜBERBLICK

Erde und Mond bilden unter vielen Gesichtspunkten ein besonderes Paar. Der Erdmond ist der fünftgrößte Mond im Sonnensystem. Verglichen mit der Größe seines Planeten, der Erde, ist er sogar der größte. Der Mond hat mehr Masse als Pluto und ist der einzige Mond, der von der Sonne stärker angezogen wird als von seinem Planeten, was zu einer ungewöhnlich verzerrten Bahn führt. Basierend auf diesen Tatsachen könnte man für einen Planetenstatus des Mondes argumentieren – dies würde das System Erde-Mond zu einem Doppelplanetensystem machen.

Der Erdmond besitzt 60 % der Dichte der Erde und 27 % ihres Durchmessers. Der Durchmesser der Mondscheibe am Firmament entspricht nahezu exakt dem Durchmesser der Sonne, wodurch eine totale Sonnenfinsternis ermöglicht wird.

**Der Mond ist nach der Sonne der zweithellste Himmelskörper, obwohl seine Oberfläche genau so wenig Licht reflektiert wie Kohle.**

Die Oberflächentemperaturen schwanken stark. Am Äquator sinken die Temperaturen im Schatten auf 100 K (–173 °C) und steigen in der Sonne auf 390 K (117 °C). An den Polen fallen die Temperaturen sogar auf 70 K (–203 °C) und steigen für die meisten Regionen lediglich auf 230 K (–53 °C).

Entgegen des weit verbreiteten Glaubens gibt es keine dunkle Seite des Mondes, sondern wegen des synchronen Orbits lediglich eine, die von der Erde nie gesehen werden kann. Auch dort geht die Sonne ungefähr alle 14 Erdtage einmal auf und unter. So entspricht der komplette Zyklus eines Mondtages ca. 29,5 kompletten Erdtagen. Am Nord und Südpol gibt es Zinnen ewigen Lichts, Berge, die kontinuierlich von Sonnenlicht beschienen werden. Entsprechend gibt es in unmittelbarer Nachbarschaft Täler ewiger Finsternis, die seit Langem Spekulationen nach Wasser oder Wasserstoffvorkommen anheizen. Bisherige Mondmissionen konnten dieses Rätsel nicht abschließend klären. Die Existenz von Wasserstoff in diesen Regionen ist sehr wahrscheinlich, er liegt vermutlich auch in Form von Wassereis vor.

Der Mond besitzt, für alle praktischen Belange, keine Atmosphäre. Die Qualität des Mondvakuums ist bei Tag und Nacht sehr gut, das heißt, es finden sich dort nur sehr wenige Partikel wie Sauerstoffatome. Bei Nacht kondensieren weitere Partikel an der Oberfläche des Mondes, was das Vakuum nochmals von $10^{-7}$ Pa (Pascal) auf $10^{-10}$ Pa verbessert.

▶ **Zum Vergleich:** Der typische Druck auf der Erde beträgt $10^5$ Pa, also eine Billion bis eine Trillion mal mehr als auf dem Mond. Beide Werte sind für die meisten technischen und wissenschaftlichen Vakuumanwendungen gut genug. Eine Überlebenschance bietet die Atmosphäre allerdings nicht. Zellen würden aufgrund ihres Innendrucks explodieren und jedes Leben beenden. Die Restgaskomposition besteht aus Argon, Helium, Natrium, Kalium, Wasserstoff und Radon. Auch diese Konzentrationen sind für die meisten Belange ohne Bedeutung oder Nutzen. Der Abstand vom Mond zur Erde variiert zwischen 363.295 km und 405.503 km, er wächst jedes Jahr um 3,82 cm. In Einheiten der Lichtgeschwindigkeit ist der Abstand gering. Lediglich 1,3 Sekunden benötigt ein Funksignal von der Erde zum Mond. Dies ermöglicht eine Zweiwegekommunikation mit annähernd dem Komfort, den wir von der Erde gewohnt sind.

## ENTSTEHUNG

Nach der vorherrschenden Theorie entstand der Mond vor 4527 Millionen Jahren, etwa 40 Millionen Jahre nach der Formation des Sonnensystems. Zu diesem Zeitpunkt war die Erde bzw. ihre Vorstufe, die Protoerde, noch ein glühender Ball aus geschmolzenem Gestein. Ein marsgroßer Himmelskörper, Theia genannt, kollidierte mit der jungen Erde. Der gigantische Einschlag schleuderte Material in den Erdorbit, aus dem sich später der Mond formte. Unter Wissenschaftlern wird noch debattiert, ob sich der Mond überwiegend aus Material der Protoerde oder von Theia formte.

In den meisten Modellrechnungen zeigt sich, dass der Mond überwiegend aus Material von Theia bestehen sollte. Da die chemische Zusammensetzung der Himmelskörper im Sonnensystem sehr unterschiedlich ist, die Zusammensetzung von Mond und Erde aber sehr ähnlich, gibt es gewisse Zweifel an der Theiatheorie. Neueren Modellrechnungen zur Folge könnte

Erde und Mond

man durch 20 größere Meteoriteneinschläge auf der Protoerde genug irdisches Material in den Erdorbit bringen, um daraus den Mond zu formen. Wenn diese Theorie stimmt, ließe sich auf dem Mond in verschiedenen Regionen eine leicht unterschiedliche chemische Zusammensetzung nachweisen.

## AUFBAU

Ähnlich der Erde ist der Mond in Schichten aufgebaut. In seinem Innersten befindet sich ein fester Eisenkern mit 488 km Durchmesser, umgeben von einem flüssigen Eisenkern mit 600 km Durchmesser. Zwischen der Mondkruste und dem Kern liegt der Mondmantel aus Basaltgesteinen. Die Mondkruste aus Anorthosit ($CaAl_2Si_{2O8}$) ist bedingt durch den synchronen Orbit um die Erde an der Vorderseite 70 km stark und an der Rückseite 150 km.

| Zusammensetzung Mondregolith | | | |
|---|---|---|---|
| Mineral | Formel | Anteil (%) | |
| | | Ebenen | Hochland |
| Silwiziumdioxid | $SiO_2$ | 45,4% | 45,5% |
| Aluminiumoxid | $Al_2O_3$ | 14,9% | 24,0% |
| Kalk | $CaO$ | 11,8% | 15,9% |
| Eisen(II)-oxid | $FeO$ | 14,1% | 5,9% |
| Magnesiumoxid | $MgO$ | 9,2% | 7,5% |
| Titandioxid | $TiO_2$ | 3,9% | 0,6% |
| Natriumoxid | $Na_2O$ | 0,6% | 0,6% |

**Die Oberfläche ist von einer zum Teil mehrere Meter dicken Regolithschicht bedeckt.** Bei Regolith handelt es sich um lockeres Gesteinsmaterial, gebildet durch Meteoriteneinschläge aus dem darunter liegenden Krustenmaterial. Vorkommen von Wasser im Regolith sind nicht vollständig ausgeschlossen. Bei einer erneuten Untersuchung der Apollo-Proben im Jahr 2010 mit verbesserter Technologie wurden 0,6 % Wassergehalt nachgewiesen. Es ist jedoch nicht auszuschließen, dass die Proben dieses Wasser erst auf der Erde aufgenommen haben.

## GEOGRAFIE

**Die Mondoberfläche ist etwa 15 % größer als Afrika und wird geprägt von vier Merkmalen: Bergketten (Terrae), Lavabecken (Maria), Rillen (Rima) und Krater.** Geologisch am ältesten sind die Bergketten. Der dort vorgefundene Regolith stammt vermutlich aus der Entstehungszeit des Mondes.

Die Maria dominieren auf der Vorderseite das Erscheinungsbild, wo sie 31,2 % der Oberfläche einnehmen. Auf der Rückseite sind es lediglich 2,6 %. Bei den Maria handelt es sich um erstarrte Lavabecken. Krater dominieren das Erscheinungsbild der Mondrückseite. Sie entstanden überwiegend durch Meteoriteneinschläge, nur wenige sind vulkanischen Ursprungs.

Über den Ursprung der Rillen wurde lange Zeit diskutiert. Seit Apollo 15 herrscht Gewissheit, dass es sich bei den sich schlängelnden Rillen um eingestürzte Lavaröhren handelt. Die Ursprünge von geraden und bogenförmigen Rillen werden noch debattiert und erfordern weitere Untersuchungen.

## GEFAHREN

**Die größte Gefahr für Mondsiedler geht von der Atmosphäre aus, in der kein Überleben möglich ist.** Siedler müssen sich zu jeder Zeit in Raumanzügen oder in mit Atemluft bedruckten Räumen aufhalten. Lecks, durch die wertvolle Atemluft in das Vakuum der Mondatmosphäre entweichen kann, stellen eine große Bedrohung für Leib und Leben dar. Dem Schutz der Siedler vor diesen Gefahren ist daher die höchste Priorität geboten.

Da dem Mond neben einer Atmosphäre auch ein Magnetfeld fehlt, ist er dem Bombardement mit Strahlung durch den Sonnenwind schutzlos ausgesetzt. Das nebenstehende Diagramm zeigt Messdaten durch das CraTER-Experiment an Bord des Lunar Reconnaissance Orbiter (LRO).

Das Experiment wurde mit zwei Strahlendetektoren durchgeführt. Die grüne Linie zeigt die Strahlenbelastung des dicken Detektors, der mit einem Plastikmaterial ummantelt wurde, um menschliches Gewebe zu simulieren. Die blaue Linie zeigt die Strahlenbelastung des dünnen, nicht ummantelten Detektors. Die Daten wurden 50 km über der Mondoberfläche aufgezeichnet. Die vom dicken Detektor gemessene Dosis von im Schnitt etwas über 20 mRad/Tag (1 Rad = 0,01 Gy = 0,01 J/kg – beschreibt die von einem Körper absorbierte Energiemenge pro kg Körpergewicht) ergibt eine Äquivalentdosis von 2,5 mSv/Tag (Millisievert/Tag). Dieses entspricht der durchschnittlichen Jahresdosis in Deutschland, bedingt durch natürliche Strahlenexposition. Klinische Symptome einer

## GEFÄHRLICHE STRAHLUNG

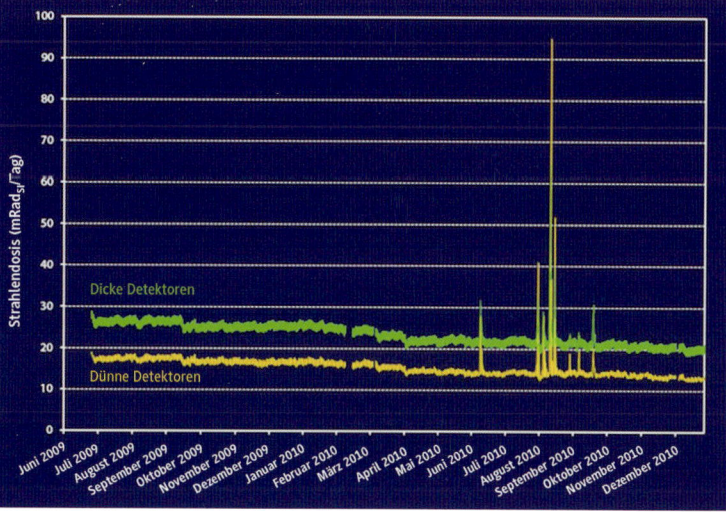

Strahlendosismessung durch CraTER-Experiment an Bord des Lunar Reconnaissance Orbiters

Strahlenkrankheit werden ab einer aufsummierten Dosis von 150 mSv erwartet. Dies entspricht einem Aufenthalt auf dem Mond von 60 Tagen. Obwohl nicht sofort tödlich, verhindert die Strahlenbelastung eine langfristige Besiedlung, sofern keine geeigneten Schutzmaßnahmen getroffen werden.

## ERKUNDUNG DES MONDES

Durch Fortschritte in der Raketentechnik rückte in den 1950er-Jahren der Mond als Reiseziel für Raumsonden und Astronauten ins Zentrum des Interesses der Raumfahrt. Angeheizt vom Konflikt zwischen der Sowjetunion und den USA begann das „Rennen zum Mond".

### Frühe Missionen

Den ersten Versuch einer Mondmission unternahmen die Amerikaner am 17. August 1958 im Rahmen des Pioneer-Programms. Der auch als Able I bekannte Versuch, eine Sonde in den Mondorbit zu transportieren, scheiterte bereits beim Start. Ziel der noch von US Air Force und Army durchgeführten Missionen war es, die generelle Machbarkeit eines Mondfluges zu beweisen.

### Womit wird der Mond erforscht?

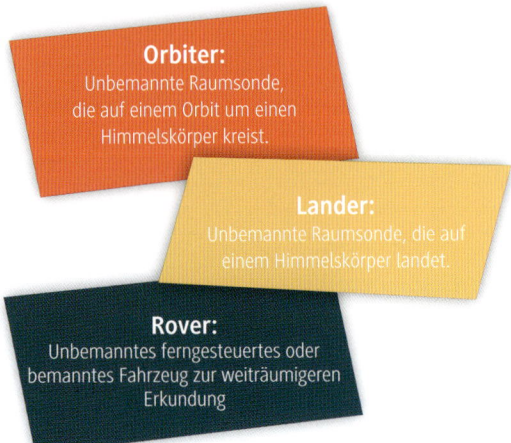

**Orbiter:**
Unbemannte Raumsonde, die auf einem Orbit um einen Himmelskörper kreist.

**Lander:**
Unbemannte Raumsonde, die auf einem Himmelskörper landet.

**Rover:**
Unbemanntes ferngesteuertes oder bemanntes Fahrzeug zur weiträumigeren Erkundung

Parallel zum amerikanischen Pioneer-Programm startete die Sowjetunion das Luna-Programm. Keine 30 Tage nach dem Scheitern von Pioneer 0 scheiterte auch der sowjetische Raketenstart. Erst nach insgesamt zehn Fehlschlägen gelang es der Sowjetunion am 14. September 1959 mit Luna 2 das erste menschengemachte Objekt auf dem Mond zu platzieren. Kurz darauf, am 4. Oktober 1959, ist Luna 3 erfolgreich und liefert die ersten Fotos von der erdabgewandten Seite des Mondes.

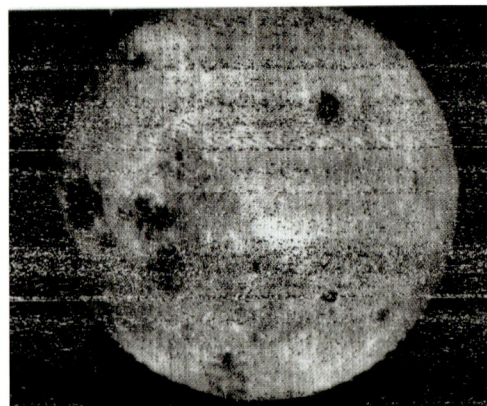

Erstes Bild der Mondrückseite (Luna 3, 7. Oktober 1959)

**Angetrieben vom sowjetischen Erfolg startete die NASA in den 1960er-Jahren das Ranger-Programm.** Auch hier war das Ziel, eine Sonde kontrolliert auf den Mond stürzen zu lassen und dabei Nahaufnahmen von der Mondoberfläche zu übermitteln. Bedingt durch organisatorische und technische Schwierigkeiten scheiterten die ersten sechs Ranger-Missionen. Erst Ranger 7 gelang am

30. Juli 1964 die erste Nahaufnahme des Mondes. In der Folge waren auch die Missionen Ranger 8 (Februar 1965) und Ranger 9 (März 1965) mit einem vergleichbaren Missionsprofil erfolgreich.

Weiteren Rückschlägen zum Trotz gelang der Sowjetunion mit Luna 9 am 3. Februar 1966 die erste kontrollierte Mondlandung. Die Sonde blieb bis zum 6. Februar 1966 in Betrieb und übermittelte drei Bilderserien und über acht Stunden Videomaterial. Die Übertragung wurde vom Jordel Bank Observatorium in England abgefangen und entschlüsselt – so wurde es die britische Tageszeitung Daily Express, die die ersten Bilder von der Mondoberfläche veröffentlichte.

Luna 9 hatte neben der Kamera auch ein Strahlungsmessgerät an Bord. Die Strahlendosis wurde auf 30 mRad bestimmt, das entspricht etwa der 1,5-fachen Jahresdosis auf der Erde. Die Landung demonstrierte die Stabilität des Mondbodens und seine Eignung für eine bemannte Mondlandung.

Am 3. April 1966 setzte sich der Erfolg von Luna 9 in der Mission Luna 10 fort. Luna 10 wurde der erste künstliche Begleiter des Mondes. Das erste von Menschen gemachte Objekt auf einer Umlaufbahn um den Mond. Luna 10 übermittelte Daten für 57 Tage, bis zum 30. Mai, dem Tag, an dem die NASA ihren Surveyor 1 Lander auf den Weg zum Mond schickte. Die Landung gelang am 2. Juni 1966, im Oceanus Procellarum, wo auch Luna 9 bereits gelandet war. Die Sonde übermittelte Daten, bis nach 41 Tagen die Energievorräte verbraucht waren. Es folgte eine Reihe erfolgreicher Mondmissionen von beiden Nationen.

## Erfolgreiche Mondmissionen

| Datum | Name | Herkunft | Missionsbeschreibung |
|---|---|---|---|
| 22.10.1966 | Luna 12 | Sowjetunion | Orbiter, photographische Kartierung über 86 Tage |
| 06.11.1966 | Lunar Orbiter 2 | USA | Orbiter, photographische Kartierung über 335 Tage |
| 21.12.1966 | Luna 13 | Sowjetunion | landet im Oceanus Procellarum, analysiert den Mondboden und schießt Fotos |
| 05.02.1967 | Lunar Orbiter 3 | USA | Orbiter, photographische Kartierung über 244 Tage |
| 17.04.1967 | Surveyor 3 | USA | Lander, funktioniert für 13 Tage, wird später von Apollo-12-Astronauten besucht und teilweise zur Erde zurück gebracht. |
| 04.05.1967 | Lunar Orbiter 4 | USA | Orbiter, photographische Kartierung über 70 Tage |
| 14.07.1967 | Surveyor 4 | USA | Lander, explodiert kurz vor der Landung |
| 19.07.1967 | Explorer 35 | USA | Orbiter, studiert lunares Magnetfeld |
| 01.08.1967 | Lunar Orbiter 5 | USA | Orbiter, photographische Kartierung |
| 08.09.1967 | Surveyor 5 | USA | Lander |
| 07.11.1967 | Surveyor 6 | USA | Lander |
| 07.01.1968 | Surveyor 7 | USA | Lander |
| 06.02.1969 | Luna 14 | Sowjetunion | Orbiter |

Erste Nahaufname des Mondes
(Ranger 7, 30. Juli 1964)

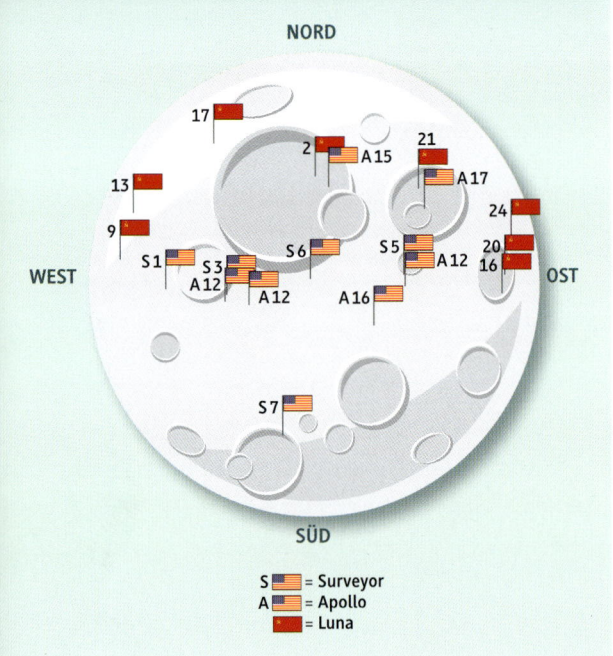

NORD

17
2
A15
21
13
A17
9
24
S1
S6
S5
20
S3
A12
16
WEST
A12
OST
A12
A16

S7

SÜD

S ▦ = Surveyor
A ▦ = Apollo
▦ = Luna

Neben diesen Erkundungsmissionen begann die Sowjetunion bereits früh mit Studien zu einer bemannten Mondmission. Unter dem Zond-Programm wurde bereits am 18. Juli 1965 im Rahmen der Mission Zond 3 die Möglichkeit eines nahen Vorbeifluges am Mond demonstriert. Zum Ende des Jahrzehnts nahmen die Zond-Aktivitäten zu. Am 14. September 1968 gelang es im Rahmen der Mission Zond 5 zum ersten Mal, ein Raumschiff zum Mond und wieder zurück zur Erde zu schicken. Im November 1968 scheiterte die Mission Zond 6 – nach erfolgreicher Rückkehr vom Mond – bei der Landung auf der Erde wegen eines nicht öffnenden Fallschirms.

## APOLLO-MISSIONEN

Zur Wintersonnenwende, am 21. Dezember 1968, fing mit der Mission Apollo 8 das Zeitalter der bemannten Mondreise an. Ohne jemals zuvor selbst ein Objekt zum Mond und wieder zurückgebracht zu haben, schickte die NASA drei Astronauten auf ein Vorbeiflugmanöver zum Mond. Alle Astronauten kehrten sicher und unbeschadet zur Erde zurück. Während die Vorbereitungen einer bemannten sowjetischen Mondmission Rückschläge durch Schwierigkeiten beim Start erlitten, gelang den Amerikanern mit Apollo 10, gestartet am 18. Mai 1969, ein erneuter bemannter Flug zum Mondorbit mit sicherer Rückkehr der Astronauten, ehe am 21. Juli 1969 der erste Mensch den Mond betrat. Unser Mond ist damit der einzige Himmelskörper – außer der Erde – auf den Menschen einen Fuß gesetzt haben. Insgesamt erhielten zwölf Männer im Rahmen des amerikanischen Apollo-Programms dieses Privileg. Der Erste war Neil Armstrong am 21. Juli 1969, der letzte Eugene Cernan am 14. Dezember 1972.

Buzz Aldrin auf dem Mond

## Sowjetische Missionen während des Apollo-Programms

Während dem Apollo-Programm und darüber hinaus führte die Sowjetunion das Zond- und das Luna-Programm fort. Highlights des Luna-Programms wurden zum einen die Mission Luna 16 am 12. September 1970, in deren Rahmen es der Sowjetunion zum ersten Mal glückte, eine Bodenprobe vom Mond zur Erde zurück zu bringen. Außerdem die Mission Luna 17, die mit Lunochod 1 am 10. November 1970 als erstes einen ferngesteuerten Rover auf einem anderen Himmelskörper einsetzte. Dieser Missionserfolg wurde später mit Luna 20 (14. Februar 1972) und Luna 21 (8. Januar 1973) wiederholt. Das Luna-Programm endete im August 1976, nachdem Luna 24 170g Mondregolith zur Erde mitbrachte. Luna 24 markierte auch das Ende des Interesses am Mond für eine lange Zeit.

Lunochod 1 (1970)

## Die Apollo-Missionen im Überblick

| Mission | Dauer | Astronauten | Missionsbeschreibung |
|---|---|---|---|
| Apollo 8 | 21.12.1968 bis 27.12.1968 | Frank Borman James Lovell William Anders | Erster bemannter Flug zum Mond, 10 Mondumrundungen in 20 Stunden |
| Apollo 9 | 03.03.1969 bis 13.03.1969 | James McDivitt David Scott Russell Schweickart | Demonstrationsflüge im niedrigen Erdorbit |
| Apollo 10 | 18.05.1969 bis 26.05.1969 | Thomas Stafford John Young Eugene Cernan | Testlauf für die erste Mondlandung, Annäherung an die Oberfläche bis auf 15 km |
| Apollo 11 | 16.07.1969 bis 24.07.1969 | Neil Armstrong Michael Collins Buzz Aldrin | Erste bemannte Mondlandung, 2:31 h Außenaufenthalt, 21,6 kg Mondgestein zurück zur Erde transportiert |
| Apollo 12 | 14.11.1969 bis 24.11.1969 | C. Peter Conrad Richard Gordon Alan Bean | Landung in der Nähe von Surveyor 3, 7:45 h Außenaufenthalt, 34,3 kg Mondgestein zur Erde gebracht |
| Apollo 13 | 11.04.1970 bis 17.04.1970 | James Lovell Jack Swigert Fred Haise | Landung wird wegen eines Defekts abgebrochen, Crew umrundet den Mond und kehrt mit Mühe zur Erde zurück |
| Apollo 14 | 31.01.1971 bis 09.02.1971 | Alan Shepard Stuart Roosa Edgar Mitchell | 9:21 h Außenaufenthalt, 42,8 kg Mondgestein zur Erde gebracht |
| Apollo 15 | 26.07.1971 bis 07.08.1971 | David Scott Alfred Worden James Irwin | Erstes Landemodul mit Rover, 18:33 h Außenaufenthalt, 77 kg Mondgestein zur Erde gebracht |
| Apollo 16 | 16.04.1972 bis 27.04.1972 | John Young T.Kenneth Mattingly Charles Duke | 20:14 h Außenaufenthalt, 94,5 kg Mondgestein zur Erde gebracht |
| Apollo 17 | 07.12.1972 bis 19.12.1972 | Eugene Cernan Ronald Evans Harrison Schmitt | Erste Mission mit einem Geologen, 22:02 h Außenaufenthalt, 110,3 kg Mondgestein zur Erde gebracht |

Mit dem Ende des Apollo-Programms nahm die Geschichte der bemannten Mondfahrt ihr vorläufiges Ende.

## Mondmissionen ab 2007

| Mission | Start | Herkunft | Beschreibung |
|---|---|---|---|
| Kaguya | 14.09.2007 | Japan | Orbiter, der am 10.06.2009 auf dem Mond zum Absturz gebracht wird |
| Okina und Ouna | 14.09.2007 | Japan | Von Kaguya ausgesetzte Orbiter, die im Februar und Juni 2009 auf dem Mond zum Absturz gebracht werden |
| Chang'e 1 | 24.10.2007 | China | Chinas erster Versuch eines Mondorbiters ist gleich erfolgreich, die Mission wird am 01.03.2009 mit einem Absturz beendet |
| Chandrayaan-1 | 21.10.2008 | Indien | Sonde fällt während der Mission aus, kann aber zuvor Wasservorkommen auf dem Mond, durch den Einschlag der Moon Impact Probe, bestätigen |
| LRO | 18.06.2009 | USA | Der Lunar Reconnaissance Orbiter ist heute noch im Einsatz |
| LCROSS | 18.06.2009 | USA | Mission, bei der die Centaur-Oberstufe der Atlas-Rakete, die LRO gestartet hat, in einem vermutlich wasserhaltigen Mondkrater zum Absturz gebracht wird. |
| Chang'e 2 | 01.10.2010 | China | Zweite chinesische Mission zum Mondorbit. Sonde fliegt nach 6-monatigem Aufenthalt im Mondorbit weiter |
| ARTEMIS P1 | 02.07.2011 | USA | Ursprünglich sind beide Sonden Teil des THEMIS-Projekts zum Studium von Erdmagnetfeld und Sonnenwind, werden später aber auf einen Mondorbit gebracht, wo sie noch heute in Betrieb sind |
| ARTEMIS P2 | 17.07.2011 | USA | |
| Ebb (GRAIL-A) | 10.09.2011 | USA | Beide Sonden sind Teil vom Gravity Recovery and Interior Laboratory. Sie verbleiben in der Umlaufbahn um den Mond bis zum 17.12.2012, ehe sie gezielt zum Absturz gebracht werden |
| Flow (GRAIL-B) | 10.09.2011 | USA | |
| LADEE | 07.09.2013 | USA | Orbiter, der auch aktuell noch in Betrieb ist |
| Chang'e 3 | 01.12.2013 | China | Orbiter befindet sich seit 06.12.2013 im Mondorbit und ist weiter in Betrieb. Rover Yutu wird am 14.12.2013 abgesetzt und funktioniert bis März 2015. |

Die aktuell noch laufenden Missionen werden ab der folgenden Seite beschrieben.

## Moderne Mondmissionen

Erst nach dem Ende des Kalten Krieges und dem Fall der Berliner Mauer, am 9. November 1989, keimt das Interesse an Mondreisen langsam wieder auf. Die Phase der modernen Mondmissionen ist geprägt von einem breiten internationalen Interesse. Am 24. Januar 1990 ist es die japanische Raumsonde Hiten, bei der – als erneut ein Vorbeiflug gelingt – das Absetzen des Orbiters Hagoromo scheitert. Die Rückkehr der USA zum Mond findet erst am 25. Januar 1994 mit dem Clementine-Orbiter statt, gefolgt vom Luna Prospector Orbiter im Januar 1998.

Die vierte Raumfahrtagentur, der ein Flug zum Mond gelingt, und die dritte, die ein Objekt auf den Mond bringt, ist die Europäische Raumfahrtbehörde ESA (SMART-1-Mission). Am Ende der Lebensdauer wird die Sonde kontrolliert zum Absturz gebracht. Mit dem fortgesetzten japanischen Interesse am Mond kommt es ab 2007 erneut zu Mondmissionen verschiedener Länder, wie die nebenstehende Tabelle zeigt.

## Laufende Missionen
## LRO (Lunar Reconnaissance Orbiter/USA)

Seit dem 23. Juni 2009 befindet sich der Lunar Reconnaissance Orbiter (LRO) auf einer stabilen Umlaufbahn über die Mondpole. Das primäre Missionsziel ist es, eine detaillierte Kartierung des Mondes vorzunehmen. Dazu gehören neben einer dreidimensionalen Kartierung auch die Suche nach Rohstoffvorkommen sowie das Identifizieren von geeigneten Landeplätzen und das Studium des Strahlungsumfeldes.

**Experimente an Bord des LRO:**

| LRO Experiment | Einsatzbereich |
|---|---|
| CRaTER | Charakterisierung der Strahlenbelastung im Mondorbit |
| DLRE | Misst die Infrarotemissionen der Mondoberfläche |
| LAMP | Sucht nach der für Wasser charakteristischen Lyman-Alpha-Linie in anderweitig nicht einsehbaren Gebieten ewigen Schattens |
| LEND | Auf den Mond treffende Höhenstrahlung kann Neutronen erzeugen, die wiederum mit der Mondoberfläche reagieren und dabei eine für das Material typische Gammastrahlung aussenden, die von LEND aufgefangen werden kann. Dadurch können Vorkommen verschiedener Elemente kartographiert werden |
| LOLA | Ein Laseraltimeter zur genauen Vermessung der Mondtopographie |
| LROC | Verschiedene hochauflösende Kameras |
| Mini-RF | Kleinstradar-Demonstrator |

Im Rahmen der LROC-Mission wurde bereits zu Beginn besonderes Augenmerk darauf gelegt, direkte Fotografien der Apollo-Landeplätze vorzunehmen, um so nachhaltig kursierenden Verschwörungstheorien entgegen zu wirken. Das nebenstehende Bild zeigt eine LRO-Aufnahme der Apollo-14-Region. Am Schattenwurf ist der zurückgelassene Teil des Lunar-Moduls (Antares), also der von den Astronauten benutzten Landefähre, deutlich zu erkennen. Selbst die zurückgelassenen wissenschaftlichen Instrumente (Scientific Instruments) sind im linken Bildbereich als kleiner weißer Punkt zu erkennen. Zwischen Instrumenten und Landefähre sind die Fußspuren der Astronauten an einer Verfärbung des Bodens auszumachen.

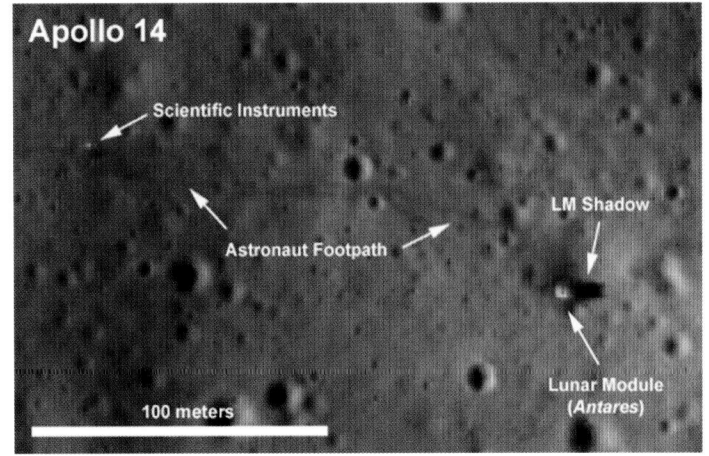

Apollo-14-Landeplatz

## Artemis (USA)

Die beiden ARTEMIS Satelliten P1 und P2 wurden ursprünglich im Rahmen des THEMIS-Projekts verwendet, um Energiefreisetzungen in der irdischen Magnetosphäre zu untersuchen. Zwei der ursprünglichen fünf THEMIS-Satelliten wurden 2010 zum Mond umgeleitet und befinden sich seit 2011 in einem Mondorbit. Mit der Anpassung der Mission wurde auch der Name auf ARTEMIS geändert.

Alle der THEMIS-Satelliten sind mit einer Reihe von Messgeräten zur Untersuchung des Magnetfelds und des Sonnenwindes ausgerüstet. Seit der Verlegung zum Mond studieren die beiden Sonden die Interaktion des Mondes mit dem Sonnenwind.

## Chang'e 3 (China)

Der am 14.12.2013 von Chang'e 3 abgesetzte Yutu Rover markiert die erste kontrollierte Mondlandung seit 1976 und ist gleichzeitig – nach den beiden sowjetischen Lunochod Rovern – erst der dritte Rover auf dem Mond. Lunochod 2 ist seit dem 11. Mai 1973 nicht mehr betriebsbereit.

Bereits während der ersten Mondnacht erlebte Yutu die ersten technischen Probleme. Seit der zweiten Mondnacht ist der Rover nicht mehr in der Lage sich fortzubewegen. Trotzdem konnte das wissenschaftliche Programm noch fortgesetzt werden. Neben Kameras und einem Spektrometer zur Untersuchung der Bodenkomposition ist Yutu mit einem Bodenradar ausgerüstet. Damit gelang zum ersten Mal eine direkte Messung der Stärke der Regolithschicht sowie eine Untersuchung der Mantelstruktur des Mondes. Im März 2015 hörte der Rover auf, Daten zur Erde zu übertragen.

Der Yutu-Rover

# GEPLANTE MISSIONEN

## ASTROBOTIC TECHNOLOGIES (Privatfirma)

Inspiriert durch den „Google Lunar X-Prize", der unter anderem für ein vom Mondboden übermitteltes Foto von zurückgelassenem Apollo-Gerät vergeben wird, möchte das private Unternehmen Astrobotic Technologies 2019 oder später den ersten privat finanzierten und entwickelten Rover auf dem Mond absetzen.

## CHANDRAYAAN-2 (INDIEN)

Indien plant für 2018 die Fortsetzung des Chandrayaan-Programms. Mit einem einzigen Start sollen drei Orbiter, ein Lander und ein Rover zum Mond gebracht werden.

## LUNA-GLOB (RUSSLAND)

Mit dieser für 2025 geplanten Mission möchte die Russische Raumfahrtbehörde in die Fußstapfen der erfolgreichen Luna-Missionen treten und einen Lander in der Polregion absetzen. Die Polregionen gelten als aussichtsreiche Kandidaten auf der Suche nach gefrorenem Wasser. Luna-Glob würde außerdem der Erprobung einer kontrollierten Landung in Polnähe dienen.

## EM-1 UND EM-2 (NASA)

Die nächste NASA-Mission zum Mond ist für September 2018 vorgesehen. Bei EM-1 handelt es sich allerdings primär um einen unbemannten Testflug des zurzeit entwickelten Orion-Raumschiffs und nicht um eine Monderkundungsmission. Bei erfolgreichem Abschluss von FM-1 ist für 2021 ein bemannter Testflug (EM-2) vorgesehen.

## CHANG'E 4 (CHINA)

Es ist geplant, das ursprünglich als Back-up für Chang'e 3 geplante Material im Rahmen einer eigenen Mission 2018 an einer anderen Stelle auf dem Mond abzusetzen.

## CHANG'E 5 (CHINA)

Mit der fünften Chang'e-Mission soll erneut auf dem Mond gelandet werden. Es wird die Absicht verfolgt, Mondgestein einzusammeln und zur Erde zurückzubringen. Die Mission ist für 2017 geplant.

## WASSER AUF DEM MOND

Bereits 1978 wurde von sowjetischen Forschern das Ergebnis der Untersuchung der von Luna 24 zurückgebrachten Proben veröffentlicht. Infrarotspektroskopie hat damals Hinweise auf etwa 0,1% Wassergehalt (nach Masse) geliefert. Obwohl die entdeckte Wassermenge weit über der Nachweisgrenze des verwendeten Messaufbaus lag, ist diese Messung kein akzeptierter Beweis für Wasser auf dem Mond.

### Verteilung von Wasserstoff auf dem Mond

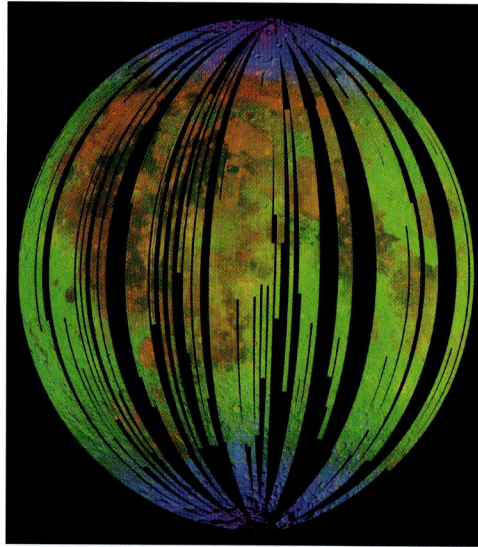

**Blaue Farbtöne** zeigen die Konzentration von Hydroxyl auf dem Mond. Je tiefer das Blau, desto mehr Hydroxyl ist vorhanden. **Grün** zeigt die Helligkeit der Oberfläche durch reflektierte Infrarotstrahlung von der Sonne und die **Rottöne** stehen für Vorkommen des Minerals Pyroxen.

Das Vorkommen von Wasser auf dem Mond ist aus verschiedenen Gründen unwahrscheinlich. Wegen des geringen Luftdrucks verdampft Wasser dort bei fast allen Temperaturen. Einmal verdampft werden die $H_2O$-Moleküle von der intensiven, durch keine Atmosphäre geschwächten Sonnenstrahlung in ihre Bestandteile aufgespalten. Der so entstehende Wasserstoff ist extrem flüchtig, würde in den Weltraum verdampfen und wäre dem Mond für immer verloren.

Aus diesem Dilemma gibt es zwei Auswege: **Die Hydroxyl-Gruppe (-OH) ist Wasser in ihren chemischen Eigenschaften sehr ähnlich und könnte durch Bindung an andere Moleküle überstehen.** Ein verbreitetes irdisches Beispiel für Moleküle mit Hydroxyl-Gruppe ist Alkohol. Mineralien mit OH-Gruppe können auch bei höheren Temperaturen noch in festem Zustand vorliegen.

Hinweise auf Wasserstoff gibt es von verschiedenen Missionen. Die bisher detaillierteste Untersuchung der Hydroxyl-Verteilung auf dem Mond stammt vom Moon Minearlogy Mapper an Bord von Chandrayaan-1. Wie die nebenstehende Grafik zeigt, ist die in Blau dargestellte Hydroxyl-Verteilung an den Polen am stärksten ausgeprägt.

**Der zweite Ausweg aus dem Wasserdilemma sind extrem tiefe Temperaturen und die Abwesenheit von Sonnenlicht.** Unter derartigen Bedingungen kann Wasser auch unter den auf dem Mond vorherrschenden Druckbedingungen existieren. Basierend auf weiteren Messungen von Chandrayaan-1 wurde die Zahl geeigneter Krater alleine am Nordpol auf etwa 40 bestimmt.

Erste Hinweise auf Wassereisvorkommen in den Polregionen stammen von der Clementine-Mission. Zum Missionsende wurde die Sonde kontrolliert in einen Polkrater gestürzt. Während des Absturzes haben die Sensoren an Bord kontinuierlich Radarmessungen zur Erde gefunkt. Die ursprüngliche Interpretation, in den Radarbildern starke Hinweise auf weitläufige Wassereisvorkommen zu sehen, gilt heute als umstritten. Der 1998 gestartete Lunar Prospector war mit einem Neutronenspektrometer ausgerüstet, um die Präsenz von Wasserstoff zu untersuchen. Im Wesentlichen decken sich die Ergebnisse mit den von Chandrayaan-1 verfeinerten Messungen. Obwohl die NASA 1999 die Menge an wahrscheinlich auf dem Mond vorhandenem Wassereis auf etwa 2+/-1 km³ bestimmt hat, konnten im durch den Einschlag des Lunar Prospectors im Shoemaker-Krater aufgewirbelten Staubs keine Spuren von Wasser festgestellt werden.

Auch die japanische Sonde Kaguya konnte keine Hinweise auf Wasser liefern. Sowohl eine Suche mittels hochauflösender Aufnahmen von geeigneten Kratern als auch der gezielte Absturz, blieben ohne Erfolg.

Mehr Erfolg hatte auch hier Chandrayaan-1 mit seiner Moon Impact Probe (MIP). MIP wurde im Shackleton Krater gezielt zum Absturz gebracht. Im aufgewirbelten Staub wurde die Signatur von Wasser nachgewiesen. Ähnliche Ergebnisse wurden 2009 im Rahmen der LCROSS-Mission erzielt. Die Centaur-Oberstufe der verwendeten Atlas-V-Rakete wurde im Cabeus-Krater zum Absturz gebracht, kurz darauf flog die LCROSS-Raumsonde in die aufgewirbelte Staubwolke. Der Wassergehalt wird mit 5,6+/-2,9 Gewichtsprozent angegeben.

In der Summe lassen die Ergebnisse auf die Existenz von Wassereis, zumindest in manchen Mondkratern, schließen. In welcher Form dieses Eis in den Kratern vorliegt, ist nach wie vor unklar. Am wahrscheinlichsten dürfte eine Beimischung von kleinen Eisbrocken im Kraterregolith sein. Große gletscherähnliche Eismassen sind unwahrscheinlich. Im Rahmen dieses Buches wird Wasser auf dem Mond daher nicht als gegeben angenommen. Sollte die Zukunft Wasservorräte von praktischer Bedeutung auf dem Mond bestätigen, ist dies in vielerlei Hinsicht eine Erleichterung, allerdings keine Notwendigkeit.

# VON DER ERDE IN DEN ORBIT: VERFÜGBARE TECHNIK

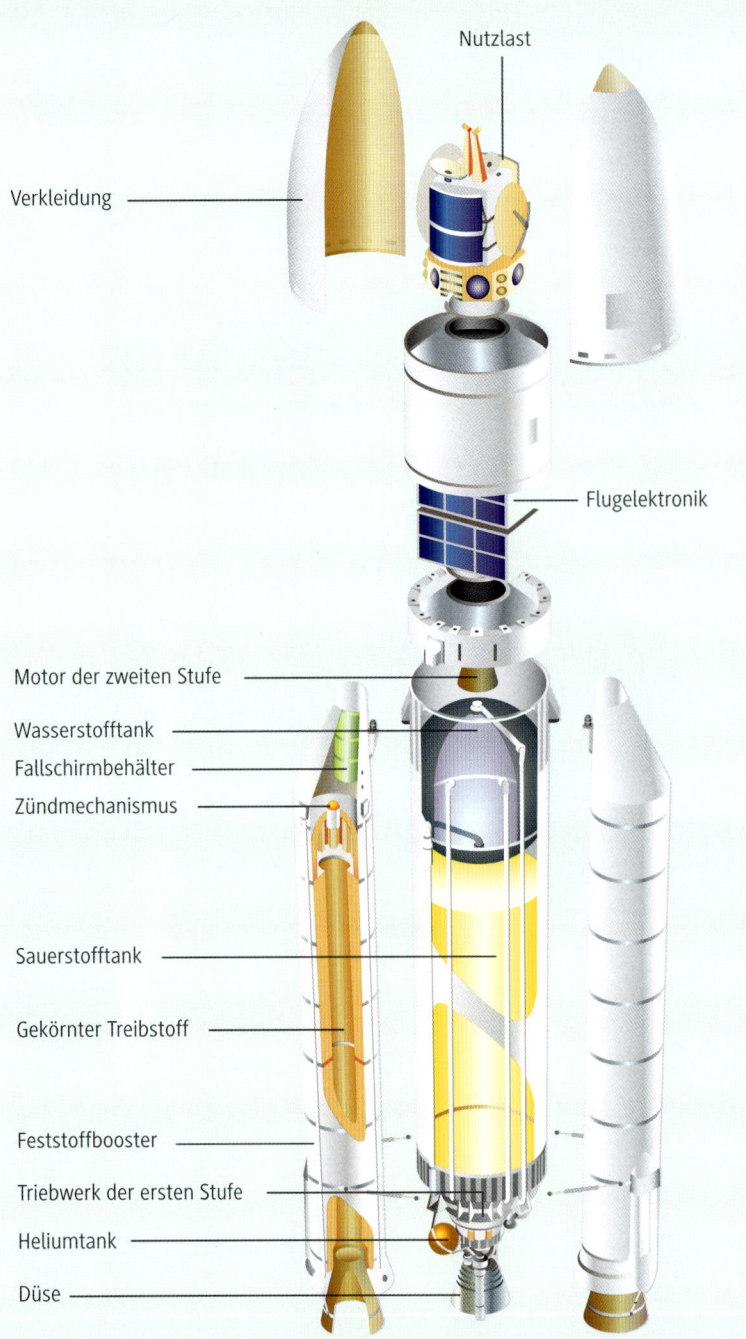

Nutzlast

Verkleidung

Flugelektronik

Motor der zweiten Stufe

Wasserstofftank

Fallschirmbehälter

Zündmechanismus

Sauerstofftank

Gekörnter Treibstoff

Feststoffbooster

Triebwerk der ersten Stufe

Heliumtank

Düse

# VON DER ERDE IN DEN ORBIT: VERFÜGBARE TECHNIK

Der erste Schritt zur Besiedlung des Weltraums liegt bereits hinter uns. Routinemäßig können wir die Erdatmosphäre hinter uns lassen und in den Weltraum gelangen. Mittlerweile gibt es zahlreiche Raumfahrtnationen und noch viel mehr Trägersysteme. In diesem Kapitel wird zuerst auf die verschiedenen Trägerraketen eingegangen, anschließend die Module der Internationalen Raumstation (ISS) beschrieben und zum Schluss bemannte und unbemannte Raumschiffe vorgestellt. Alles zusammen ergibt einen Abriss der heutigen Möglichkeiten der Raumfahrt.

Im historischen Vergleich befindet sich die Menschheit heute nicht auf dem Gipfel ihrer Möglichkeiten in der Raumfahrt. Mit dem Ende des Space-Shuttle-Programms fehlt den USA, der bisher erfolgreichsten Raumfahrtnation, die Möglichkeit, größere und schwerere Lasten in den Weltraum zu bringen. Seit der Außerdienststellung der Saturn V verfügt die Menschheit über keine Rakete mit der Leistung, die für einen bemannten Flug zum Mond und anschließende Landung erforderlich ist.

## DIE DERZEIT VERFÜGBAREN TRÄGERRAKETEN

Bei allem, was der Mensch in den Weltraum befördern möchte, sind wir durch die Leistungsfähigkeit der verfügbaren Startvehikel limitiert. Der Übersichtlichkeit wegen werden Raketenfamilien betrachtet und nicht auf Variationen innerhalb der einzelnen Modelle eingegangen. Für Nutzlastwerte wird das leistungsfähigste Modell der jeweiligen Familie herangezogen. Familien mit Transportvermögen von unter 10 t zur niedrigen Erdumlaufbahn (LEO) werden vernachlässigt. Angegebene Kosten sind als Richtwerte zu verstehen, da die meisten Regierungen ihre Preispolitik nicht offen legen.

### Von Ariane bis Zenit

| Name | Herkunftsland | Nutzlast zu LEO/GEO Durchmesser | Durchmesser |
|---|---|---|---|
| Ariane 5 | Europa | 21 t / 10,5 t | 5,4 m |
| Atlas V | USA | 18,5 t / 8,7 t | 3,81 m |
| Delta IV | USA | 22,95 t / 12,98 t | 5,0 m |
| Falcon 9 | USA | 22,8 t / 8,3 t | 3,66 m |
| H-IIB | Japan | 19 t / 8 t | 5,2 m |
| Chàngzhèng | China | 11,2 t / N/A | 3,35 m |
| Proton | Russland | 21,6 t / 6,15 t | 4,15 m |
| Sojus | Russland | 8,1 t / 2 t | 3,7–4,1 m |
| Zenit | Ukraine | 13,74 t / 5,25 t | 3,9 m |

## Ariane 5

Die Ariane 5 ist eine europäische Trägerrakete aus der Ariane-Serie, die im Auftrag der Europäischen Weltraumagentur (ESA) entwickelt wurde und seit 1996 im Einsatz ist. Sie ist die leistungsfähigste europäische Trägerrakete und ermöglicht es, schwere Nutzlasten in die Erdumlaufbahn zu befördern. Im November 1987 bewilligte der ESA-Ministerrat die Entwicklung eines ersten europäischen Schwerlastträgers, um für die immer größer werdenden Telekommunikationssatelliten gewappnet zu sein. Zu diesem Zeitpunkt konnte die ESA bereits auf einen langen erfolgreichen Einsatz der Ariane-Reihe zurückblicken.

Ziel bei der Entwicklung der Ariane 5 war, eine Trägerrakete mit einem Gesamtgewicht von bis zu 6,8 Tonnen und einer um 60 % höheren Nutzlast für die geostationäre Transferbahn (GTO) bei nur 90 % der Kosten einer Ariane 44L zu entwickeln.

Dies entspricht einer Verringerung der Kosten pro Masseeinheit um 44 %.

Durch den Aufbau der Ariane 5 mit einer bewusst sehr niedrig gehaltenen Anzahl von Triebwerken sollte eine sehr hohe Zuverlässigkeit erreicht werden. Die angestrebte Zuverlässigkeit der Rakete lag mit 99 % für die einstufige Variante eine Größenordnung höher als bei der Ariane 4, die nur für Satellitenstarts entwickelt worden war und mehr Triebwerke besaß. Für die zweistufige Variante waren 98,5 % anvisiert. Entsprechend groß war die Enttäuschung, als die Ariane 5 gleich beim Erstflug einen Fehlstart hinlegte, während ihre Vorgängerin erfolgreich weiterflog. Heute werden mit der Ariane 5 hauptsächlich Kommunikationssatelliten in den geostationären Orbit (GEO) gestartet.

## Atlas V

Bei der Atlas V handelt es sich um eine US-Trägerrakete für mittlere bis schwere Nutzlasten. Sie stellt das modernste Mitglied der Atlas-Raketenfamilie dar. Die Atlas V wurde von Lockheed Martin entwickelt und anfangs auch gebaut; der Jungfernflug wurde im August 2002 erfolgreich absolviert. Die Starts wurden bis Ende 2006 durch das US-russische Unternehmen International Launch Services (ILS) vermarktet, anschließend wurde dieses Geschäft aber vollständig an die United Launch Alliance übertragen, einem Joint Venture zwischen Lockheed Martin und Boeing. Seit dieser Umstrukturierung wird die Atlas fast nur noch für Aufträge der US-Regierung angeboten, da sich das kommerzielle Geschäft in den vorangegangen

| Ariane 5 (Europa) | |
|---|---|
| Indienststellung | 1996 |
| Hersteller | Astrium |
| Startort | Kourou |
| Starts (erfolgreich) | 90 (86) |
| Durchmesser | 5,4 m |
| Nutzlast zu LEO/GEO | 21.000 kg/ 10.500 kg |
| Startkosten [USD] | 220 Mio. |
| Startkosten zu LEO/GEO USD/t | 10,5 Mio. / 20,9 Mio. |

Jahren als nicht profitabel erwies. Somit transportiert die Rakete heute hauptsächlich Militärsatelliten für die United States Air Force und Raumsonden für die NASA. Zu den bekanntesten Nutzlasten gehören der Mars Reconnaissance Orbiter, die Raumsonde New Horizons und der Raumgleiter Boeing X-37.

Besondere Merkmale der Atlas V sind ihre extrem hohe Startzuverlässigkeit – bis heute kein einziger Fehlstart –, ihre stark modulare Bauweise mit insgesamt 19 möglichen Varianten und ihre gute Eignung für Missionen außerhalb des Erdorbits, da sie eine hohe Endgeschwindigkeit für die Nutzlast erreichen kann. Erwähnenswert ist auch die Verwendung eines von Russland entwickelten und produzierten Triebwerkes in der Hauptstufe.

## Delta IV

Die Raketenfamilie Delta IV stellt die moderne Version der seit 1960 startenden Delta-Raketen dar. Delta IV entstand im Rahmen des EELV-Programms (Evolved Expendable Launch Vehicles, englisch für Weiterentwickeltes Verzichtbares Startgerät) der USAF (US Air Force) zur Entwicklung von modularen Raketentypen, die sowohl die leichten Delta II, die mittelschweren Atlas II und Atlas III als auch die schweren Titan IV ersetzen sollten. Die Delta-IV-Familie wurde von Boeing entwickelt und steht nun in direkter Konkurrenz zu der ebenfalls im Rahmen des EELV-Programms entstandenen Atlas-V-Raketenfamilie von Lockheed Martin.

Im Gegensatz zu Delta II und III, die allesamt auf der Delta I als Erststufe aufbauten (wenn gleich

| Atlas V (USA) | |
|---|---|
| Indienststellung | 2002 |
| Hersteller | United Launch Alliance |
| Startort | Cape Canaveral |
| Starts (erfolgreich) | 69 (68) |
| Durchmesser | 3,81 m |
| Nutzlast zu LEO/GEO | 18.810 kg/8.900 kg |
| Startkosten [USD] | 194 Mio. |
| Startkosten zu LEO/GEO USD/t | 10,3 Mio./21,8 Mio. |

| Delta IV (USA) | |
|---|---|
| Indienststellung | 2002 |
| Hersteller | United Launch |
| Startort | Cape Canaveral |
| Starts (erfolgreich) | 34 (33) |
| Durchmesser | 5,0 m |
| Nutzlast zu LEO/GEO | 28.790 kg/ 14.220 kg |
| Startkosten [USD] | 300 Mio. |
| Startkosten zu LEO/GEO USD/t | 10,4 Mio./21,1 Mio. |

diese ständig weiter modifiziert wurde), wurde für die Delta IV eine völlig neue Erststufe entworfen. Diese wird von dem ebenfalls neu entwickelten Raketentriebwerk RS-68 von Rocketdyne angetrieben. Die Erststufe erhielt den Namen Common Booster Core (CBC) und bildet die Grundlage für alle Versionen der Delta IV. Abhängig von der Anzahl der

CBCs kann zwischen den Versionen Delta IV Medium und Delta IV Heavy unterschieden werden. Zurzeit werden von Boeing fünf verschiedene Versionen der Delta-IV-Reihe angeboten, vier davon gehören zur Medium-Klasse, eine ist die Heavy-Variante. Der Erststart einer Medium-Variante fand am 20. November 2002 statt, der Erststart der Heavy-Version am 21. Dezember 2004.

## Falcon 9

Die Falcon 9 ist eine US-amerikanische Trägerrakete, die von der Firma SpaceX entwickelt wurde. Sie basiert technisch auf der kleineren Falcon 1, anstelle eines einzelnen Triebwerks in der ersten Stufe werden jedoch neun Stück verwendet. Im Rahmen des CRS-Programms (Commercial Resupply Services – englisch für Kommerzieller Versorgungsservice) wird die Rakete in Verbindung mit dem Dragon-Raumschiff zur Versorgung der ISS verwendet. Daneben wird sie für kommerzielle Starts angeboten. Der erste Start fand im Juni 2010 statt.

Durch das seitliche Anbringen von zwei weiteren Erststufen als Booster an die erste Stufe der Falcon 9 entsteht die Falcon Heavy. Bei dieser können die Booster bei Bedarf die Triebwerke der ersten Stufe während ihres Betriebs mit Treibstoff versorgen, sodass die erste Stufe erst kurz vor dem Abtrennen der Booster auf die eigenen Tanks umschalten muss. Die Falcon Heavy soll nach ihrem für 2017 geplanten Erststart die Trägerrakete mit der zurzeit höchsten Nutzlastkapazität werden.

Seit 2010 wurden drei Varianten der Falcon 9 entwickelt. Die Nutzlast wurde Schritt für Schritt von 10.450 kg zu LEO über 13.150 kg auf 22.800 kg gesteigert. Gleichzeitig sanken die Startkosten von anfangs 5,1 Mio. USD auf heute 2,7 Mio. USD. Die aktuelle Version hat außerdem die Möglichkeit, die erste Stufe wieder auf der Erde zu landen und für einen neuen Start weiterzuverwenden. Wird von dieser Option Gebrauch gemacht, sinkt die Nutzlast um 15% bis 30 %.

Mit einer Nutzlast von über 20 t und Startpreisen unterhalb der Startkosten der Proton könnte die Falcon 9 dazu beitragen, die in diesem Buch bestimmten Missionskosten noch weiter zu senken.

| Falcon 9 (USA) | |
|---|---|
| Indienststellung | 2010 |
| Hersteller | SpaceX |
| Startort | Cape Canaveral |
| Starts (erfolgreich) | 30 (27) |
| Durchmesser | 3,66 m |
| Nutzlast zu LEO/GEO | 22.800 kg/8.300 kg |
| Startkosten [USD] | 62 Mio. |
| Startkosten zu LEO/GEO USD/t | 2,7 Mio./7,5 Mio. |

## H-IIB

Die H-II ist eine japanische Trägerrakete. Trotz der Namensähnlichkeit zur H-I handelt es sich um eine komplette Neuentwicklung. Die drei- bis vierstellige Trägerbezeichnung leitet sich aus den Raketen und den zum Einsatz kommenden Boostern ab.

Die Entwicklung der H-II-Rakete begann 1986. Sie verfolgt ein ähnliches Konzept wie die Ariane 5: Während zwei Feststoffbooster für den nötigen Startschub sorgen, ist ein einzelnes Triebwerk für die Hauptbeschleunigung zuständig. Bei der H-II ist dieses das mit flüssigem Sauerstoff/Wasserstoff (LOX/LH2 = Liquid Oxygen/ Liquid Hydrogen) und nach dem Hauptstromverfahren betriebene LE-7 mit hydraulisch schwenkbarer Düse.

Diese Triebwerke stellten einen großen Schritt für die japanische Raumfahrt dar, brachten aber bei ihrer kostenintensiven Entwicklung (800 Mio. US Dollar von den 2,3 Mrd. Dollar Gesamtkosten für die Rakete) auch einige Probleme mit sich. Der Test des Triebwerkes begann 1988, wobei 1989 zwei Tests fehlschlugen, was den Erstflug um zwei Jahre verzögerte. Zusammen mit einer modifizierten und von der H-I übernommenen Zweitstufe mit dem modernen und wieder zündbaren LE-5A Triebwerk mit ebenfalls hydraulisch schwenkbarer Düse war die H-II so in der Lage, bis zu 10 t Nutzlast in den Niedrigen Erdorbit (LEO) zu transportieren. Es gab sie mit zwei verschiedenen Nutzlastverkleidungen mit 4,1 m und 5 m Durchmesser. Letzterer kam nur einmal beim dritten Start der Rakete zum Einsatz, bei dem die Rakete zusätzlich durch zwei seitlich angebrachte Nissan Castor-IV AXL Feststoffbooster – Lizenzproduktion von Thiokol, jeweils 9,5 m Länge, 10 t Startgewicht und 600 kN Schub – unterstützt wurde.

Obwohl die H-II technisch auf dem neuesten Stand war, verhinderten die hohe Komplexität der Rakete und die damit verbundenen hohen Startkosten und die niedrige Zuverlässigkeit einen kommerziellen Erfolg, sodass die Produktion eingestellt und die H-IIA entwickelt wurde. Heute befindet sich noch ein Exemplar der H-II vor dem Besucherzentrum des Startgeländes.

Die aktuelle Version H-IIB (ältere Bezeichnung H-IIA-304) ist eine Weiterentwicklung der H-IIA-Rakete, die für schwerere Nutzlasten wie das 16,5 t wiegende H-2 Transfer Vehicle (HTV) ausgelegt ist. Die Rakete verfügt über eine Erststufe mit einem größeren Durchmesser (5,2 m anstatt 4 m) und zwei LE-7A-Triebwerken sowie über vier seitliche, feststoffgetriebene Booster (Länge 56 m, Masse 551 t).

| H-IIB (Japan) | |
|---|---|
| Indienststellung | 2009 |
| Hersteller | Mitsubishi |
| Startort | Tanegashima |
| Starts (erfolgreich) | 6 (6) |
| Durchmesser | 5,2 m |
| Nutzlast zu LEO/GEO | 19.000 kg/8.000 kg |
| Startkosten [USD] | 110 Mio. |
| Startkosten zu LEO/GEO USD/t | 5,8 Mio./13,8 Mio. |

## Chángzheng

Die Raketenfamilie Chángzheng 2 (chinesisch für Langer Marsch, nach dem Langen Marsch 1934/35, auch LM-2 oder CZ-2 genannt) ist ein Trägerraketensystem der Volksrepublik China, wobei die einzelnen Versionen teilweise recht unterschiedlich sind. Die CZ-2E stellt eine Weiterentwicklung der CZ-2D (deren Entwicklung 1986 begann) durch die China Academy of Launch Vehicle Technology dar. Sie wurde mit vier zusätzlichen Boostern ausgerüstet, welche das gleiche Triebwerk wie die Zweitstufe verwenden. Der Erststart erfolgte am 16. Juli 1990. Die Geschichte dieser Rakete ist von zwei Fehlstarts überschattet, die unverständlicherweise auf den gleichen, nicht behobenen Fehler zurückzuführen sind. Beide Male kam die eingesetzte Software nicht mit der plötzlich einsetzenden Änderung der Windverhältnisse beim Verlassen des Talkessels vom Startplatz Xichang

zurecht. Beim ersten Unfall am 21. Dezember 1992 wurde durch Windböen und die dadurch ausgelösten Steuerungsmaßnahmen der Rakete die Belastung so hoch, dass die Nutzlastverkleidung zerstört und abgeworfen wurde. Die Rakete erreichte dennoch ihren vorgesehenen Orbit und setzte dort den – allerdings komplett zerstörten – Satelliten aus. Beim zweiten Unfall am 25. Januar 1995 geriet die Rakete in der gleichen Situation vollends außer Kontrolle und stürzte einige Kilometer vom Startplatz entfernt in ein Dorf, wobei offiziell 21 Menschen umkamen. Westliche Beobachter gehen allerdings von etwa 120 Toten aus.

Insgesamt wurde die Rakete sieben Mal eingesetzt, der letzte Start erfolgte am 28. Dezember 1995. Eine Weiterentwicklung „CZ-2E(A)" mit längeren Boostern wurde im Jahr 2000 angekündigt, aber nie realisiert.

Die Entwicklung von Langer Marsch 2F begann 1992 auf Basis der CZ-2E. Da sie für bemannte Missionen gedacht war, wurden dazu umfangreiche Maßnahmen zur Erhöhung der Zuverlässigkeit umgesetzt. So wurden Systeme doppelt ausgelegt, um Sicherheit und Zuverlässigkeit zur erhöhen, und die zweite Stufe strukturell verstärkt. Der unbemannte Erststart erfolgte am 19. November 1999 vom Startplatz Jiuquan aus, wo auch alle anderen Starts der CZ-2F stattfanden. Nach drei weiteren unbemannten Testflügen folgte dann mit Shenzhou 5 der erste bemannte Flug. Die Rakete ist bisher das zuverlässigste Modell in der Langer Marsch 2-Familie.

| Chángzhēng (China) | |
|---|---|
| Indienststellung | 2011 |
| Hersteller | Chinese Academy of Launch Vehicle Technologie |
| Startort | Xichang |
| Anzahl Starts | 13 (13) |
| Durchmesser | 3,35 m |
| Nutzlast zu LEO/GEO | 8.400 kg/n/a |
| Startkosten [USD] | 62 Mio. |
| Startkosten zu LEO/GEO USD/t | 8,3 Mio./ n/a |

## Proton (UR-500)

Proton ist die Bezeichnung für eine russische Trägerrakete, die zum Starten schwerer Nutzlasten wie Raumstationsmodule und geostationärer Satelliten sowie schwerer interplanetarer Raumsonden verwendet wird. Die Rakete entstand in der ersten Hälfte der 1960er zunächst als Entwurf einer superschweren Interkontinentalrakete, die vermutlich dem Transport von 30- bis 100-Megatonnen-Sprengköpfen dienen sollte. Ein entsprechender Auftrag erging am 24. April 1962. Nachdem dieses Programm 1965 aufgegeben wurde, ordnete man die Rakete dem bemannten Mondprogramm zu, in dessen Rahmen sie zu einer Raumfahrtrakete weiterentwickelt wurde.

Die aktuellen Versionen der Proton-Rakete gehören heute mit den Oberstufen Blok-DM und Bris-M zu den erfolgreichsten und kostengünstigsten Raketen weltweit. Potenziell bedenklich bleibt aus Sicherheits- und Umweltgründen die Verwendung der hypergolen (selbstentzündenden) und toxischen Treibstoffkombination UDMH/Distickstofftetroxid, die bei Fehlstarts freigesetzt werden kann.

Startanlagen der Proton existieren nur im kasachischen Baikonur. Da die Proton die einzige Trägerrakete Russlands ist, mit der schwere militärische Frühwarn- und Kommunikationssatelliten in die geostationäre Umlaufbahn gebracht werden können, ist ihre Verfügbarkeit für das Militär strategisch wichtig. Deshalb soll die Proton in den nächsten Jahren durch die neue schwere Angara-A5-Rakete ersetzt werden, die vermehrt in Plessezk und damit von russischem Boden aus gestartet werden kann.

Erste Testflüge der Angara erfolgten 2014, weitere sind für 2017 geplant.

Um die Wartezeit bis zum operativen Einsatz der Angara zu überbrücken und dennoch im hart umkämpften kommerziellen Geschäft bleiben zu können, wurde als Zwischenlösung eine Weiterentwicklung der Proton zur Proton-M durchgeführt – derzeit einer der erfolgreichsten kommerziellen Träger weltweit. Die internationale Vermarktung erfolgt vom ILS-Konsortium, dem bis September 2006 auch die US-Firma Lockheed-Martin angehörte, die die Atlas-Trägerrakete baut. Seit Mai 2008 gehört die Mehrheit von ILS dem KNPZ (russische Abkürzung für Staatliches Kosmisches Forschungs- und Produktionszentrum) Chrunitschew.

Wegen Qualitätsmängeln in der Fertigung haben zu Beginn des Jahres 2017 alle Proton-Raketen Startverbot. Es wird erwartet, dass die Proton-Raketen nach Behebung der Qualitätsprobleme noch bis 2030 weiter eingesetzt werden.

| Proton (UR-500) (Russland) | |
|---|---|
| Indienststellung | 1965 |
| Hersteller | Khrunichev |
| Startort | Baikonur |
| Starts (erfolgreich) | 412 (365) |
| Durchmesser | 4,15 m |
| Nutzlast zu LEO/GEO | 21.600 kg/6.150 kg |
| Startkosten [USD] | 85 Mio. |
| Startkosten zu LEO/GEO USD/t | 3,9 Mio./13,8 Mio. |

## Sojus

Die Sojus-Rakete (russisch für Union oder Vereinigung) ist eine der Weiterentwicklungen der weltweit ersten Interkontinentalrakete R-7, die am 15. Mai 1957 zu ihrem ersten Flug startete. Die erste offizielle Weltraummission hatte die R-7 am 4. Oktober 1957 mit Sputnik 1 an Bord. Durch die ständige Weiterentwicklung entstanden viele Varianten der R-7, die zudem immer leistungsfähiger und zuverlässiger wurden. Eine der bekanntesten Varianten der R-7 ist die Sojus. Der Erststart der Sojus fand am 28. November 1966 statt. Seitdem wurde die Rakete zum Starten von unterschiedlichsten Nutzlasten verwendet, darunter waren unter anderem alle bemannten Sojus-Raumschiffe, Progress-Raumtransporter, niedrig fliegende Forschungs- und Militärsatelliten und seit dem Jahr 1999 − mit zusätzlichen Ikar- oder Fregat-Oberstufen − auch ESA-Raumsonden und kommerzielle Satelliten.

Heute ist die Sojus-Rakete die meist geflogene Rakete der Welt mit insgesamt mehr als 850 Flügen in den Orbit, und mit einer Zuverlässigkeitsquote von 97,5 % auch eine der erfolgreichsten. Außerdem ist sie die einzige aktive Trägerrakete Russlands, die für den bemannten Raumflug zugelassen ist. Kommerziell wird die Rakete von der Firma Starsem vermarktet, die sie seit dem 21. Oktober 2011 − erster Start: Soyuz ST-B VS-001 mit zwei Galileo-Satelliten − auch von dem europäischen Weltraumbahnhof in Kourou, Französisch-Guayana, starten lässt.

Die erste Stufe der Sojus besteht aus vier Boostern. Die zweite Stufe ist den Boostern im Aufbau sehr ähnlich, besitzt aber einen verlängerten Tank und ein modifiziertes, für den Betrieb im Weltraum optimiertes Triebwerk. Dadurch konnte man eine Neuentwicklung der Brennkammer für höheren Druck und höhere Temperaturen vermeiden. Die Triebwerke der ersten beiden Stufen verbrennen Kerosin und flüssigen Sauerstoff (LOX). Die Triebwerke wurden laufend in ihrer Leistung gesteigert.

## Zenit

Die Zenit ist eine ukrainische Trägerrakete und wurde in den Jahren 1976 bis 1985 ursprünglich als Erststufe für die Energija-Rakete entwickelt − in einer einstufigen Variante als Booster mit dem Namen Zenit-1. Gleichzeitig kam sie aber wie die Energija, ausgestattet mit einer Oberstufe, als selbstständige Trägerrakete zum Einsatz. Sie wird größtenteils in Dnepropetrowsk in der Ukraine gefertigt und gilt daher nach dem Zerfall der Sowjetunion als ukrai-

| Zusammenfassung: Sojus (Russland) | |
|---|---|
| Indienststellung | 1966 |
| Hersteller | OKB-1 |
| Starts (erfolgreich) | 850 − 1700 (97,5%) |
| Durchmesser | 3,7 − 4,1 m |
| Startort | Baikonur, Kourou, Plessezk |
| Nutzlast zu LEO/GEO | ca. 8.100 kg/ca. 2.000 kg |
| Startkosten [USD] | 55 Mio. |
| Startkosten zu LEO/GEO USD/t | 6,8 Mio./27,5 Mio. |

nisch, während einige wichtige Komponenten wie die Triebwerke der ersten Stufe in Russland hergestellt werden. Sie wird bis heute von Russland zum Starten von militärischen und Erderkundungssatelliten genutzt, soll aber in Zukunft von der rein russischen Angara-Rakete abgelöst werden.

Zenit ist die derzeit technologisch fortschrittlichste Trägerrakete, die Russland und der Ukraine zur Verfügung steht. Auch weltweit gilt sie als eine der modernsten, so verwenden die neuen amerikanischen Atlas-Raketen ein von der Zenit abgeleitetes RD-180-Haupttriebwerk.

| Zusammenfassung: Zenit (Ukraine) | |
|---|---|
| Indienststellung | 1985 |
| Hersteller | Yuzhonye Design Büro |
| Startort | Baikonur, Odyssey |
| Starts (erfolgreich) | 83 (70) |
| Durchmesser | 3,9 m |
| Nutzlast zu LEO/GEO | 13.740 kg/6.000 kg |
| Startkosten [USD] | 45 Mio. |
| Startkosten zu LEO/GEO USD/t | 3,2 Mio./6,5Mio. |

## INTERNATIONALE RAUMSTATION: ISS FREEDOM

Als einziger Ort im Weltraum, der dauerhaft von Menschen bewohnt ist, kommt der ISS in dieser Bestandsaufnahme besondere Bedeutung zu. Sie ist ein Gemeinschaftsprojekt verschiedener Länder, die einzelne Module zur ISS beitragen und sich gemeinsam die Kosten für den Unterhalt teilen.

**Die Kosten für den Unterhalt der Raumstation sind auf folgende Länder verteilt: USA, Russland, Europa, Japan und Kanada.** Den mit Abstand größten Anteil trägt die NASA mit etwa 1,5 Mrd. USD pro Jahr, die ESA und Japan beteiligen sich mit jeweils 400 Mio. USD. Der russische Anteil ist schwer zu ermitteln, er liegt von der Leistung her etwa auf dem Niveau der NASA. Allerdings belegen die Proton-Startkosten die größere Kosteneffizienz

ISS Raumstation

in Russland. Insgesamt kostet der russische Beitrag sicher weniger als 500 Mio. USD pro Jahr. Damit beliefen sich die Gesamtunterhaltskosten auf etwa 2,8 Mrd. USD pro Jahr. Die Kosten beinhalten Wartung, Betrieb, Flüge zur Raumstation, Weiterentwicklung von Komponenten sowie das Bereithalten von Personal am Boden. Bricht man die Kosten auf ein Crewmitglied herunter, erhält man etwa 1,3 Mio. USD pro Person und Tag.

**Die ISS ist modular aufgebaut.** Jedes ihrer Module ist gemacht, um mit einem vorbestimmten Träger in den Weltraum gebracht zu werden. Zahlreiche Module wurden in ihren Abmessungen an den Frachtraum der Space Shuttle angepasst. Diese Anpassung war der Grund, warum das Shuttle-Programm auch nach der Columbia-Katastrophe noch fortgesetzt wurde. Der entscheidende Punkt ist, dass alle Module der ISS bereits entwickelt, gebaut und im Weltraum getestet wurden. Die verwendeten Module sind erprobt und für einen langen Aufenthalt im Weltraum geeignet. Ein Nachbau kann zu einem Bruchteil der ursprünglichen Kosten erfolgen, da keine aufwendige Neuentwicklung notwendig ist. Im Folgenden werden die wichtigsten Module der ISS beschrieben. Den Anfang macht die Integrated Truss Structure, die das Rückgrat der Raumstation bildet.

## INTEGRATED TRUSS STRUCTURE

Die Integrated Truss Structure ITS (auf deutsch: Integrierte Gitterstruktur) ist die tragende Gitterstruktur der ISS. Sie bildet ihr Rückgrat und ist senkrecht zur Flugrichtung ausgerichtet. Die Gitterstrukturen wurden von Boeing hergestellt, die Radiatoren- und Solarzellenflächen fertigte Lockheed Martin für die NASA.

Wie die gesamte Raumstation ist auch die ITS modular aufgebaut. Die einzelnen Elemente tragen Bezeichnungen aus einer Buchstaben-Zahlen-Kombination (P steht für „Port" = englisch für Backbord; S steht für „Starboard" = englisch für Steuerbord).

P1, P3, P4, P5 und P6 sind in Flugrichtung links angeordnet, während auf der rechten Seite die Elemente S1, S3, S4, S5 und S6 montiert sind. Das Element S0 liegt in der Mitte und ist über das Destiny-Labor mit dem bewohnten Teil der Station verbunden.

# AUFBAU DER INTEGRATED TRUSS STRUCTURE

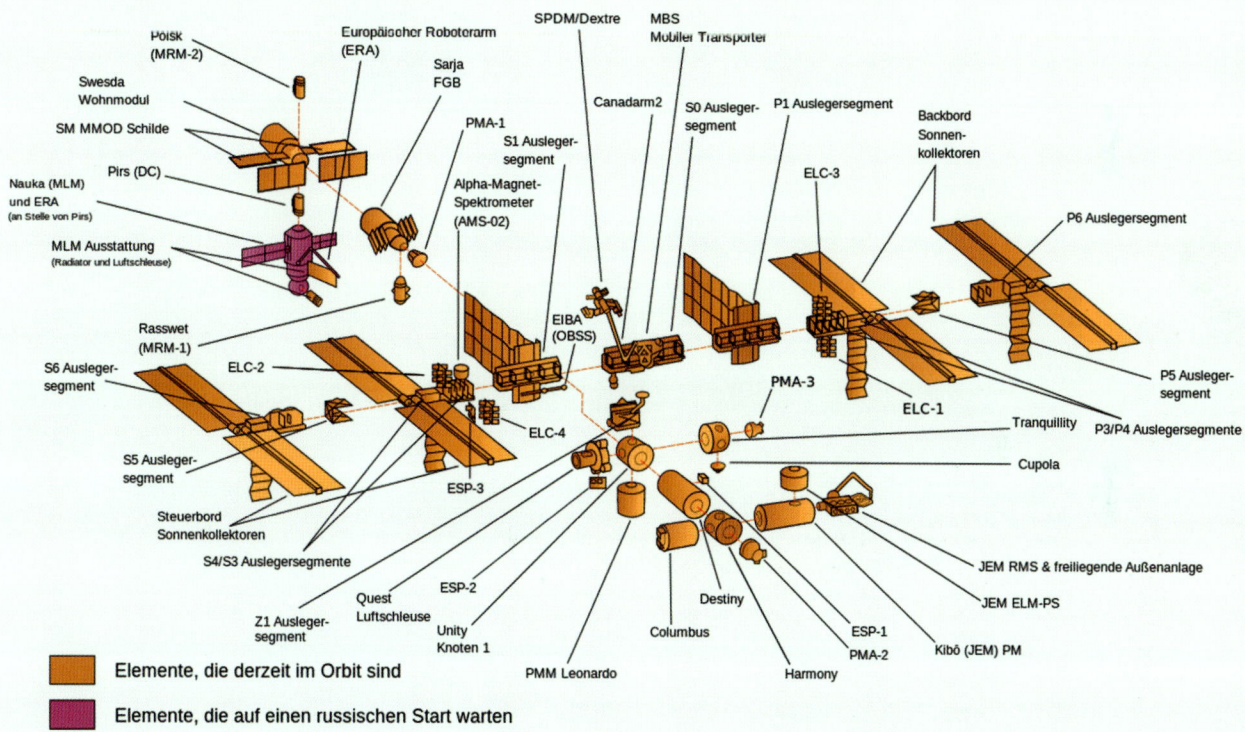

## ISS Konfiguration
im Mai 2011

Poisk (MRM-2)

Swesda Wohnmodul

SM MMOD Schilde

Nauka (MLM) und ERA (an Stelle von Pirs)

Pirs (DC)

MLM Ausstattung (Radiator und Luftschleuse)

Rasswet (MRM-1)

S6 Auslegersegment

ELC-2

S5 Auslegersegment

Steuerbord Sonnenkollektoren

S4/S3 Auslegersegmente

Z1 Auslegersegment

Quest Luftschleuse

ESP-3

ESP-2

Unity Knoten 1

PMM Leonardo

Europäischer Roboterarm (ERA)

Sarja FGB

PMA-1

S1 Auslegersegment

Alpha-Magnet-Spektrometer (AMS-02)

SPDM/Dextre

Canadarm2

EIBA (OBSS)

Columbus

Destiny

Harmony

PMA-2

ESP-1

MBS Mobiler Transporter

S0 Auslegersegment

P1 Auslegersegment

ELC-3

Backbord Sonnenkollektoren

P6 Auslegersegment

P5 Auslegersegment

PMA-3

ELC-1

P3/P4 Auslegersegmente

Tranquillity

Cupola

JEM RMS & freiliegende Außenanlage

JEM ELM-PS

Kibō (JEM) PM

ELC-4

■ Elemente, die derzeit im Orbit sind

■ Elemente, die auf einen russischen Start warten

Die ITS ist eine im Querschnitt trapezförmige, starre Leichtmetallstruktur mit zusätzlichen Querstreben. Für die Verbindung der einzelnen Segmente existiert ein spezielles „Module-to-Truss-Segment-Attachement-System". Für jede Verbindung gibt es einen fernbedienbaren Fangriegel, der beide Elemente zunächst locker verbindet und danach festgezogen wird. Außerdem greifen dann vier motorgetriebene Bolzen, die zusätzlich gesichert werden.

Neben den kleineren Solarzellen an den russischen Modulen, die vor allem zu Baubeginn genutzt wurden, verfügt die ISS über vier große Solarelemente. Es befinden sich jeweils zwei Solarzellenträger an den Enden der ITS-Gitterstruktur: Elemente P6 und P4 auf der Backbordseite sowie S6 und S4 auf der Steuerbordseite. Die Elemente können um 360° gedreht werden, um immer optimal auf die Sonne ausgerichtet zu werden.

Jede der insgesamt acht Solarzellenflächen besteht aus einem faltbaren Gittermast, zwei faltbaren Solarzellenpaneelen, Spanndrähten zum Ausfahren oder Zurückziehen der Paneele sowie Einrichtungen zu deren Steuerung. Eine Solarzellenfläche ist mit entfalteten Paneelen 35,05 m lang und 11,58 m breit und hat eine Masse von 1,1 t. 32.800 einzelne Solarzellen, die zu 82 Streifen von je 400 Stück zusammengefasst sind, können 32,8 kW Gleichstrom erzeugen. Da beide Flächen eines Elementes voneinander entgegengesetzt entfaltet werden, haben sie zusammen eine Spannweite von 73 m.

### Die einzelnen Elemente der Integrated Truss Structure

| Element | Startdatum | Länge [m] | Breite [m] | Höhe [m] | Masse [kg] |
|---|---|---|---|---|---|
| Z1-Gitterelement | 11.10.2000 | 4,9 | 4,2 | | 8.755 |
| P6-Gitterelement - Solarpaneel | 01.12.2000 | 10,67 | 4,87 | 4,9 | 15.873 |
| S0-Gitterelement | 08.04.2002 | 13,4 | 4,6 | | 13.970 |
| S1-Gitterelement | 07.10.2002 | 13,7 | 4,57 | 3,96 | 12.572 |
| P1-Gitterelement | 24.11.2002 | 13,7 | 4,57 | 3,96 | 12.477 |
| P3/P4-Gitterelement - Solarpaneel | 09.09.2006 | 13,8 | 4,88 | 4,75 | 15.900 |
| P5-Gitterelement | 10.12.2006 | 3,37 | 4,55 | 4,24 | 1.864 |
| S3/S4-Gitterelement - Solarpaneel | 08.06.2007 | 13,8 | 4,88 | 4,75 | 16.183 |
| S5-Gitterelement | 08.08.2007 | 3,37 | 4,55 | 4,24 | 1.864 |
| P6-Gitterelement - Umbau | 23.10.2007 | – | – | – | – |
| S6-Gitterelement - Solarpaneel | 15.03.2009 | 13,4 | 4,9 | 4,9 | |

S2 und P2 wurden annulliert

Auf den Solarzellenflächen sind Einrichtungen zur Stabilisierung der Raumstation und Speicherung elektrischer Energie sowie zur Kühlung sämtlicher Anlagen vorhanden. Der elektrische Strom gelangt über 82 Leitungen pro Paneel zu drei Ladesystemen mit je zwei Nickel-Wasserstoff-Akkus. Diese stellen den Strom – dessen Spannung auf etwa 140 V geregelt wird – für die Station zur Verfügung, während sich die ISS im Schatten der Erde befindet. Die Akkus sind ebenfalls in den Elementen P6, P4, S6 und S4 untergebracht. Jeder hat eine Masse von 187 kg und besteht aus 38 Einzelzellen. Mit 38.000 Lade-Entlade-Zyklen haben die Akkus eine veranschlagte Lebensdauer von sechseinhalb Jahren.

Theoretisch lassen sich 31 kW der erzeugten elektrischen Energie nutzbar machen. Es kann gleichzeitig Strom für die Steuerung, die Kühleinrichtungen und die Station bereitgestellt werden. Außerdem werden die Akkus geladen, mit maximal 3 x 8,4 kW pro Solarzellenfläche. Das Kühlsystem besteht aus Kühlkörpern, die direkten Kontakt zu den Wärme erzeugenden Teilen haben, mehreren Kühlkreisläufen mit Ammoniak als Kühlmittel, elektrischen Pumpen und einem Radiator, der theoretisch 14 kW Abstrahlungsleistung besitzt. Alle Anlagen haben zusammen einen Leistungsbedarf von mehr als 6 kW, der somit nicht für eine Nutzung der Raumstation zur Verfügung steht.

Zusammengefasst handelt es sich eher um ein kleines Kraftwerk als um eine Solaranlage zur Stromerzeugung. Die komplexen Systeme werden durch mehrere Computer gesteuert, im Laufe des Betriebs der Raumstation gewartet und bei Bedarf ausgetauscht. Allein das Energiemodul S6 kostet etwa 1,2 Mrd. USD.

Das Solar Alpha Rotary Joint (SARJ) ist ein Drehgelenk mit der Aufgabe, die Solarpaneele stets genau der Sonne nach zu führen, um eine bestmögliche Energiegewinnung zu gewährleisten. Dazu werden die Solarzellenflächen so gedreht, dass die Sonne senkrecht auf die Solarzellen fällt. Die einzelnen Solarflügel können zusätzlich an ihren Befestigungen um eine zweite Achse gedreht werden. Es gibt zwei SARJs, von denen das Erste die Segmente P3 und P4 und das Zweite die Segmente S3 und S4 verbindet. Die beiden

Solarmodule der ISS

Gelenke haben die Form eines Wagenrades und drehen die jeweiligen Enden der Gitterstruktur, bestehend aus den Elementen S4, S5 und S6 sowie P4, P5 und P6. Alle elektrischen Verbindungen sind über Schleifringe geführt, damit das Gelenk nicht zurückgedreht werden muss.

Mit einem Durchmesser von 3,2 m, einer Länge von 1,02 m und einer Masse von 1,1 t kann das SARJ mit einer Genauigkeit von 1° über 360° gedreht werden. Gebaut wurde das SARJ von Lockheed Martin. Am Steuerbord-SARJ wurde im Laufe des Jahres 2008 ein sehr großer Verschleiß festgestellt, das Problem wurde inzwischen behoben.

Auf der Integrated Truss Structure befinden sich außerdem zwei CETA-Plattformen. Bei dieser Crew and Equipment Translation Aid (englisch für Mannschafts-, Ausrüstungs- und Beförderungshilfe) handelt es sich um eine mobile, handkarrenartige Kleinplattform, die auf den Schienen der Gitterstruktur bewegt werden kann. Sie besteht aus einer Aluminiumplatte mit daran befestigten Halterungen für Nutzlasten, mit Führungsrädern, Feststelleinrichtungen, Stoßabsorbern und verschiedenen Behältern. Sie hat eine Masse von 283 kg, ist 2,50 m lang, 2,36 m breit und 0,89 m hoch. Mit eingeklappten

CETA

Auslegern kann CETA von einer Seite des mobilen Transporters auf die andere bewegt werden. Beide Systeme verwenden das gleiche Schienensystem. Während der mobile Transporter allerdings für die Beförderung von Lasten bis etwa 20 t Masse gedacht ist, dient CETA als einfach zu bedienendes Transportsystem für Raumfahrer und kleinere Nutzlasten.

## Sarja

Bis zum Sommer 2000 übernahm Sarja (russisch für Morgenröte) die komplette Energieversorgung, Lageregelung und Klimasteuerung für die Raumstation. Bei der Kopplung mit dem Modul Swesda am 26. Juli 2000 übernahm Sarja in der Endphase die aktive Rolle. Mit fortschreitendem Aufbau der Station werden Energieversorgung und Lageregelung weitgehend von anderen Komponenten übernommen. Bestehen bleibt die Funktion als Treibstoffspeicher und Lagerraum. Auch ist Raum für weitgehend automatisch ablaufende Experimente vorgesehen. Im Mai 2010 wurde am freien Andockport (Nadir) das russische Modul Rasswet angekoppelt.

| Sarja | | |
| --- | --- | --- |
| Startdatum | 20.11.1998 | |
| Träger | Proton-K | |
| Herkunft | Russland | |
| Länge | 12,60 m | |
| Durchmesser | 4,1 m | |
| Startmasse | 19.323 kg | |
| Kosten | 105-120 Mio. USD | |

## Unity

Unity (englisch für Einheit) ist der Erste von drei Verbindungsknoten des amerikanischen Teils der ISS. Er verfügt über insgesamt sechs Kopplungsmechanismen, vier auf der zylindrischen Mantelfläche sowie je einen an Heck und Bug. An der Oberseite von Unity ist die Gitterstruktur Z1 angebracht, in der sich vier Trägheitsgyroskope für die Lageregelung der gesamten Station befinden.

Unitys Außenhaut besteht weitgehend aus Aluminium. Es enthält vier Standard-Racks (für die ISS werden von allen beteiligten Ländern als Rack bezeichnete standardisierte Haltevorrichtungen bzw. Gestelle genutzt, in denen z. B. Ausrüstung oder Kühlsysteme untergebracht sind) zur Steuerung, Lebenserhaltung oder als Lagerraum. Das Modul ist mit 121 Leitungen für elektrischen Strom und Daten sowie 216 Kühlmittel- und Luftzirkulationsröhren versehen. Außerdem verfügte es in der Anfangsphase über ein spezielles Kommunikationssystem, das den russischen Spezifikationen angepasst war.

## Swesda

Swesda (russisch für Stern) ist das russische Wohn- und Navigationsmodul, gebaut von RKK Energija. Es ist eine modifizierte Version des Basismoduls der Raumstation Mir. Das Modul ist mit vier Kopplungsaggregaten ausgestattet, drei passive vom Typ „SSWP-M 8000" am kugelförmigen Übergangsteil am Bug und ein passives vom Typ „SSWP G4000" am Heck. Dort befinden sich auch Anschlüsse und Pumpen, die angelieferten Treibstoff zu den Tanks des Moduls Sarja weiterleiten. Unbemannte Transporter wie Progress oder ATV, welche sämtlich über aktive Kopplungsaggregate vom Typ „SSWP G4000" verfügen, legen hier an. Es können aber auch bemannte Raumschiffe vom Typ Sojus andocken. Unterstützt werden derartige Manöver von den Annäherungskontrollsystemen Kurs und Toru. Swesda besteht aus drei Abteilen. Nach dem kugelförmigen Übergangsteil folgen der zylindrische Hauptteil und ein ebenfalls zylindrischer, hermetisch verschließbarer Heckabschnitt, der als Ausstiegsschleuse und Stauraum dient. Im Mittelteil befinden sich Steuereinrichtungen, Lebenserhaltung, Toiletten und Duschmöglichkeiten, die Küche, Trainingsgeräte und mehrere Wohnkabinen.

Swesda selbst verfügt über zwei Solarzellenflächen mit einer mittleren elektrischen Leistung von ca. 5 kW und ist mit einem in Deutschland entwickelten intelligenten Datenmanagementsystem ausgerüstet.

| Unity | |
|---|---|
| Startdatum | 04.12.1998 |
| Träger | Space Shuttle |
| Herkunft | USA |
| Länge | 5,49 m |
| Durchmesser | 4,57 m |
| Startmasse | 11.612 kg |

| Swesda | |
|---|---|
| Startdatum | 12.07.2000 |
| Träger | Proton-K |
| Herkunft | Russland |
| Länge | 13,10 m |
| Durchmesser | 4,15 m |
| Startmasse | 19.050 kg |
| Kosten | 340 – 470 Mio.USD |

### Destiny

Destiny (englisch für Schicksal) ist das vierte Modul der Internationalen Raumstation. Es hat eine zylindrische Form, ist 8,5 m lang, hat einen Durchmesser von 4,3 m und eine Leermasse von 14,5 t. Vollständig ausgerüstet liegt seine Masse bei 24 t. Insgesamt stehen innerhalb von Destiny 24 Standard-Racks zur Verfügung: 13 können für Experimente und wissenschaftliche Ausrüstung, die übrigen 11 zur Steuerung oder als Lagerraum genutzt werden. Die Hülle des Labormoduls besteht aus Aluminium und ist zusätzlich mit einem Mikrometeoritenschutz umgeben. Dieser ist aus einem Material hergestellt, das dem schusssicherer Westen ähnelt. Destiny hat ein großes Fenster, das sich mit einer Art Fensterladen verschließen lässt. Über dieses Fenster soll vor allem erdbezogene Forschung erfolgen.

Beim Start waren vier Racks montiert. Sie dienen in erster Linie der Steuerung der wichtigsten Systeme und der Lebenserhaltung. Enthalten sind Anlagen zur Luftventilation, zwei Kühlsysteme auf Wasserbasis (4 °C und 17 °C), zwei sogenannte Avionic-Racks mit Steuerungssystemen für die interne Kommunikation, für Lageregelung, Lebenserhaltung, Umweltdaten, Kopplungsmechanismen, Druckausgleich, Befehls- und Datenverarbeitung. Auch das Energie- und das Alarmsystem, das für Feuerdetektion und Luftdruckkontrolle zuständig ist, sind

| Destiny | |
|---|---|
| Startdatum | 07.02.2001 |
| Träger | Space Shuttle |
| Herkunft | USA |
| Länge | 8,53 m |
| Durchmesser | 4,27 m |
| Startmasse | 14.515 kg |

integriert. Zusätzlich installiert wurde ein fünftes Rack mit einem Luftaufbereitungssystem. Später wurden weitere Versorgungsracks eingebaut, die für Brauchwassersysteme, Unterstützung für Außenbordarbeiten, Bahnverfolgung und Kommunikation genutzt werden. Dazu waren noch drei Reihen für je sechs Racks frei.

Alle Racks werden über einen zentralen Energie- und Datenbus mit Strom und Regelsystemen versehen. Zeitweilig können auch Proben bereits absolvierter Experimente unter speziellen Bedingungen – wie eingefroren – gelagert werden.

Die Racks sind universell, genormt und austauschbar. Der Transport erfolgt innerhalb von speziellen Logistikmodulen (MPLM). Im US-Labormodul Destiny werden Experimente auf den Gebieten Mikrogravitation, Lebenswissenschaften, Biologie, Ökologie, Erderkundung, Weltraumforschung und Technologie ausgeführt. Auch kommerzielle Forschungen sind geplant.

### Canadarm2

Canadarm2 ist ein Multifunktionsroboterarm, der offiziell als Space Station Remote Manipulator System (SSRMS) bezeichnet wird. Er wurde vom kanadischen Raumfahrtunternehmen MDA Space Missions entwickelt und gebaut. Er besteht aus drei Teilen, ist 17,6 m lang und kann bei einer Eigenmasse von 1,8 t bis zu 116 t bewegen. Die maximale Leistungsaufnahme liegt bei lediglich 2 kW. Canadarm2 ist Teil des Mobile Servicing System (MSS), das für Zusammenbau, Wartungs- und Reparaturarbeiten außerhalb der ISS sowie Bedienung von externen Anlagen und Experimenten vorgesehen ist. Die Raumfahrer können dabei über vier Videokameras jede Bewegung auch ohne direkten Sichtkontakt verfolgen und über die Fernbedienung im amerikanischen Labormodul Destiny steuern.

Der Canadarm2 ist nicht fest an einem Punkt mit der ISS verbunden, sondern kann – nicht zuletzt dank seiner sieben Freiheitsgrade – auf unterschiedliche Weise an der Station entlang bewegt werden. Der Roboterarm verfügt an beiden Enden über eine Greifmechanik, die mit Schnittstellen für Daten- und Energieversorgung ausgestattet ist. An sogenannten Power Data Grapple Fixtures (PDGF) kann der Arm an verschiedenen Stellen der Station fixiert werden und dann raupenartig von PDGF zu PDGF über das amerikanische Segment der ISS wandern. Alternativ kann Canadarm2 mit dem „Mobile Transporter" verbunden und über ein Schienensystem entlang der Integrated Truss Structure der Station bewegt werden.

| Canadarm2 | |
|---|---|
| Startdatum | 19.04.2001 |
| Träger | Space Shuttle |
| Herkunft | Kanada |
| Länge | 17,60 m |
| Durchmesser | 0,35 m |
| Startmasse | 4.899 kg |

## Quest

Quest (englisch für Suche) ist das dritte amerikanische Modul. Quest dient als Ausstiegsschleuse für Außenbordarbeiten und kann sowohl mit amerikanischen als auch mit russischen Raumanzügen benutzt werden. Es besteht vor allem aus Aluminium und hat ein Volumen von 34 m³. Quest ist in zwei Sektionen unterteilt: In der ersten, größeren Gerätesektion (Equipment Lock) bereiten sich die Raumfahrer auf ihren Ausstieg vor, legen die Raumanzüge an und testen deren korrekte Funktion. Nach dem Ausstieg werden hier außerdem Wartungsarbeiten an den Anzügen durchgeführt. Dazu gehören das Aufladen der Batterien und das Nachfüllen der Sauerstofftanks. Die zweite, schlankere Sektion (Crew Lock) ist die eigentliche Luftschleuse. Über spezielle Vakuumpumpen wird vor dem Öffnen der Außenluke die Luft in einen Tank evakuiert. Ansonsten entspricht dieser Teil des Moduls den bisher in amerikanischen Shuttles verwendeten Schleusen.

An der Außenseite der Schleuse befinden sich je zwei große Sauerstoff- und Stickstofftanks. Sie haben jeweils einen Durchmesser von 0,9 m und eine Masse von 545,4 kg, bestehen aus Kohlefaserverbundmaterial, fassen je 0,42 m³ Hochdruckgas und sind mit einem mehrschichtigen Meteoritenschutz ausgestattet. Außerdem verfügt das Schleusenmodul über Plattformen und Halterungen sowie Energie- und Kommunikationsanschlüsse.

| Quest | |
|---|---|
| Startdatum | 12.07.2001 |
| Träger | Space Shuttle |
| Herkunft | USA |
| Länge | 5,50 m |
| Durchmesser | 4,00 m |
| Startmasse | 6.064 kg |

## Rasswet

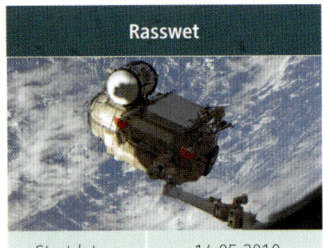

| Rasswet | |
|---|---|
| Startdatum | 14.05.2010 |
| Träger | Space Shuttle |
| Herkunft | Russland |
| Länge | 6,00 m |
| Durchmesser | 2,35 m |
| Startmasse | 5.075 kg |

Rasswet (russisch für Morgendämmerung) ist ein Beitrag der russischen Raumfahrtbehörde Roskosmos zur ISS. Um das Projekt und den Bau des Moduls zu beschleunigen, wurde bei Planung und Konstruktion auf den bereits fertiggestellten Rumpf der ehemals geplanten und nicht mehr benötigten Science Power Platform zurückgegriffen. Dazu wurde der aktive Kopplungsadapter vom Typ „SSWP-M 8000" (passend zu Swesda, Nadir und Zenit) durch einen aktiven „SSWP G4000" (passend zu Sarja-Nadir) ausgetauscht. Zudem wurden ein zweiter passiver Adapter vom Typ „SSWP G4000" (passend zu Sojus und Progress) sowie die zur Entladung von Versorgungsschiffen notwendigen Treibstoffleitungen eingebaut.

Rasswet verfügt über acht Experimentierarbeitsplätze und dient primär als Forschungsmodul. Im Gegensatz zu den meisten anderen Modulen russischer Bauart besitzt Rasswet keine eigenen Triebwerke. An der Außenhaut sind Haltepunkte für den Transport einer Luftschleuse, eines Radiators und für Ersatzteile des europäischen Roboterarms ERA installiert. Die mitgeführte Luftschleuse für Forschungszwecke wird nach der Installation von Nauka an dessen freien Kopplungspunkt verlegt und der Radiator an Naukas Außenhaut angebracht.

## Pirs

| Pirs | |
|---|---|
| Startdatum | 14.09.2001 |
| Träger | Sojus-U |
| Herkunft | Russland |
| Länge | 4,05 m |
| Durchmesser | 2,55 m |
| Startmasse | 3.676 kg |

Pirs (russisch für Pier) oder Docking Compartment 1 ist ein russisches Kopplungs- und Ausstiegsmodul. Das Modul fertigte RKK Energija von 1998 bis 2000. Zum Befördern des Moduls zur Raumstation wurde ein modifiziertes Progress-Transportschiff verwendet, wobei Pirs die Stelle der Frachtsektion und der Tanksektion übernahm. Von dem eigentlichen Progress blieb lediglich die Servicesektion mit den Triebwerken und Versorgungssystemen. Die Konstruktion von Pirs basiert auf einem in den 1980ern für die Buran-Raumfähre entworfenen SO-Andock-Modul, an dem die Raumfähre an eine Raumstation andocken können sollte. Ein ähnliches Andock-Modul einer etwas einfacheren Bauart wurde für die Kopplung der Space Shuttles an die Raumstation Mir verwendet.

Pirs ist 4,05 m lang – mit Kopplungsaggregaten 4,91 m – und hat einen maximalen Durchmesser von 2,55 m sowie eine Masse von 3.676 kg mit mitgelieferten Frachten und später zu installierenden Elementen. Die Leermasse beträgt 2.882 kg. Das Modul bietet etwa 13 m³ unter Druck stehenden Raum, der vor allem für Ausrüstungen vorgesehen ist, die bei Ausstiegen benötigt werden. Dazu befinden sich in der Mantelfläche zwei gegenüberliegende Luken mit einem Durchmesser von jeweils 1 m, die zum Ausstieg von zwei Kosmonauten in Orlan-M-Raumanzügen geeignet sind. Beide Luken sind gleichwertig, sodass jeweils diejenige verwendet werden kann, auf deren Seite der Ausstieg bequemer ist. Die Luken öffnen sich nach innen und sind für 120 Öffnungs- und Schließvorgänge ausgelegt. In jede Luke ist ein rundes Fenster mit 228 mm Durchmesser eingebaut.

Pirs ist mit Treibstoffleitungen ausgestattet, um den von Progress-Frachtern angelieferten Treibstoff in die Module Sarja und Swesda zu transportieren. An der Außenseite des Moduls waren bis 2012 die beiden Strela-Kräne angebracht, die die Raumfahrer bei ihren Außenbordeinsätzen unterstützten.

Es sind zwei Kopplungsstutzen vorhanden: ein aktiver vom Typ „SSWP-M 8000" an dem Ende des Moduls, das an die ISS gedockt ist, und ein passiver vom Typ „SSWP G4000" an dem gegenüberliegenden Ende, an dem Raumtransporter anlegen können. Pirs fungiert sozusagen als Adapter und bietet damit zusätzlich zu Rasswet und dem hinteren Andockstutzen des Swesda-Moduls eine dritte Möglichkeit zum Ankoppeln von Sojus-Raumschiffen und Progress-Frachtern.

Die Nutzungsdauer von Pirs war ursprünglich auf fünf Jahre, also bis September 2006 festgelegt. Danach sollte der Austausch durch ein baugleiches Modul erfolgen. Aufgrund von Verzögerungen im russischen Raumfahrtprogramm ist Pirs bis zum heutigen Tag in Betrieb. Es ist geplant, Pirs 2017 abzudocken und in der Erdatmosphäre verglühen zu lassen, um Platz für das Nauka-Modul zu machen.

## Harmony

Harmony (englisch für Harmonie) ist nach Unity das zweite Verbindungsmodul – früher Node 2 genannt – der ISS. Das mit Atemluft versorgte Volumen beträgt ca. 75,5 m³. Das Modul verfügt über acht Racks, die zur Versorgung der Station mit Luft, Wasser und Elektrizität dienen sowie andere lebensnotwendige Systeme enthalten. Harmony kontrolliert und verteilt die Ressourcen der Trägerstruktur und des US-Labors Destiny zu den verbundenen Segmenten: dem europäischen Columbus-Labor, dem Kopplungsadapter PMA-2, dem japanischen Wissenschaftsmodul Kibó, dem Mehrzweck-Logistikmodul und dem HTV-Transportfahrzeug.

## Columbus

Das Raumlabor Columbus ist ein Wissenschaftslabor und der größte Beitrag der ESA für die ISS. Hauptauftragnehmer für Columbus war EADS Astrium Space Transportation in Bremen, wo der Endausbau stattfand. Die tragende Struktur, die auf dem Design des MPLM-Versorgungsmoduls basiert, stammt jedoch von Alenia Spazio in Italien.

Columbus ist für eine Betriebszeit von zehn Jahren ausgelegt. Die Einstiegsluke befindet sich an einem Ende des Zylinders, die meisten Bordcomputer am anderen. Columbus ist kleiner als die anderen Labormodule der Station.

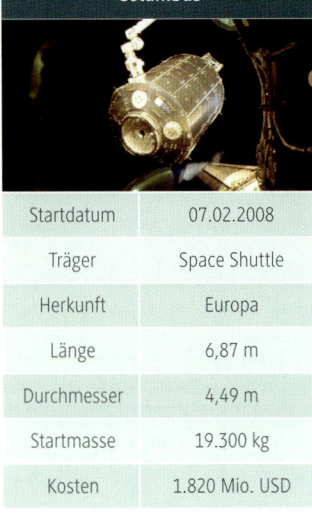

| Harmony | |
|---|---|
| Startdatum | 23.10.2007 |
| Träger | Space Shuttle |
| Herkunft | USA |
| Länge | 6,71 m |
| Durchmesser | 4,48 m |
| Startmasse | 14.300 kg |
| Kosten | 2.000 Mio. USD |

| Columbus | |
|---|---|
| Startdatum | 07.02.2008 |
| Träger | Space Shuttle |
| Herkunft | Europa |
| Länge | 6,87 m |
| Durchmesser | 4,49 m |
| Startmasse | 19.300 kg |
| Kosten | 1.820 Mio. USD |

| Kibò ELM | |
|---|---|
|  | |
| Startdatum | 11.03.2008 |
| Träger | Space Shuttle |
| Herkunft | Japan/Kanada |
| Länge | 3,9 m |
| Durchmesser | 4,4 m |
| Startmasse | 19.300 kg |

| Kibò PM | |
|---|---|
|  | |
| Startdatum | 31.05.2008 |
| Träger | Space Shuttle |
| Herkunft | Japan |
| Länge | 11,20 m |
| Durchmesser | 4,4 m |
| Startmasse | 15.900 kg |

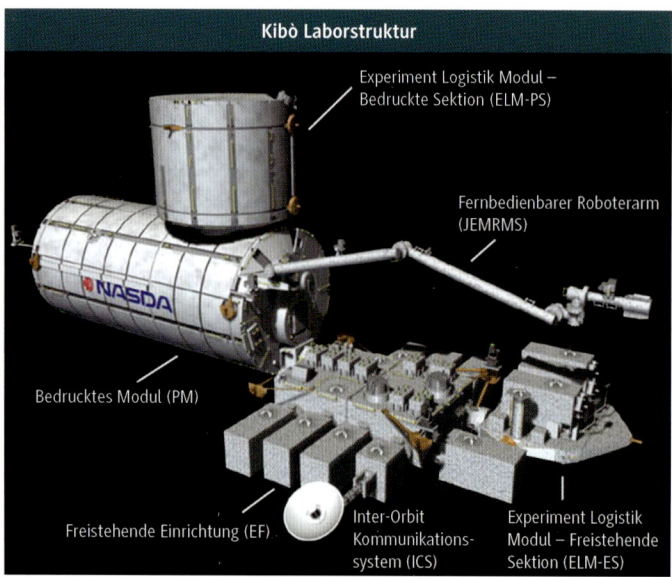

**Kibò Laborstruktur**

Experiment Logistik Modul – Bedruckte Sektion (ELM-PS)

Fernbedienbarer Roboterarm (JEMRMS)

Bedrucktes Modul (PM)

Freistehende Einrichtung (EF)

Inter-Orbit Kommunikationssystem (ICS)

Experiment Logistik Modul – Freistehende Sektion (ELM-ES)

Es enthält zehn sogenannte International Standard Payload Racks (ISPRs). Vier davon befinden sich an der Vorderseite, vier an der Rückseite und zwei an der Decke. Drei ISPRs enthalten Lebenserhaltungs- und Kühlsysteme. Die übrigen Racks dienen als Lagerplatz oder für Experimente. Vier weitere Nutzlastmodule können extern angebracht werden.

### Kibò ELM und Kibò PM

Kibó (japanisch für Hoffnung) ist ein Projekt der japanischen Raumfahrtbehörde JAXA. Es ist das größte Einzelmodul der ISS und das erste bemannte Weltraumprojekt Japans. Das Modul kann bis zu vier Raumfahrer aufnehmen und bietet die Möglichkeit, an 23 Racks Experimente vorzunehmen. In der ersten Nutzungsphase sind 14 Racks geplant. Die Schwerpunkte der Forschung sollen im Bereich Weltraummedizin, Biologie und Materialforschung liegen. Später soll das Weltraummodul mit Experimenten und Racks versorgt werden, die mit dem autonomen japanischen HTV Frachtmodul zur Station gebracht werden.

Als erstes Bauteil wurde das **Experiment Logistics Module** (ELM-PS) gestartet und an die ISS angedockt. Die Kibō-Hauptbaugruppe Pressurized Module (PM) und der Roboterarm (RMS) wurden am 31. Mai 2008 zur ISS gebracht und dort am 3. Juni 2008 angedockt. Im Juli 2009 wurde mit der Mission STS-127 als letztes Bauteil die Außenplattform für Experimente (EF) und das Außenlager (ELM-ES) zur ISS transportiert.

Die gesamte Einheit besteht aus fünf Teilen:

Dem unter Druck stehenden **Pressurized Module** (PM). Es ist das zentrale Modul, in dem die Astronauten Experimente durchführen. Seine Länge beträgt 11,2 m bei einem Durchmesser von 4,4 m und einer Masse von 15,9 t. An der Stirnseite des zylindrischen Moduls befindet sich eine kleine Luftschleuse, durch die z. B. Experimente von der Exposed Facility (EF) geborgen werden können.

**Experiment Logistics Module** – Pressurized Section (ELM-PS): Dieses Modul steht ebenfalls unter Druck und wird hauptsächlich als Stauraum genutzt. Es hätte vom PM abgekoppelt und mit dem Space Shuttle zur Erde zurückgebracht werden können, um dann mit neuem Material hinaufgeschickt zu werden. ELM-PS ist 3,9 m lang und hat einen Durchmesser von 4,4 m. Die Leermasse beträgt 4,2 t.

**Exposed Facility (EF):** Hierbei handelt es sich um eine Plattform für Experimente. Diese ist 5,6 m lang, 5 m breit, 4 m hoch und hat eine Masse von 4 t. Sie wird außerhalb des PM befestigt. Rings um die Plattform können einzelne Experimentcontainer angebracht werden.

**Experiment Logistics Module** – Exposed Section (ELM-ES): Das Außenlager wird außerhalb der EF befestigt. Es ist 4,2 m lang und 4,9 m breit. Die drucklose Ladeplatte des HTV kann zu ELM-ES mit den Roboterarmen geleert werden. Das ELM-ES wurde nach seinem Ersteinsatz zum Transport von Experimenten (raus: bei STS-127) vom Shuttle wieder mit zurück zur Erde genommen und ist kein dauerhafter Bestandteil im Orbit.

**Japanese Experiment Module R**emote Manipulator System (JEMRMS): Der Roboterarm des Kibō-Moduls besteht aus einem Hauptarm, der 9,9 m lang ist und Massen bis zu 7 t bewegen kann. Dazu gibt es einen kleineren Arm, der bei Bedarf angedockt wird und sehr präzise Arbeiten durchführen kann.

## Poisk

Poisk (russisch für Suche) dient als Koppelmodul für Sojus-Raumschiffe und Progress-Frachter und als Luftschleuse für Ausstiege. Poisk wird aber auch für externe wissenschaftliche Experimente verwendet, daher der ursprüngliche Name Mini-Research Module 2. Durch den Ausbau der Station wurde der Einsatz als Kopplungsadapter notwendig, da sich durch die Verdopplung der ISS-Besatzung seit Mai 2009 immer zwei Sojus-Raumschiffe an der ISS befinden.

Poisk verfügt über zwei Kopplungsstutzen: einen aktiven vom Typ „SS-WP-M 8000" an dem Ende des Moduls, das an Swesda angedockt ist, sowie einen passiven vom Typ „SSWP G4000" an dem gegenüberliegenden Ende, an dem Raumschiffe anlegen können. Poisk fungiert sozusagen als Adapter und bietet damit zusätzlich zu Pirs, Rasswet und dem hinteren Andockstutzen des Swesda-Moduls eine vierte Möglichkeit zum Andocken von Sojus-Raumschiffen und Progress-Frachtern.

| Poisk | |
| --- | --- |
| Startdatum | 10.11.2009 |
| Träger | Sojus-U |
| Herkunft | Russland |
| Länge | 4,6 m |
| Durchmesser | 2,3 m |
| Startmasse | 3.700 kg |

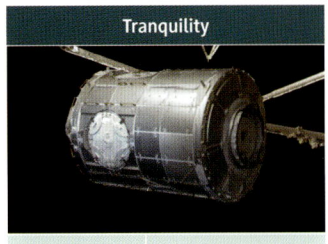

| Tranquility | |
|---|---|
| Startdatum | 08.02.2010 |
| Träger | Space Shuttle |
| Herkunft | Europa |
| Länge | 6,7 m |
| Durchmesser | 4,48 m |
| Startmasse | 15.500 kg |

| Cupola | |
|---|---|
| Startdatum | 08.02.2010 |
| Träger | Space Shuttle |
| Herkunft | Europa |
| Länge | 1,5 m |
| Durchmesser | 2,95 m |
| Startmasse | 1.805 kg |
| Kosten | 26 Mio. USD |

Poisk basiert auf dem Progress-M-Raumtransporter, auf dessen Antriebsblock bzw. Servicemodul das eigentliche Modul aufgesetzt ist, welches dem Modul Pirs ähnelt. Poisk ist 4,91 m lang, hat einen maximalen Durchmesser von 2,55 m, ein Innenvolumen von 12,5 m³ und wiegt etwa 3 t. Es brachte 750 kg Nachschub zur ISS und besitzt zwei nach innen öffnende Luken mit einem Durchmesser von jeweils 1 m, die als Verschluss der Luftschleuse dienen. Gegenwärtig verfügt das Modul mit Strela-1 über einen eigenen Kranarm zur Unterstützung von Forschungs- und Reparaturmaßnahmen.

## Tranquility

Tranquility (englisch für Ruhe) wurde ursprünglich als Node 3 bezeichnet und ist nach Unity (ehemals Node 1) und Harmony (ehemals Node 2) das dritte Verbindungsmodul. Es gehört zum amerikanischen Teil der Station und wurde von Alenia Spazio in Italien im Auftrag der Europäischen Weltraumorganisation (ESA) gebaut.

Das Modul startete am 8. Februar 2010 zusammen mit dem Beobachtungsturm Cupola mit dem Space Shuttle zur ISS. Dort wurde es gegenüber dem Ausstiegsmodul Quest an die linke Seite des Verbindungsmoduls Unity gekoppelt.

Tranquility enthält die am höchsten entwickelten Lebenserhaltungssysteme, die jemals in den Weltraum geflogen wurden. Sie bereiten die Abwässer auf, die für Besatzung und Sauerstoffproduktion genutzt werden. Weiterhin gehören Systeme zur Wiederherstellung der Atmosphäre, zur Filterung von Fremdstoffen aus der Luft und zur Kontrolle der Zusammensetzung der Atmosphäre zu dem Modul. Zudem sind hier die Abfall- und Hygieneabteilungen der Bordcrew montiert. Tranquility liefert schließlich auch Platz für Strom-, Daten-, Kommando-, Temperatur- und Umweltsteuerungen.

An einem der Kopplungsstutzen des Moduls ist das Cupola-Modul angedockt, von dem aus ein Astronaut den Roboterarm Canadarm2 steuern kann. An einem weiteren Stutzen befindet sich der Kopplungsadapter PMA-3. Tranquility stellt weiterhin zusätzliche Andockplätze für MPLM-Logistikmodule und den HTV bereit.

## Cupola

Cupola (italienisch für Kuppel) ist ein kuppelförmiger Beobachtungsturm. Er ist 1,5 m hoch, hat einen maximalen Durchmesser von 2,95 m und hatte beim Start eine Masse von 1.805 kg. Die maximale Masse im Orbit beträgt 1.880 kg.

Cupola verfügt über sechs seitlich angebrachte Fenster sowie über ein größeres 80-cm-Fenster auf dem Dach und ermöglicht somit eine Rundumsicht. Die Fenster können zum Schutz vor Mikrometeoriten und Weltraumschrott mit speziellen Fensterläden abgeschottet werden.

Der Turm bietet zwei Besatzungsmitgliedern gleichzeitig Platz und dient in erster Linie Beobachtungszwecken. Zu den wichtigsten Aufgaben des Moduls gehören die Steuerung des Roboterarms (Canadarm2), die Kommunikation mit Astronauten während eines Ausstiegs sowie die Beobachtung der Erde und des Weltraums. Dazu können in Cupola verschiedene Kommando- und Steuerungsarbeitsstationen installiert werden. Eine nicht minder wichtige Aufgabe des Kuppelturms ist sein Einsatz als Entspannungsort für Astronauten.

### Leonardo

Das Multi-Purpose Logistics Module (MPLM) bzw. Mehrzwecklogistikmodul wurde verwendet, um bei Space-Shuttle-Missionen Frachten in einem unter Luftdruck stehenden Raum zu und von der ISS zu transportieren. Es wurde während des Transports mit dem Shuttle in dessen Ladebucht befestigt. Nach dem Andocken an die ISS wurde das MPLM mithilfe des Roboterarms Canadarm2 aus der Ladebucht gehoben und am Unity-Modul angekoppelt. Anschließend wurde die Luke des Moduls geöffnet und die Astronauten erhielten Zugang zum MPLM, um es ent- und wieder beladen zu können. Mit dem Shuttle kehrte das Modul dann wieder zur Erde zurück.

Der wesentliche Vorteil dieses Verfahrens lag darin, dass Transportgüter, insbesondere die sogenannten International Standard Payload Racks, direkt vom MPLM in den amerikanischen Teil der Station verladen werden konnten. Kopplungsadapter vom APAS-Typ russischer Bauart, die auch zum Andocken der Space Shuttles benutzt werden, haben einen wesentlich geringeren Durchmesser und lassen kein Verladen sperriger Gegenstände zu. Weiterhin ermöglichte der Einsatz des MPLM den Transport nicht mehr benötigter Ausrüstung und beendeter Experimente zurück zur Erde. Andere Transportschiffe wie die unbemannten Progress- und ATV-Frachter verglühen beim Wiedereintritt in die Erdatmosphäre und transportieren daher ausschließlich Müll von der Station ab.

Die NASA hatte bei der italienischen Raumfahrtagentur ASI drei MPLMs in Auftrag gegeben. Die Module wurden alle bei Alenia Spazio in Turin gefertigt und erhielten die Namen bedeutender Personen der italienischen Geschichte: „Leonardo" wurde im August 1998 an die NASA geliefert und nach Leonardo da Vinci benannt.

In Zusammenarbeit mit der italienischen Raumfahrtagentur modifizierte die NASA „Leonardo". Für den permanenten Verbleib an der ISS mussten die Schilde gegen Weltraummüll und Mikrometeoriten verstärkt werden. Außerdem wurden nicht mehr benötigte Komponenten aus dem Modul entfernt, um mehr Fracht transportieren zu können. Am 24. Februar 2011 wurde „Leonardo" von der Raumfähre Discovery zur ISS transportiert und dort montiert.

| Leonardo | |
|---|---|
| Startdatum | 24.02.2011 |
| Träger | Space Shuttle |
| Herkunft | Europa |
| Länge | 6,4 m |
| Durchmesser | 4,5 m |
| Startmasse | 4.000 kg |

Seither dient das Modul als Arbeits-, Wohn- und Stauraum für die Astronauten.

## ERA

ERA, der Europäische Roboterarm der ISS, ist im Auftrag der ESA von mehreren europäischen Ländern entwickelt und gebaut worden. Ursprünglich sollte ERA bereits 2009 zusammen mit dem russischen Mehrzwecklabormodul Nauka zur Raumstation gebracht werden. Aufgrund technischer Probleme kam es immer wieder zu Verzögerungen des Fluges, die aktuelle Planung sieht einen Start zwischen Dezember 2017 und März 2018 vor.

An der ISS wird Nauka als Ausgangsmodul für ERA dienen. Der europäische Roboterarm erweitert den Einsatzbereich von Canadarm2, der sich nicht am russischen Segment der Raumstation fortbewegen kann. Zudem dient ERA als Ersatz, falls der andere Roboterarm einmal ausfallen sollte.

Als erstes von der ESA entworfenes System seiner Art soll ERA zudem der Erprobung und Erforschung einsatztauglicher Robotertechnik selbst dienen. Während Canadarm2 überwiegend manuell von den Astronauten gesteuert wird, soll sein europäisches Gegenstück weitgehend selbstständig arbeiten. Zu seinen Aufgaben werden unter anderem Inspektion und Videoüberwachung der Station gehören sowie Unterstützung der Astronauten bei Außenbordeinsätzen.

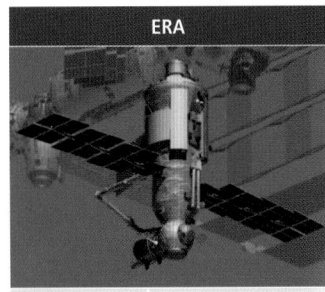

| ERA | |
| --- | --- |
| Startdatum | geplant 2017/2018 |
| Träger | Proton-M |
| Herkunft | Europa |
| Länge | 11,3m |
| Durchmesser | 9,7m |
| Startmasse | 630 kg |
| Kosten | 20 Mio. Euro |

ERA verfügt bei einer Gesamtlänge von 11,3 m über zwei jeweils 5 m lange Arme, die einen Operationsradius von 9,7 m abdecken und Objekte bis auf 5 mm genau positionieren können. Der Roboterarm kann bis zu 8 t Nutzlast transportieren und kann sich mit bis zu 0,1 m/s entlang der Raumstation bewegen.

## Nauka

Das Multi-Purpose Laboratory Module (MLM) ist ein Forschungsmodul, das zurzeit bei RKK Energija und GKNPZ Chrunitschew im Auftrag von Roskosmos entwickelt und gebaut wird. Inzwischen hat das Modul die Bezeichnung Nauka (russisch für Wissenschaft) erhalten.

Im August 2004 entschloss man sich, beim Bau von Nauka auf das bereits seit 1998 zu rund 70 % fertiggestellte Sarja-Ersatzmodul zurückzugreifen, das seit dem erfolgreichen Start von Sarja am 20. November 1998 nicht mehr benötigt wurde. Der frühere Hauptauftragnehmer GKNPZ Chrunitschew wurde 2006 durch RKK Energija ersetzt, beteiligt sich jedoch weiterhin maßgeblich an der Herstellung des Moduls.

Nauka ist ähnlich dem Sarja-Modul aufgebaut, mit einer Länge von 13 m und einem maximalen Durchmesser von 4,1 m. Die Startmasse des Moduls soll 20,3 t betragen. Nach dem nachträglichen Einbau aller Elemente soll die Masse bis auf 24 t steigen. Das Modul ist in zwei Sektionen unterteilt: den zylindrischen Hauptteil und den kugelförmigen Übergangsadapter. Das unter Druck stehende Volumen beträgt 71 m³, davon entfallen 64 m³ auf den Hauptteil und 7 m³ auf den Adapter.

In der Ausgangskonfiguration verfügte das MLM über drei Kopplungsadapter: einen aktiven vom Typ „SSWP G4000" am vorderen Ende, der zum Andocken an das Sarja-Modul der ISS gedacht war, sowie einen passiven axialen und einen passiven radialen Adapter am kugelförmigen Kopplungsknoten. Der axiale passive Kopplungsstutzen vom Typ „SSWP G4000" soll zum Andocken von Sojus-Raumschiffen und Progress-Transportern dienen. Am radialen Adapter soll eine Luftschleuse zum Ausbringen von Experimenten in den freien Weltraum angebracht werden.

Im Jahr 2005 wurde ein Vertrag zwischen der russischen Raumfahrtbehörde Roskosmos und der europäischen ESA unterzeichnet, nachdem zusammen mit dem MLM der europäische Roboterarm ERA gestartet werden soll. Neben Wartungs- und Überwachungsarbeiten wird es ERA möglich sein, Experimente mithilfe der Luftschleuse im Weltraum auszusetzen.

Nach mehreren Planungsänderungen wurde der Dockingadapter am Bug des MLM durch den größeren „SSWP G8000" ersetzt und das Modul soll nun 2018 an Swesda angebracht werden. Dazu wird kurz zuvor Pirs mit einem Progress-Transporter abgekoppelt und zum Verglühen gebracht. Weiterhin ist vorgesehen, an einem der Kopplungsaggregate ein spezielles Knotenmodul mit sechs Kopplungsstutzen anzubringen, welches die Montage weiterer Forschungsmodule sowie das Ankoppeln bemannter und unbemannter Raumschiffe erlaubt.
Das MLM stellt nach derzeitigem Planungsstand das zentrale Forschungsmodul im russischen Seg-

ment der ISS dar. Hauptaufgabe des MLM wird daher die Nutzung für Experimente sein. Zu den Bordsystemen gehören unter anderem die Kontrollstation für den europäischen Roboterarm ERA sowie Befestigungs- und Andockpunkte an der Außenhaut, die diesen mit Energie und Daten versorgen. Neben der eigenen Forschungskapazität stellt das MLM Kopplungsadapter für die Luftschleuse und ein Zubringerfahrzeug zur Verfügung. Freie Kopplungsstutzen halten die Option offen, den Forschungsbereich zu erweitern. Im Hauptteil des Moduls sind ein Schlafplatz – der dritte im russischen Stationssegment – sowie Wasch- und Toilettenanlagen geplant. Zur Lagerung von Frachten und Ersatzteilen sind bis zu 8 m³ Volumen vorgesehen. Bis zu 3 t wissenschaftliche Geräte finden im MLM Platz, dafür stehen 4 m³ Volumen zur Verfügung.

Auch nach dem Umbau wird das MLM über die gleichen Triebwerksysteme und Solargeneratoren wie Sarja verfügen. Nach dem Andocken an die Station dienen die Triebwerke zur ergänzenden Lagekorrektur der Station und als Back-up-system bei einem Ausfall der Steuerungssysteme von Sarja und Swesda. Zusätzlich verfügt das Modul über Treibstoffpumpen und Leitungen, die den Transfer des von Progress-Frachtern angelieferten Treibstoffs in die weiteren russischen Module ermöglichen. Mit den Solargeneratoren kann Energie zum Betrieb des Moduls und zur Versorgung des russischen Segmentes erzeugt werden.

| Nauka | |
|---|---|
| Startdatum | geplant 2017/2018 |
| Träger | Proton-M |
| Herkunft | Russland/Europa |
| Länge | 13,0 m |
| Durchmesser | 4,1 m |
| Startmasse | 20.300 kg |

# RAUMSCHIFFE

Zurzeit verfügt die Menschheit über sechs verschiedene Raumschiffe zum Transport von Mensch und Material in den Erdorbit.

## Sojus

Sojus ist der Name einer Reihe von bemannten russischen Raumschiffen für Besatzungen von bis zu drei Personen. Entwickelt in den 1960er Jahren von Sergej Koroljow und seinem OKB-1 (einem der Experimental-Konstruktionsbüros der Sowjetunion, heute RKK Energija) und anschließend mehrfach modifiziert, wurde das Sojus-Raumschiff zu einer bemannten Fähre für die Raumstationen der Saljut-Reihe, später für die Mir und derzeit für die ISS.

Das Sojus-Raumschiff ist seit 1967 im Einsatz und eines der sichersten Transportsysteme. Als Träger dient die Sojus-Rakete, die ihren Namen der russischen Tradition verdankt, Raketen nach ihrer Hauptnutzlast zu benennen. 1962 entstanden im OKB-1 unter Leitung Sergei Koroljows die Pläne zu einem Weltraumkomplex mit dem Ziel einer bemannten Mondumkreisung, welcher die Bezeichnung Sojus erhielt. Mit dem Flug von Sojus TMA-01M am 7. Oktober 2010 begann der Einsatz einer neuen Generation von Sojus-TMA-Raumschiffen. Diese sind auch

unter dem Namen Sojus TMA-Z bekannt. Dabei wurden 36 ältere, analoge Steuerungssysteme durch 19 moderne, digitale ersetzt, wodurch 70 kg Masse gespart, der Energieverbrauch und die Herstellungskosten des Raumschiffs gesenkt sowie der Innenraum geräumiger gestaltet wurde. Gleichzeitig soll auch die mögliche Nutzlast beim Rückflug von 50 auf 90 kg erhöht worden sein.

Folgende Veränderungen wurden vorgenommen: Neuer Bordcomputer, neues russisches Dockingsystem Kurs-N, neues zentrales Funksystem, neues Treibstoffkühlsystem. Damit ist es möglich, die Verweildauer im All von vorher etwa sieben Monaten auf bis zu ein Jahr auszudehnen. Das modifizierte Raumschiff ist weiterhin dreisitzig, jedoch von einem einzelnen Besatzungsmitglied bedienbar. Sojus TMA erfordert dafür zwei entsprechend ausgebildete Besatzungsmitglieder.

## Progress

Progress (russisch für Fortschritt) ist ein russischer, von Sojus abgeleiteter, unbemannter und nicht wiederverwendbarer Raumtransporter. Er wurde Mitte der 1970er vom OKB-1 zur Versorgung von Raumstationen der Saljut-Serie entwickelt. Später wurde mit Progress auch die Raumstation Mir angeflogen. Heute starten die Progress-Transporter zur ISS. Als Träger dient die Sojus-Rakete.

Progress besteht grundsätzlich aus drei Modulen: der aus dem Sojus-Orbitalmodul abgeleiteten, unter Druck gesetzten Frachtsektion mit Luftschleuse, der Tanksektion und dem Servicemodul mit den Trieb-

### Sojus TMA-M

| Erstflug | 1963 (Serie), 2012 (TMA-M) |
|---|---|
| Träger | Sojus |
| Herkunft | Russland |
| Leergewicht | 7.150 kg |
| Startgewicht | 8.100 kg |
| Nutzlast | 950 kg |
| Passagiere | 3 |
| Druckvolumen | 8,5 m³ |
| Startkosten | 90 Mio. USD |

werken und der Energieversorgung für hat keine Rückkehrkapsel und wird nach dem Betanken der Raumstation sowie dem Ausladen der Fracht mit Müll beladen, um dann in der Erdatmosphäre zu verglühen. Um nicht für jede Probenrückführung von der Mir eine Sojus starten zu müssen, wurde das Rückkehrmodul VBK-Raduga entwickelt, das ca. 150 kg Nutzlast zurück zur Erde transportieren konnte. Seit der Außerdienststellung der Mir wird von dieser Funktion kein Gebrauch mehr gemacht.

## Automated Transfer Vehicle

Das Automated Transfer Vehicle (ATV, englisch für Automatisches Transferfahrzeug) ist ein unbemann- ter, nicht wiederverwendbarer Weltraumfrachter, der Nachschub wie Nahrung, Wasser, Ausrüstung, Sauer- stoff, Stickstoff und Treibstoff zur ISS transportieren kann. Nach dem Andocken wird er zusätzlich für Ausweichmanöver der Raumstation vor eventuell he- ranfliegenden Trümmern und für die Anhebung der Umlaufbahn – das „Reboost" – der ISS gebraucht. Zu diesem Zweck ist das ATV mit einem eigenen wieder zündbaren Antrieb ausgestattet. Das ATV wird im Auftrag der ESA von der Raumfahrtfirma EADS Astrium Space Transportation in Bremen gebaut und mithilfe einer Ariane-5-ES-ATV-Rakete gestartet.

## H-2 Transfer Vehicle

Das HTV (H-2 Transferfahrzeug) ist ein von der japanischen Raumfahrtagentur JAXA entwickeltes unbemanntes Versorgungsraumschiff. Sein erster

| Progress M-M | |
|---|---|
| Erstflug | 2008 (M-M) |
| Träger | Sojus |
| Herkunft | Russland |
| Leergewicht | 7.150 kg |
| Startgewicht | 9.575 kg |
| Nutzlast | 2.425 kg |
| Passagiere | 0 |
| Druckvolumen | 8,5 m³ |
| Startkosten (USD) | 40 Mio. |
| Startkosten (USD/t) | 16,5 Mio. |

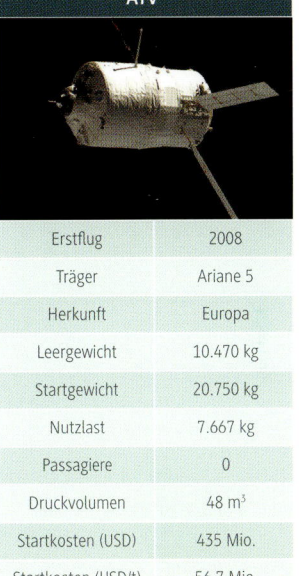

| ATV | |
|---|---|
| Erstflug | 2008 |
| Träger | Ariane 5 |
| Herkunft | Europa |
| Leergewicht | 10.470 kg |
| Startgewicht | 20.750 kg |
| Nutzlast | 7.667 kg |
| Passagiere | 0 |
| Druckvolumen | 48 m³ |
| Startkosten (USD) | 435 Mio. |
| Startkosten (USD/t) | 56,7 Mio. |

Start erfolgte am 10. September 2010. Seitdem sind fünf weitere HTV-Missionen zur ISS erfolgreich ab- geschlossen worden. Das letzte HTV-6 wurde am 27.1.2017 von der ISS abgedockt.

Bestehend aus einem zylindrischen Körper hat das HTV eine Länge von 9,8 m und einen Durchmes- ser von 4,4 m. Es ist untergliedert in zwei Frachts- ektionen, ein Avionikmodul und ein Antriebsmo- dul. Neben dem unter Druck stehenden Teil des Frachtraumes, der nach dem Andocken von der Besatzung betreten werden kann, verfügt das HTV über einen nicht unter Druck stehenden Teil, in dem Nutzlast transportiert werden kann. Dazu befindet sich seitlich eine Öffnung von 2,7 x 2,5 m. Der Vorteil

| HTV | |
|---|---|
| Erstflug | 2009 |
| Träger | H-IIB |
| Herkunft | Japan |
| Leergewicht | 10.500 kg |
| Startgewicht | 16.500 kg |
| Nutzlast | 6.000 kg |
| Passagiere | 0 |
| Druckvolumen | 50 m³ |
| Startkosten (USD) | 262 Mio. |
| Startkosten (USD/t) | 43,7 Mio. |

dieses Verfahrens: Sperrige Gegenstände, die nicht durch die Schleusen der Station passen, können als Außenlast mitgeführt werden.

Hauptaufgabe des HTV ist die Belieferung, Ausrüstung und Versorgung des japanischen Kibò-Labors der ISS. Das HTV kann bis zu 6 t Fracht zur Station befördern. Davon können etwa 4.500 kg im unter Druck stehenden und 1.500 kg im nicht unter Druck stehenden Bereich untergebracht werden. Im nicht unter Druck stehenden Teil des HTV kann unter anderem eine Trägerplattform des Typs I (Exposed Pallet) mit bis zu drei genormten Experimentiercontainern für Kibò befördert werden, die an der ISS vom Roboterarm Canadarm2 entladen wird. Alternativ kann auch eine Trägerplattform (Typ III) mit bis zu sechs amerikanischen ORU-Containern transportiert werden (z. B. ORU-Batterien). ORU steht für Orbital Replacement Unit und bezieht sich auf Austauschmodule für Satelliten und andere künstliche Weltraumobjekte. Durch den passiven Kopplungsadapter mit US-Standardmaßen ist das HTV auch in der Lage, Standardeinbauten für das Columbus-Modul oder Destiny zu transportieren, die nicht durch die russischen Kopplungsadapter passen.

Das HTV wird mit einer H-IIB-Rakete vom Weltraumbahnhof Tanegashima im südlichen Japan aus gestartet. Nach einer Flugzeit von 15 Minuten wird das HTV in einer Höhe von etwa 287 km von der zweiten Raketenstufe abgetrennt und nimmt eine Transferbahn zur ISS ein. Die Navigation erfolgt hauptsächlich per GPS, die Kommunikation mit der Erde über die TDRS (Tracking and Data Relay Satellite-)-Satelliten der NASA. Ab einer Entfernung von 23 km zur ISS befindet sich das HTV in der „Proximity Communication Zone" und kann direkt mit Kibò kommunizieren. Ab einer Entfernung von 500 m wird der Rendezvous-Sensor aktiviert, der mit optischen Kameras und Lasersensoren das HTV bis auf eine Entfernung von 10 m an die Station navigiert. Das HTV manövriert selbstständig in eine Parkposition vor der Raumstation und wird dann von Canadarm2 eingefangen und an eine Kopplungsstelle mit US-Standardmaßen geführt. Das Ankoppeln erfolgt üblicherweise nach etwa fünf Tagen und 16 Stunden.

Das HTV bleibt normalerweise bis zu 30 Tage angedockt und wird am Ende wie die russischen Progress-Transporter und das ATV mit Abfall und nicht mehr benötigter Ausrüstung beladen – bis zu 6.000 kg – und kontrolliert in der Erdatmosphäre zum Verglühen gebracht.

## Dragon

Dragon ist ein Raumschiff des amerikanischen Unternehmens SpaceX, das mit einer Falcon-Rakete gestartet wird. Die aktuelle Dragon-Kapsel ist nur zum Transport von Fracht geeignet. Der unter Druck stehende Teil verfügt über 10 m³ Volumen, für mehr als 3.000 kg Nutzlast. Während des Wiedereintritts und der Wasserung kommen ein Hitzeschild und Fallschirme zum Einsatz.

Die Kapsel wiegt insgesamt 8 t, ist 5,3 m hoch und hat einen maximalen Durchmesser von 3,7 m. An der Spitze der Kapsel ist der Kopplungsadapter für die ISS, der sich beim Start hinter einer Kappe befindet. Dahinter folgt die 4,2 t schwere und 3,1 m hohe Druckkabine für Nutzlasten und/oder Besatzung. Laut SpaceX sollen bis zu sieben Raumfahrer an Bord Platz finden. In die Kapsel integriert sind 18 Triebwerke sowie Tanks mit 1.290 kg Treibstoff. An die Kapsel schließt sich bei der Nutzlastkonfiguration noch ein zusätzlicher, 14 m³ großer und hinten offener Hohlzylinder an, der als Stauraum für größere Lasten dient. Er steht jedoch nicht unter Druck. An diesem zusätzlichen Element werden Solarpaneele und Wärmetauscher angebracht. Mit der jetzigen Version der Falcon-9-Trägerrakete kann Dragon etwa 2,5 t Nutzlast zur ISS transportieren. Mit einer späteren stärkeren Version der Rakete (Falcon 9 Block III) soll die maximale Nutzlast auf über 6 t pro Flug gesteigert werden.

Je nach Anforderung der Mission kann der Innenraum der Dragon-Kapsel anders gestaltet werden. Bei einer Nutzlastmission werden Nutzlasttracks, für eine bemannte Mission Sitze für die Raumfahrer und Kontrollen für eine manuelle Steuerung verbaut. Sowohl die Trägerrakete als auch das Raumschiff wurden von Beginn an auch für den Personentransport ausgelegt. Aus diesem Grund soll die Anzahl der Änderungen zu einem bemannten Raumschiff gering ausfallen. Da bei einer bemannten Mission höhere Anforderungen an die Sicherheit gestellt werden, ist es während einer solchen Mission möglich, dass die Mannschaft den Autopiloten deaktiviert und selbst die Steuerung übernimmt. Im Normalfall wird Dragon von zwei Avioniksystemen gesteuert, die auch ohne Besatzung ein Andocken an die ISS ermöglichen.

| Dragon | |
|---|---|
| Erstflug | 2012 |
| Träger | Falcon 9 |
| Herkunft | USA |
| Leergewicht | 4.200 kg (trocken) |
| Startgewicht | 8.800 kg |
| Nutzlast | 3.310 kg |
| Passagiere | 7 |
| Druckvolumen | 10 m³ |
| Startkosten (USD) | 54 Mio. |
| Startkosten (USD/t) | 16,3 Mio. |

### Shenzhou

Shenzhou (vom chinesischen shénzhóu für „magisches Schiff" oder „Götterschiff") ist die Bezeichnung für das erste bemannte chinesische Raumschiff und das dahinter stehende Programm der China National Space Administration.

Obwohl China seit den 1950er Jahren Trägerraketen entwickelt, beschränkte sich der Bereich der bemannten Raumfahrt lange Zeit auf das Erstellen von Plänen. Erst mit dem Projekt 921-1 begann China 1992 mit der Umsetzung von der Theorie in die Praxis.

Shenzhou ist dem russischen Sojus-Raumschiff sehr ähnlich. Es ist jedoch in fast allen Abmessungen größer und kann statt drei bis zu vier Personen transportieren. Das Raumfahrzeug besteht aus drei Modulen: dem Orbitalmodul als vorderen Teil, der Rückkehrkapsel als mittleren und dem Servicemodul als hinteren Teil. Die Gesamtmasse liegt bei etwa 7,8 t. Die Gesamtlänge beträgt 8,65 m.

Das Orbitalmodul kann nach der Abtrennung von der Rückkehrkapsel noch etwa ein halbes Jahr in der Umlaufbahn operieren. An der vorderen Seite des Moduls kann entweder eine Plattform als Instrumententräger oder ein Kopplungssystem installiert werden. Zwei Orbitalmodule könnten so-mit auch eine kleine Raumstation bilden (Projekt 921-2).

Am 19. November 1999 startete Shenzhou zu einem ersten unbemannten Testflug mit der CZ-2f vom chinesischen Weltraumbahnhof Jiuquan aus. Mit dem erfolgreichen Start von Shenzhou 5 wurde China – nach Russland und den USA – die dritte Nation, die eine eigene Infrastruktur für einen bemannten Raumflug unterhält. Mit der Mission Shenzhou 6 hielten sich im Oktober 2005 zwei chinesische Raumfahrer erstmals längere Zeit im Weltraum auf.

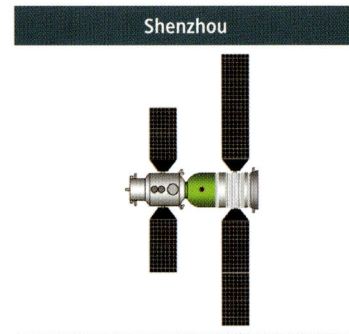

| Shenzhou | |
|---|---|
| Erstflug | 1999 |
| Träger | Chángzhèng 2F |
| Herkunft | China |
| Leergewicht | unbekannt |
| Startgewicht | 7.840 kg |
| Nutzlast | unbekannt |
| Passagiere | 3 – 4 |
| Druckvolumen | 14 m³ |
| Startkosten (USD) | unbekannt |
| Startkosten (USD/t) | unbekannt |

## Orion Multi-Purpose Crew Vehicle (MPCV)

Das Orion Multi-Purpose Crew Vehicle (zu deutsch Mehrzweck-Crewfahrzeug) befindet sich noch in der Testphase und soll die amerikanische Fähigkeitslücke, Personal zur ISS zu transportieren, schließen und die seit dem Apollo-Programm verloren gegangenen Kapazitäten zu Reisen jenseits des niedrigen Erdorbits (LEO) wiederherstellen. Neben dem Flug zur ISS sehen aktuelle Visionen den bemannten Flug zu einem Asteroiden oder zum Mars vor. Als Trägerrakete soll das noch in der Entwicklung befindliche Space Launch System (SLS) verwendet werden. Bis zur Verfügbarkeit des SLS wird die Delta IV mit entsprechenden Einschränkungen an den erreichbaren Orbit verwendet.

   Das Orion-Raumschiff besteht neben dem Crewmodul auch aus einem Servicemodul, das von Airbus Defense and Space basierend auf dem ATV entwickelt wird. Lediglich das Crewmodul wird zur Erde zurückkehren und kann wiederverwendet werden. Orion wird in der Lage sein, die Lebenserhaltung aus Bordmitteln für 21 Tage zu betreiben. Darüber hinaus kann es in einem Ruhemodus bis zu sechs Monate im Weltraum verbleiben. Noch hat das MPCV keinen bemannten Flug absolviert. Erste unbemannte Testflüge haben bereits stattgefunden. Ein bemannter Orion-Flug wird nicht vor 2021 erwartet.

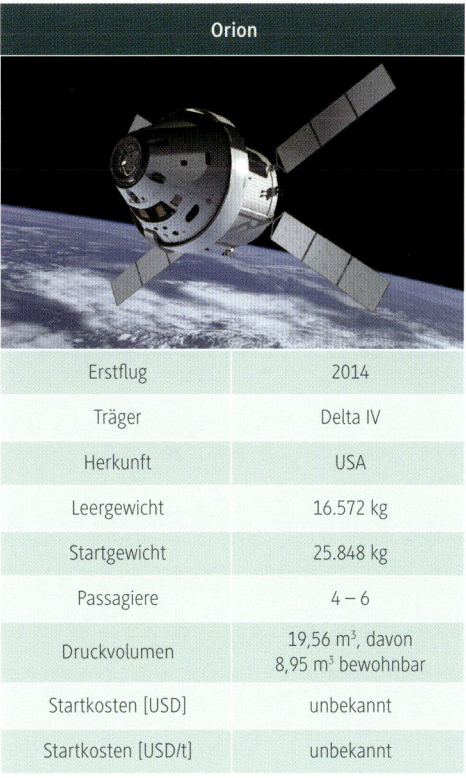

| Orion | |
|---|---|
| Erstflug | 2014 |
| Träger | Delta IV |
| Herkunft | USA |
| Leergewicht | 16.572 kg |
| Startgewicht | 25.848 kg |
| Passagiere | 4 – 6 |
| Druckvolumen | 19,56 m³, davon 8,95 m³ bewohnbar |
| Startkosten [USD] | unbekannt |
| Startkosten [USD/t] | unbekannt |

# ERSTER SCHRITT:
# BESIEDLUNG DES ERDORBITS

# BESIEDLUNG DES ERDORBITS

Wenn die Erde die Wiege der Menschheit ist, dann ist der Erdorbit das Geländer der Wiege. Immer noch gefangen im Gravitationsfeld der Erde und geschützt von ihrem Magnetfeld, dennoch bereits außerhalb der lebensspendenden Atmosphäre bietet der Erdorbit einen guten Trainingsplatz, um uns auf interplanetare Reisen vorzubereiten. Im Notfall kann man das Geländer loslassen und zur Erde zurückfallen. Etwas genauer betrachtet gibt es DEN Erdorbit nicht. In Wahrheit gibt es unendlich viele Orbits – mehr oder weniger stabile Umlaufbahnen um die Erde, auf denen ein Objekt (z. B. ein Raumschiff) die Erde umkreisen kann, ohne abzustürzen.

Dabei wirken zwei Kräfte auf das Raumschiff ein: die Gravitationskraft der Erde und die Zentripetalkraft. Die Gravitationskraft der Erde zieht das Raumschiff in Richtung Erdboden. Die Zentripetalkraft wirkt der Gravitation entgegen und stabilisiert so die Umlaufbahn.

Die Masse des Raumschiffes ist dabei für die Stabilität der Umlaufbahn nicht von Bedeutung, sondern die Geschwindigkeit, mit der es sich bewegt. Es gilt, je niedriger die Umlaufbahn, desto höher muss die Geschwindigkeit sein. In der Praxis sind erdnahe Umlaufbahnen mit niedrigem Radius auf Dauer allerdings nicht stabil, da Energie durch Reibung mit der Restatmosphäre der Erde verloren geht.

Umlaufbahnen im Bereich von 1.200 – 3.000 km werden aufgrund der hohen Strahlenbelastung durch die Van-Allen-Gürtel üblicherweise nicht verwendet. Aufgrund der geringen Höhe sind LEO-Umlaufbahnen am einfachsten zu erreichen. **Für die Besiedlung des Erdorbits am relevantesten stellt sich zurzeit der Orbit der ISS dar, der sich im Mittel bei ca. 400 km befindet.**

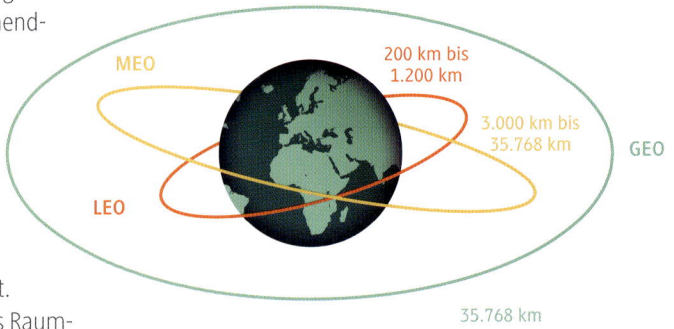

Die verschiedenen Erdorbits

Der Wechsel von einer niedrigeren auf eine höhere Umlaufbahn – z. B. von LEO auf GEO – kostet viel Energie, entsprechend hoch muss die Raketenleistung sein. Reduziert wird der Energiebedarf dadurch, dass auf einer höheren Umlaufbahn eine niedrigere Geschwindigkeit notwendig ist. Positiv wirkt sich zudem die Nutzung des Geotransfer Orbits (GTO) für den Wechsel der Umlaufbahn aus. Hierbei handelt es sich um einen stark elliptischen Orbit, der am erdnächsten Punkt (Perigäum) eine Bahn aus dem LEO-Bereich erreicht und am erdfernsten Punkt (Apogäum) bis zu einer geostationären Umlaufbahn (GEO) gelangt. Die Tabelle "Energie für den Orbittransfer" zeigt den Energiebedarf beim Transfer vom LEO der ISS zum GEO und von GEO in die Unendlichkeit.

Unendlichkeit ist hier gleichbedeutend mit dem Verlassen des Gravitationsfeldes der Erde. Der benötigte Energiebedarf zeigt, dass beim geostationären Orbit das Gravitationsfeld bereits so schwach ist, dass es ein Leichtes ist, ihm zu entkommen.

Die angegebenen Werte sind dahingehend konservativ, da es eine Möglichkeit gibt, den Erdorbit effizienter zu wechseln. Bei dem nach dem deutschen Wissenschaftler Walter Hohmann benannten Manöver wird das Objekt am erdnächsten Punkt auf die für den Hohmann-Transfer nötige Geschwindigkeit beschleunigt.

Generell verzerrt sich bei Beschleunigung die Kreisbahn zu einer Ellipse. Die Hohmann-Transfer-Geschwindigkeit ist so gewählt, dass die Ellipse dem GTO entspricht und ihr erdfernster Punkt auf dem geostationären Orbit liegt. Wegen des Gravitationseinflusses ist die Geschwindigkeit des Objektes am erdfernsten Punkt niedriger als am erdnächsten. Um auf der geostationären Umlaufbahn zu bleiben, ist an diesem Punkt eine zweite Geschwindigkeitsänderung notwendig. Im Falle des GTOs handelt es sich hierbei um ein Bremsmanöver.

Der Hohmann-Transfer ist am effizientesten für Raumschiffe, die ihre Geschwindigkeit sehr schnell an die Transfergeschwindigkeit anpassen können.

Nimmt man eine unendlich schnelle Anpassung an, ergeben sich die Energien für den Transfer von LEO nach GEO gemäß der Tabelle "Energie für den Orbitwechsel mit Hohmann-Transfer".

## Energie für den Orbittransfer

| Masse des Raumschiffs | Benötigte Energie | | | |
|---|---|---|---|---|
| | 1 t | 20 t | 300 t | 1000 t |
| Benötigte Energie für den Wechsel von LEO zu GEO | 6,9 MWh | 137 MWh | 2,1 GWh | 6,9 GWh |
| Benötigte Energie für den Wechsel von GEO zur Unendlichkeit | 2,6 kWh | 52 kWh | 788 kWh | 2,6 MWh |

## Energie für den Orbitwechsel mit Hohmann-Transfer

| Masse des Raumschiffs | Benötigte Energie | | | |
|---|---|---|---|---|
| | 1 t | 20 t | 300 t | 1000 t |
| Benötigte Energie für den Wechsel von LEO zu GEO | 1,1 MWh | 22 MWh | 330 MWh | 1.1 GWh |

Die Energieeinsparung beim Hohmann-Transfer ist beachtlich, setzt allerdings eine starke Beschleunigung voraus, die zurzeit nur chemische Antriebe liefern können.

# RAUMSTATION

Seit fast 20 Jahren befindet sich die Internationale Raumstation ISS im Weltall. Um die Besiedlung des Erdorbits voranzutreiben, sollte sie erweitert und ihr Einsatzbereich vergrößert werden.

## AKTUELLE VERWENDUNG

Mit der ISS verfügt die Menschheit bereits über eine Raumstation. Ab 2020 plant China den Bau einer weiteren Raumstation. Aktuell werden auf der ISS zum überwältigenden Teil wissenschaftliche Experimente durchgeführt, die eine weitgehende Abwesenheit der Gravitation erfordern bzw. die nur vom Weltraum aus durchgeführt werden können, allerdings keinen spezialisierten Satelliten rechtfertigen. Unter dem Besiedlungsaspekt sind humanmedizinische Experimente, die die Auswirkungen des Lebens auf der Raumstation auf den menschlichen Körper untersuchen, von besonderer Relevanz.

Für längere Reisen ebenfalls von großer Bedeutung sind Experimente zur Pflanzenaufzucht unter Mikrogravitation. Die stationstauglichen Treibhäuser, die bisher zum Einsatz kommen, versorgen die Pflanzen mit allem: Wasser, Boden, Dünger und sogar Licht. Auf diese Weise können Pflanzen selbst in völliger Dunkelheit gezogen werden. Noch steht die Aufzucht von Pflanzen auf der ISS unter wissenschaftlichen Aspekten und dient nicht der Ernährung der Crew. Ein Treibhausmodul könnte dies in Zukunft vielleicht ändern.

Raumstation ISS

## Neuentwicklung:
# TREIBHAUSMODUL

Neben der Versorgung der Crew mit frischen Lebensmitteln und Sauerstoff hat ein Treibhausmodul auch einen nicht zu unterschätzenden positiven Einfluss auf die Moral der Astronauten. Grüne Pflanzen bringen ein vertrautes Heimatgefühl in die ansonsten sterile Stationsumgebung.

Generell sind zwei Wege zu einem Treibhausmodul vorstellbar. Der einfachere und damit kostengünstigste Weg ist die Umwidmung eines der Forschungsmodule, also Kibò, Columbus oder Destiny, indem die Experimentplätze mit kleinen Treibhäusern belegt werden. Die Alternative zur Umwidmung eines bestehenden Moduls liegt in der Neuentwicklung eines speziellen Treibhausmoduls. Geht man diesen Weg, sollte man versuchen, das Modul mit so vielen verdunklungsfähigen Fenstern wie möglich auszustatten, um sich den Umweg über künstliches Licht zu ersparen. Ein Treibhaus mit üppigen Fensterflächen würde auch einen Botanischen Garten für die Crew bieten, der zur Entspannung und Erholung verwendet werden kann. Bei einem Neubau bietet es sich wegen der Einstellung des Space-Shuttle-Programms an, das Modul auf dem Swesda-Modul aufzusetzen, damit es mit der Proton Rakete transportiert werden kann. Hier steht ein Volumen von ca. 89 m³ zur Verfügung. Lässt man einen 1,5 m auf 1,5 m großen Gang für Pflege und Erntetätigkeiten frei, bleibt ein Volumen von etwa 60 m³ für den Anbau von Pflanzen. Stationstaugliche Treibhäuser versorgen die Pflanzen mit allen zum Wachstum notwendigen Stoffen, einschließlich Licht aus LED-Lampen.

Die meisten Pflanzen wie Salate, verschiedene Kohlsorten, Tomaten oder Zucchini haben eine Ergiebigkeit von 2 kg/m² bis 4 kg/m² pro Anbausaison. Experimente mit Salat deuten auf beschleunigtes Pflanzenwachstum unter Mikrogravita-tion hin. Unter guten Umständen kann das Doppelte des irdischen Ertrages erreicht werden. Weitere Experimente sind notwendig, um den Anbau im Weltraum genauer zu untersuchen. Nimmt man an, dass unter Laborbedingungen drei Ernten pro Jahr möglich sind, und berücksichtigt das schnellere Pflanzenwachstum unter Mikrogravitation, dann erreicht man Erträge von 12 kg/m² bis 24 kg/m². Bei einer mittleren Wachstumshöhe der Pflanzen von 0,5 m könnte man in einem Treibhausmodul etwa 120 m² Anbaufläche zur Verfügung stellen, wenn man mehrere Ebenen an Pflanzen übereinander anordnet. Der zu erwartende Jahresertrag läge damit zwischen 1,4 t und 2,8 t Gemüse. Im Durchschnitt verspeist ein Erwachsener pro Jahr etwa 65 kg Gemüse und 85 kg Obst. Die produzierte Menge würde also zwischen 10 und 40 Personen versorgen können, abhängig davon, wie viel man wirklich anbauen kann und ob der Bedarf an Obst und Gemüse oder nur an Gemüse auf diese Art gedeckt werden soll.

Gärtnern im Weltraum

**KOSTEN:**
Die Kosten für ein neu entwickeltes Treibhausmodul liegen vermutlich im Bereich von 150 Mio. USD bis 300 Mio. USD. Die Kosten für die Umwidmung eines bestehenden Moduls sollten weitaus geringer liegen und vermutlich mit den Betriebskosten weitestgehend abgedeckt werden.

## ZUKÜNFTIGE VERWENDUNG

### Weltraumtourismus

Bis zum Jahr 2020 sollte die ISS um einen kommerziellen Aspekt ergänzt werden. Da Industriefirmen selten Interesse an Grundlagenexperimenten haben, wie sie auf der ISS durchgeführt werden, liegt das größte kommerzielle Potenzial im Weltraumtourismus. Bereits 2001 ist der Amerikaner Dennis Tito für etwa 20 Mio. USD zur ISS geflogen. Es folgten fünf weitere Besuche durch wohlhabende Privatpersonen. Jeder der Flüge kostete zwischen 20 und 35 Mio. USD und wurde mit der russischen Sojus durchgeführt. Privatanbieter wie SpaceX oder Virgin Galactic drängen ebenfalls in den Weltraum und werden in naher Zukunft die Möglichkeiten haben, bemannte Flüge zur ISS anzubieten. Die große Anzahl an Weltraumtourismuskonzepten, die zurzeit diskutiert werden, lassen eine wirtschaftliche Profitabilität vermuten.

Um den Tourismus weiter zu fördern und Auswirkungen auf die Forschungsprojekte zu minimieren, wäre es naheliegend, die ISS um ein Modul zu erweitern. Das Modul sollte einen Schlaf- und Aufenthaltsraum für die Touristen bieten, ein Andockmodul, eine Luftschleuse und verschiedene Aussichtsplattformen. Hierfür ist es vermutlich am kosteneffizientesten, die Entwicklung des gestrichenen Habitatmoduls (Wohnmoduls) wieder aufzunehmen. Das Habitatmodul bietet Schlafplätze für vier Personen, eine Kochnische, Duschen und Entspannungsmöglichkeiten. Bereits fertig entwickelte Cupola-Module könnten nachgebaut werden und als Aussichtsplattformen dienen. Durch die Umstrukturierung der ISS könnten ein bereits bestehendes Andockmodul und eine bestehende Luftschleuse an das neue Habitatmodul verlegt werden. Über die Luftschleuse kann man das Angebot auch um Weltraumspaziergänge erweitern.

Ist das Habitatmodul fertig entwickelt, kann man interessierten Kunden auch den ultimativen Luxus anbieten: eine Wohnung im Himmel.

Über Erfolg und Misserfolg des Orbittourismus wird letztendlich der Preis entscheiden. Bei Anreisekosten um die 20 Mio. USD wird es wohl bei wenigen Kunden bleiben. Eventuell lässt sich durch besseres Marketing der Absatz verdoppeln. Selbst dann ist der Tourismusumsatz nur ein geringer Beitrag zu den Kosten der Raumstation. Legt man die Betriebskosten der ISS von 3 Mrd. USD/Jahr für sechs Astronauten auf einen einwöchigen Aufenthalt um, so kostet dieser etwa 9 Mio. USD pro Person. Entsprechend kostet es die Betreiber der Raumstation etwa 9 Mio. USD, einen Touristen für eine Woche auf der Raumstation zu versorgen.

Angenommen eine Touristikfirma legt sich ein eigenes Habitatmodul wie das beschriebene zu und rechnet die Anschaffungskosten von 340 Mio. USD auf zehn Jahre (520 Wochen) um, dann würde die Woche nur noch etwa 650.000 USD unabhängig von der Anzahl der Personen kosten. Hinzu kommen würde noch eine eventuelle Kostenbeteiligung am allgemeinen Stationsbetrieb.

## Neuentwicklung:
# HABITATMODUL

Da die Planungen des von der NASA verworfenen Habitatmoduls auf die Transportkapazität des Space Shuttles ausgelegt waren, ist eine Neuentwicklung basierend auf dem Swesda-Modul sinnvoll. Vorteile des Swesda-basierten Designs ist die Möglichkeit, ein Sojus- oder Progress-Raumschiff am Heck des Moduls anzudocken, wie im Bild gezeigt.

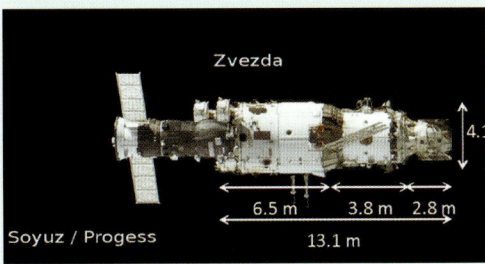

Nicht nur bei der touristischen Nutzung hat dies den Vorteil, dass eine einfache Evakuierung vom Wohnraum in die Fluchtkapsel möglich ist. Wohlhabende Besitzer eines Habitatmoduls könnten unabhängig vom restlichen Stationsbetrieb kommen und gehen. Solarzelle und Lebenserhaltung des Swesda-Moduls reichen aus, um sechs Personen zu versorgen. Die Lebenserhaltung kann auf diesem Niveau beibehalten oder auf vier Personen reduziert werden, um freie Energiekapazitäten zu schaffen. Die unabhängige Lebenserhaltung, Energieerzeugung und Fluchtmöglichkeit ermöglicht es, die Raumstation um beliebig viele Habitatmodule zu erweitern.

Die Kopplungssektion an der Stirnseite des Moduls dient dem Zusammenschluss mit dem Rest der Raumstation. Sie kann dekomprimiert werden und daher auch als Ausstiegspunkt für Weltraumspaziergänge dienen. Alle für die Diagnose und Wartung relevanten Komponenten des Moduls sollten in die Kopplungssektion verlegt werden, damit Fachpersonal der Raumstation Zugriff auf diese wichtigen Funktionen hat, ohne Besucher stören zu müssen.

Der Hauptteil des auf Swesda basierenden Habitatmoduls besteht aus zwei zylindrischen Segmenten, die mit einem konischen Ring verbunden sind. In diesen Segmenten lassen sich zwei Räume mit quadratischem Querschnitt realisieren. Der kleinere verfügt über 8,5 qm mit einer Deckenhöhe von 2,3 m, der größere über eine Fläche von 18 qm und eine Deckenhöhe von 2,8 m. Es bietet sich an in dem kleineren Bereich ein Weltraumbad unterzubringen und durch eine Tür vom Wohn-, Schlaf- und Essbereich abzutrennen. Im größeren Zimmer sollte ein Docking Port zur Installation eines Nachbaues des Cupola-Moduls als Panoramafenster eingearbeitet werden, um den Aufenthalt im Weltraum spektakulärer zu gestalten. Von diesen Änderungen abgesehen sollte vor allem die Inneneinrichtung angepasst werden, um eine einladende und wohnliche Atmosphäre zu schaffen.

Unbezahlbare Aussicht

**KOSTEN:**
Die Anschaffungskosten für ein Habitatmodul dürften sich im Rahmen dessen bewegen, was auch für Swesda bezahlt wurde: etwa 340 Mio. USD.

Größter Kostenpunkt bleibt dann immer noch die Anreise. Ein rückkehrfähiges Raumschiff mit einer Masse unter 5 t ist bisher nicht zu realisieren. Damit würde sich bei optimistischen Startpreisen von 3 Mio. USD/t und drei Passagieren im Raumschiff ein Preis von etwas über 5 Mio. USD für eine Woche im Weltraum ergeben. Längere Aufenthalte wären entsprechend günstiger im Wochenpreis. Auf der anderen Seite gibt es ungefähr 2.000 Milliardäre auf der Welt. Potenzial ist also vorhanden.

## ORBITALFABRIK

Sollten materialwissenschaftliche Grundlagenexperimente in der Zukunft ein Material mit bestechenden Eigenschaften entdecken, das nur unter Mikrogravitation hergestellt werden kann, dann wäre der Weg zu einer Produktionsanlage im Orbit frei.

## MILITÄRSTATION

Auch wenn die Bewaffnung des Weltraums politisch hochgradig kontraproduktiv ist, so wird sie doch immer wieder überlegt. Auf einer Raumstation oder auf spezialisierten Satelliten stationierte Lenkflugkörper könnten feindliche Satelliten oder Interkontinentalraketen bekämpfen. Da es in diesem Buch aber um die friedliche Besiedlung des Weltraums und nicht um Möglichkeiten der Zerstörung gehen soll, wird auf dieses Thema nicht weiter eingegangen.

## SONNENFARM

In Deutschland gab es im Jahr 2014 Solaranlagen mit einer maximalen Kapazität von fast 38 GW. Tatsächlich erzeugt wurden damit im Mittel nur 3,2 GW an elektrischem Strom. Die gleiche Anlage im Weltraum hätte bei geeigneter Platzierung 38 GW auch im Mittel erreichen können. Unter diesem Aspekt ist es verständlich, wenn man über eine orbitale Solarfarm nachdenkt.

Bei einer irdischen Solaranlage kostet das Watt Leistung etwa 3 Euro in der Errichtung und wiegt 65 g. Entsprechend kostet eine 1-GW-Anlage 3 Mrd. Euro und wiegt 65 kt. Um die Anlage in den Weltraum zu schaffen, kommen im günstigsten Fall Transportkosten um die 200 Mrd. Euro hinzu. Eine Sonnenfarm im Weltraum ist daher bei 10-facher Leistung auch ca. 70-mal so teuer und damit bei heutiger Technologie wirtschaftlich unrentabel. Selbst wenn in Zukunft Preise und Gewicht von Solarzellen weiter sinken, wird dennoch eine Möglichkeit benötigt, die Energie vom Weltraum zur Erde zu bringen: drahtlose Hochstromübertragung. Es ist daher auf Jahrzehnte hinaus nicht damit zu rechnen, dass wir im Weltraum erzeugten Solarstrom auf der Erde nutzen können.

# RAUMWERFT UND RAUMHAFEN

In Zukunft werden Raumschiffe für Reisen zum Mond und vor allem darüber hinaus im Erdorbit zusammengebaut. Im Stil der ISS können im Erdorbit Raumschiffe konstruiert werden, die die Startkapazitäten aller Raketen vom Erdboden übersteigen. Zusätzlich kann im Erdorbit das Raumschiff gewechselt werden, von einem auf den Flug im Weltraum ausgelegten Raumschiff auf eines, das für die Rückkehr zur Erde optimiert ist. Raumschiffe, die von Mond, Mars oder noch ferneren Zielen zurückkehren, können im Orbit gewartet, repariert und betankt werden. Die Crew und eventuell auch Passagiere können getauscht, Vorräte und Lebensmittel aufgefüllt werden, genau wie bei Schiffen, die einen Hafen anlaufen.

## RAUMSCHIFFE

Um die ISS zu erreichen, werden leistungsfähige Raumschiffe gebraucht, die neben Material auch Personen transportieren können.

## AKTUELLE VERWENDUNG

Das aktuell einzige bemannte Raumschiff mit der Fähigkeit, den niedrigen Erdorbit (LEO) zu erreichen und mit der Raumstation zu docken, ist Sojus. Es wird ausschließlich zum Personal- und in geringem Umfang auch zum Materialtransport von und zur Erde eingesetzt. Zwei ständig mit der Raumstation gedockte Sojus-Kapseln stehen als Fluchtvehikel im Notfall zur Verfügung.

## ZUKÜNFTIGE VERWENDUNG

### Satellitenwartung

Von der Raumstation aus sind Satelliten erheblich einfacher zur erreichen als von der Erde aus. Ein geeignetes Raumschiff vorausgesetzt könnte die Crew der ISS zu veralteten oder kaputten Satelliten aufbrechen und diese entweder vor Ort warten oder zur Raumstation zurückbringen. Am idealsten dafür geeignet wären drei Raumschiffe, die sich heute in Museen befinden: die Space Shuttle Atlantis, Endeavour und Discovery. Trotz der Probleme, die die Shuttle beim Start und Wiedereintritt hatten, gab es im Orbit keine Schwierigkeiten. Frachtraum und Greifarm sind außerdem die idealen Voraussetzungen für Bergung und Transport. Im verschließbaren Frachtraum könnte man Satelliten reparieren, ohne das Risiko einzugehen, bei einem Außenbordeinsatz abzudriften. Mit ihrer großen Crewkapazität wären die Shuttle auch ein ideales Fluchtvehikel gewesen, um im Notfall die ISS zu evakuieren.

Streicht man eine Reaktivierung der Space Shuttle aus dem Bereich des Möglichen, bleibt nur Sojus als Raumschiff übrig. Um Außeneinsätze zu ermöglichen, müsste man das Raumschiff mit einem Modul der ISS erweitern. Dafür käme beispielsweise Pirs infrage. Das russische Modul bietet die für Außeneinsätze nötige Luftschleuse, die Möglichkeit mit Sojus zu docken und Lagerraum für Material, Treibstoff und Werkzeuge.

## Intra-Orbit-Verkehr

Spätestens wenn China in den 2020er-Jahren seine eigene Raumstation betreibt, und sich die Gebernationen der ISS zu einem Weiterbetrieb entscheiden, wird auch Interesse bestehen, zwischen den Raumstationen hin und her fliegen zu können – auch wenn es nur im Notfall als Evakuierungsmaßnahme ist. Generell ist jedes Raumschiff, das den LEO erreichen kann, für diese Aufgabe geeignet.

## Inter-Orbit-Verkehr

Unter Inter-Orbit-Verkehr versteht man den Transport von Material und Personal von einem Erdorbit zu einem anderen. Wie weiter vorne im Kapitel gezeigt, ist die benötigte Energie, um dem Gravitationsfeld der Erde zu entkommen, vom geostationären Orbit (GEO) aus ausgesprochen gering. Ein Raumschiff, das zwischen LEO und GEO verkehren kann, könnte Material auf die höhere Umlaufbahn bringen.

Kosteneffizient ist dieses Vorgehen nur dann, wenn die für den Bahnwechsel benötigte Energie nicht in Form von Treibstoff von der Erde eingeflogen werden muss. Der LEO-zu-GEO-Hohmann-Transfer von 1 t Material benötigt mindestens 0,17 t Wasserstoff und Sauerstoff, falls ein chemisches Triebwerk verwendet wird. Um typische ISS-Modulmassen von 20 t zu verlegen, sind entsprechend über 3,7 t Treibstoff nötig. Nur den Treibstoff einzufliegen, erzeugt Transportkosten von 14,6 Mio. USD bis 38,9 Mio. USD abhängig davon, ob man den Treibstoff mit Proton- oder Ariane-V-Raketen einfliegt.

**Alternativ dazu kann man sich die einzige im LEO bisher erschlossene Energiequelle zunutze machen: die Sonne.**

Die ISS verfügt über vier Hauptsonnenkollektorpaare, die jeweils 62 kW elektrische Leistung liefern und damit eine Gesamtleistung von 248 kW erreichen. Der elektrische Leistungsverbrauch der Raumstation ist zurzeit noch geringer und beträgt etwa 120 kW. Es ist also vorstellbar, ein Sonnenkollektorpaar der Raumstation für ein Inter-Orbit-Vehikel abzustellen.

Als Antrieb bietet sich das VASIMIR-Triebwerk an. Ein baugleiches Modell ist auch für das Inter-Orbit-Vehikel ausreichend. Von dem Triebwerk wird erwartet, 65 % der elektrischen Primärenergie in Antriebsleistung umzusetzen. Kombiniert mit einem Kollektorpaar wie es heute auf der ISS montiert ist, würde es zwischen 41 und 255 Tagen dauern, um eine Nutzlast von 20 t auf den GEO-Umlauf zu bringen. Die große Spannweite ergibt sich aus dem Unterschied zwischen dem optimalen Transfer nach Hohmann und der maximal erforderlichen Energie. Da das VASIMIR-Triebwerk nur zu sehr geringen Beschleunigungen in der Lage ist, verbietet sich der klassische Hohmann-Transfer. Allerdings ist es möglich, immer in der erdnahen Hälfte der Flugbahn zu beschleunigen und so das Ergebnis zu verbessern. Erst genauere Berechnungen können zeigen, wie lange ein Transfer wirklich brauchen wird.

Um kürzere Transportzeiten zu erreichen, kann man versuchen, die Masse der Solarmodule zu reduzieren. Eine Einsparung gegenüber den aktuell 16 t schweren Modulen scheint möglich, da neben der Stromerzeugung noch Batterien, Radiatoren und eine Gitterstruktur vorhanden sind – Komponenten, von denen einige für eine reine Stromerzeugung verzichtbar sind. Gelingt eine Gewichtsreduktion um die Hälfte, können Transportzeiten von LEO zu GEO entsprechend der folgenden Tabelle erreicht werden:

### Transportdauer im Vergleich

| Kollektorpaare | Transportdauer 20 t bei 16 t Kollektormasse | | Transportdauer 20 t bei 8 t Kollektormasse | |
|---|---|---|---|---|
| | Regulär | Hohmann | Regulär | Hohmann |
| 1 | 255 Tage | 41 Tage | 199 Tage | 32 Tage |
| 2 | 184 Tage | 30 Tage | 128 Tage | 20 Tage |
| 3 | 161 Tage | 26 Tage | 104 Tage | 17 Tage |
| 4 | 149 Tage | 24 Tage | 92 Tage | 15 Tage |

Eine Reduzierung der Masse verkürzt die Transportzeit.

Die Rückkehr zum niedrigen Erdorbit wird in der Endausbaustufe etwa 9 bis 57 Tage dauern. Nimmt man eine mittlere Transferzeit von 148 Tagen für die einfachste Ausbaustufe an sowie eine mittlere Rückkehrzeit von 66 Tagen, so ergibt sich im Jahr ein Transfer von 34 t. Bei einem Kollektorpaar mit optimierter Masse betragen die Zeiten 33 bis 116 Tage, womit eine jährliche Transfermasse von 50 t erreicht werden kann.

Ein Inter-Orbit-Vehikel mit einer Transferkapazität von 50 t/Jahr sollte durch Umwidmung von vorhandenen ISS-Modulen oder Nachbau derselben relativ kostengünstig herzustellen sein. Zum Vergleich: Um 50 t mit der Ariane V auf eine geostationäre Umlaufbahn zu bringen, wären etwa fünf Starts mit Kosten von rund 1 Mrd. USD nötig.

# ZUSAMMENFASSUNG

**Vom 15. März 1986 an ist der Erdorbit von kleinen Unterbrechungen abgesehen bis heute durchgehend von Menschen besiedelt.**

Heute verfügen wir mit der ISS Freedom über eine leistungsfähige, internationale Raumstation, die das Potenzial bietet, eine dauerhafte Besiedlung von Orten jenseits des Erdorbits zu erleichtern. Um dieses Ziel voranzutreiben, sollte auf der ISS mehr Forschung in Richtung Nahrungsmittelanbau betrieben werden mit dem Ziel, innerhalb von fünf Jahren ein spezialisiertes Treibhausmodul zu betreiben – entweder durch Umwidmung eines bestehenden Forschungsmoduls oder durch Konstruktion und Start eines neuen Moduls.

**Die aufgegebenen Arbeiten an einem Habitatmodul sollten wieder aufgenommen werden,** um den Tourismus anzukurbeln, die private Nutzung der Station zu fördern, der aktuellen Crew angenehmere Unterkünfte zu bieten und um über ein Modul zu verfügen, dass auf interplanetaren Reisen als Crewquartier dienen kann. Die Arbeiten an dem Habitatmodul sollten bald begonnen werden, um es innerhalb der nächsten fünf Jahre im Orbit zu stationieren.

Das Ende des Space-Shuttle-Programms ist für die Kolonisierung des Erdorbits ein Rückschritt gewesen. Viele der westlichen Module benötigen für den Transport in den Orbit das Laderaumvolumen des Shuttles. Es ist daher zurzeit nicht möglich, Nachbauten dieser Module in den Orbit zu bringen. Auch wenn nicht unbedingt notwendig, so ist es doch eine Überlegung wert, eine der verfügbaren Trägerraketen mit einem dem Space Shuttle ähnlichen Laderaum auszustatten.

Bevor die Shuttle selbst in den verschiedenen Museen ihre Starttauglichkeit vollständig einbüßen, ist zu erwägen, zumindest eines zu reaktivieren und als Inter-Orbit-Vehikel zur Satellitenwartung und zum Transport von Modulen von LEO zu GEO einzusetzen. Bei allen Defiziten, die für eine Einstellung des Programms gesprochen haben, war die Leistung im Orbit immer unstrittig.

Die größte technische Herausforderung bei der Erweiterung des menschlichen Siedlungsbereichs über den Erdorbit hinaus liegt in der Lösung der Energiefrage. Verfügt man einmal über eine leistungsfähige Energiequelle im niedrigen Erdorbit, sollte man an der Umsetzung eines Inter-Orbit-Raumschiffes arbeiten, um Material in den geostationären Orbit bringen zu können. Die chinesischen Ambitionen im Erdorbit und darüber hinaus sollten von der internationalen Gemeinschaft mit offenen Armen angenommen werden und man sollte gemeinsam an noch größeren Projekten arbeiten.

## NÄCHSTE SCHRITTE ZUR ERWEITERUNG DER ISS

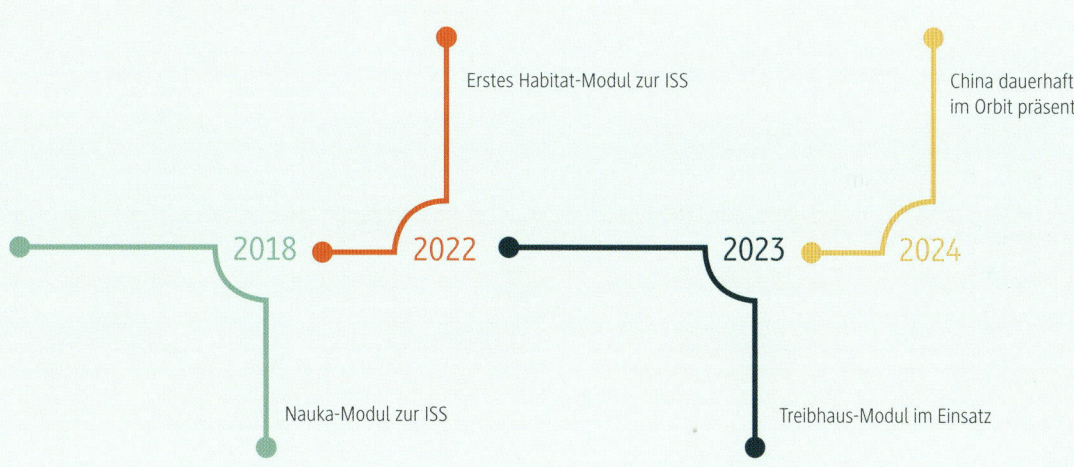

Erstes Habitat-Modul zur ISS

China dauerhaft
im Orbit präsent

2018    2022    2023    2024

Nauka-Modul zur ISS

Treibhaus-Modul im Einsatz

# FLUG ZUM MOND

# FLUG ZUM MOND

In diesem Kapitel werden die Möglichkeiten der Mondreise vorgestellt. Auf eine Einführung in die Grundlagen der Mondreise folgen die Beschreibung einer Reisevariante, die sofort ausführbar ist, sowie die Erklärung einer auf Nachhaltigkeit optimierten Variante.

## DIE BESIEDLUNG DES ERDMONDES WIRD IN VIER PHASEN ABLAUFEN:

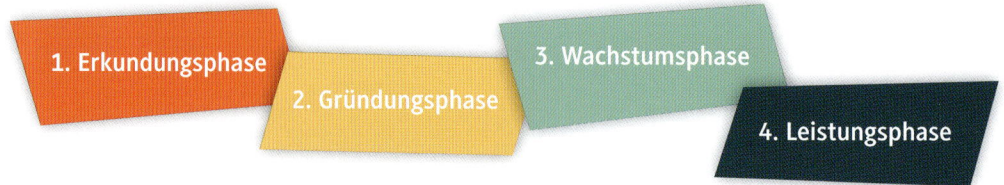

1. Erkundungsphase
2. Gründungsphase
3. Wachstumsphase
4. Leistungsphase

Die **Erkundungsphase** hat das Ziel, einen geeigneten Ort für eine Mondbasis zu finden. Durch die bisherige Erforschung des Mondes wurden bereits wichtige Vorarbeiten geleistet. Es wird möglich sein, sich auf drei in die engere Auswahl kommende Orte festzulegen. Ein Inspizieren dieser Orte durch Menschen ist jedoch unvermeidlich. Es ist daher das Ziel der ersten Phase, eine nachhaltige Technologie zu entwickeln, um beliebig oft und kostengünstig zum Mond zurückkehren zu können.

In der **Gründungsphase** wird an der gewählten Besiedlungsstelle eine Mondbasis aufgebaut. Ziel ist es, die Basis so schnell wie möglich von irdischer Versorgung unabhängig zu machen.

Sobald dies erreicht ist, beginnt die **Wachstumsphase**. Die Station wird weiter ausgebaut, mehr Menschen angesiedelt und die ersten Produktionsketten – vom Erz zum Endprodukt – etabliert. In dieser Wachstumsphase wird der Grundstein zur Etablierung mondbasierter Industrien gelegt.

In der folgenden **Leistungsphase** erreichen die mondbasierten Produkte, bedingt durch ihren Standortvorteil, das Level, auf dem sie irdische Unternehmen ablösen können. Die Mondsiedlung wird zur Weltraumwerft und Weltraumtankstelle der Erde.

## DIE ERKUNDUNGSPHASE GLIEDERT SICH GROB IN DREI ABSCHNITTE:

### A) ANREISE
**a) Flug zum Mondorbit und zurück:**
  Grundlagen

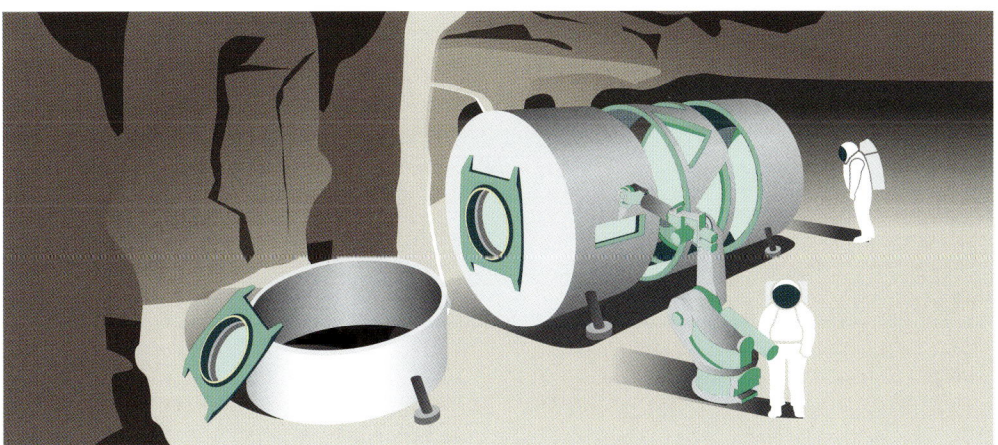

**b) Flug zum Mondorbit und zurück:**
   Benötigte Komponenten
**c) Mondlandung und Mondstart:** Grundlagen
**d) Mondlandung und Mondstart:**
   Benötigte Komponenten

## B) MISSIONSOPTIONEN
**a) Sofort zum Mond**
**b) Nachhaltig zum Mond**

## C) BESCHREIBUNG DER BODENMISSIONEN

In der folgenden Passage, die den ersten Abschnitt – die Anreise – erklärt, wird vorgestellt, wie eine Mondreise im Allgemeinen abläuft, wie man von der Erde in den Mondorbit gelangt, vom Mondorbit auf den Mond und wieder zurück zur Erde. Es wird erklärt, mit welchem Material eine Mondreise der zweiten Generation ausgeführt werden kann bzw. welche Neuentwicklungen nötig sind. Konzepte, wie diese Neuentwicklungen aussehen könnten, werden vorgestellt. Der Fokus liegt dabei auf schneller Realisation, Wiederverwendung von vorhandenen Technologien und Kosteneffizienz.

Im zweiten Abschnitt wird erläutert, wie die Mission im Detail ablaufen kann. Es werden zwei Szenarien („Sofort zum Mond" und „Nachhaltig zum Mond") vorgestellt, die Anfangskosten bzw. Nachhaltigkeit optimieren. Für jedes Szenario wird die Zusammenstellung des Mondraumschiffs erklärt, Treibstoffbedarf und Kosten berechnet. Der genaue Missionsablauf wird Schritt für Schritt erklärt, mit dem Ziel drei Mondlandungen durchzuführen. In der Beschreibung der Bodenmissionen wird im nächsten Kapitel auf die

## Geschwindigkeitsänderungen beim Hohmann-Transfer

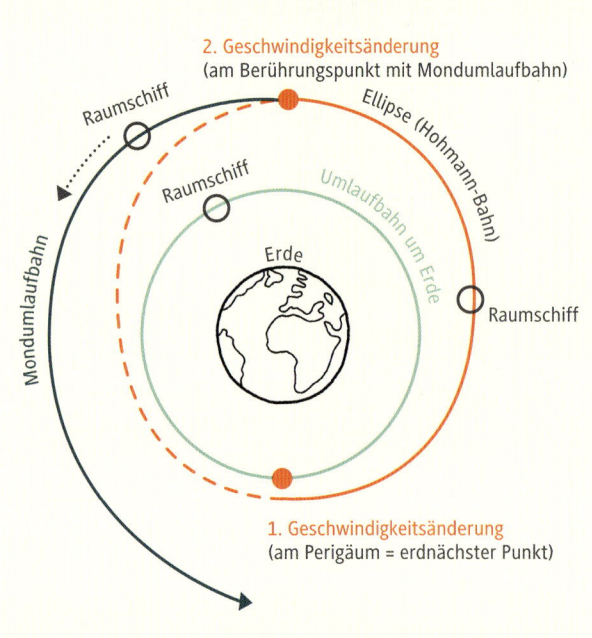

2. Geschwindigkeitsänderung
(am Berührungspunkt mit Mondumlaufbahn)

Raumschiff

Ellipse (Hohmann-Bahn)

Raumschiff

Umlaufbahn um Erde

Mondumlaufbahn

Erde

Raumschiff

1. Geschwindigkeitsänderung
(am Perigäum = erdnächster Punkt)

Für den Hohmann-Transfer zum Mond beginnt das Raumschiff auf der Umlaufbahn um die Erde. In der vorliegenden Untersuchung ist dies entweder der LEO der ISS oder GEO. Es folgt die erste Geschwindigkeitsänderung, das Raumschiff wird auf eine Ellipse gezwungen. Auf dieser sogenannten Hohmann-Bahn bleibt es, bis die Ellipse die Umlaufbahn des Mondes berührt. Am Berührungspunkt findet eine zweite Geschwindigkeitsänderung statt, mit der es auf den LLO (Low Lunar Orbit – englisch für Niedriger Mondorbit) bei 100 km über der Oberfläche einschwenkt. Die erste Geschwindigkeitsänderung des Hohmann-Transfers findet am erdnächsten Punkt, dem Perigäum, statt.

Außenmission der Mondreisenden eingegangen. Die Ziele der Außenmissionen werden konkretisiert und Vorschläge für interessante Landeplätze gemacht. Individuelle Vor- und Nachteile werden abgewogen.

## A) ANREISE
### a) Flug zum Mondorbit und zurück

Um von der Erde zum Mond zu gelangen, gibt es im Wesentlichen zwei Möglichkeiten: Start von der Erdoberfläche aus und Start vom Orbit aus. Ersteres wurde bei den Apollo-Missionen praktiziert. Eine Rakete mit der erforderlichen Traglast gibt es heute nicht mehr. Was es stattdessen gibt, ist ein gut etablierter Außenposten im Orbit: die ISS. Es ist daher – vor allem im Sinne des Schritt-für-Schritt-Gedankens – konsequent, vom Orbit aus zu starten. Beim Start vom Erdorbit aus gibt es zwei Optionen: vom niedrigen Erdorbit (LEO) oder vom geostationären Erdorbit (GEO). Die ISS befindet sich auf einer LEO-Umlaufbahn, was diese zur ersten Wahl macht. Im vorherigen Kapitel wurde ein Inter-Orbit-Vehikel (IOV) vorgestellt, mit dem Lasten bei geringem Treibstoffverbrauch von LEO auf GEO gebracht werden können. Es werden daher die beiden Startpunkte LEO und GEO weiter betrachtet. Zur Abschätzung des Treibstoffverbrauchs wird ein einfacher Hohmann-Transfer von der Erde zum Mond, mit einer integrierten Geschwindigkeitsänderung von 4.040 km/s, gerechnet. Beim Hohmann-Transfer wechselt das Raumschiff von einer Umlaufbahn zur nächsten auf einer speziellen Ellipse, das ist energetisch gesehen vorteilhaft.

Für die Berechnung des Treibstoffverbrauchs für eine Mondmission der zweiten Generation ist die Wahl des Treibstoffs entscheidend. Die zur Auswahl stehenden Treibstoffkombinationen, wie sie von den raumfahrenden Nationen eingesetzt werden, sind:

**LH2/LOX** ist eine Mischung aus flüssigem Wasserstoff (LH2 – englische Abkürzung für Liquid Hydrogen) als Treibstoff und flüssigem Sauerstoff (LOX – englische Abkürzung für Liquid Oxygen) als Oxidationsmittel im Verhältnis von etwa 1:5. Wasserstoff, das einfachste aller Elemente, verflüssigt bei einer Temperatur von 20 K (– 253 °C), Sauerstoff verflüssigt bei 90 K (–183 °C). Nachteile sind dementsprechend die extreme Tieftemperatur, die für die Lagerung erforderlich ist, das große benötigte Lagervolumen aufgrund der niedrigen Dichte und die Eigenschaft des Wasserstoffs, aus den Tanks zu diffundieren. Bei einer Verlustrate von etwa 1 % Wasserstoffmasse pro Tag sollten etwa 12 % mehr Treibstoff als nötig mitgenommen werden. Da bei LH2/LOX auf eine Tonne Wasserstoff fünf Tonnen Sauerstoff kommen, machen 12 % mehr Wasserstoff in der Gesamtbilanz nur 2 % mehr Gewicht aus. Das größere Volumen ist bei Weitem nicht so problematisch wie das Mehrgewicht. Damit bilden die extremen Tieftemperaturbedingungen die größte technische Herausforderung. Eine Herausforderung, die man heute in ausreichendem Umfang im Griff hat.

Wägt man Vor- und Nachteile von Wasserstoff als Treibstoff ab, dann gibt die etwa 30%ige Kostenersparnis durch den höheren Spezifischen Impuls den Ausschlag; zumindest beim Start vom LEO. Bei geostationärem Start sind die Transferzeiten mit dem Inter-Orbit-Vehikel für die Wasserstofflagerung zu lange.

## Was kostet der Treibstoff?

| Mischung | Treibstoff Kosten | Oxidator Kosten | Spezifischer Implus |
|---|---|---|---|
| LH2/LOX | 3.500 USD/t | 220 USD/t | 447 Sekunden |
| RP-1/LOX | 460 USD/t | 220 USD/t | 338 Sekunden |
| UDMH/N$_2$O$_4$ | 50.000 USD/t | | 327 Sekunden |

Hier bietet sich **RP-1/LOX** als Treibstoff an. RP-1 steht für Rocket Propellant-1, aus dem Englischen für Raketen-Treibstoff. Es ist eine spezielle Kerosinart für die Raumfahrt. Bei Raumtemperatur so stabil wie Benzin, sind für Lagerung und Transport von RP-1 keine besonderen Vorkehrungen zu treffen. LOX ist aufgrund des höheren Schmelzpunktes erheblich angenehmer zu lagern als Wasserstoff. Außerdem diffundiert es nicht aus den Tanks. LOX kann zumindest für zwei bis drei Wochen ohne große Verluste gelagert werden.

**UDMH/N2O4** punktet durch seine unbegrenzte Lagerzeit. Beide Stoffe sind bei Raumtemperatur flüssig. UDMH (Unsymmetrisches Dimethylhydrazin) ist eine Abwandlung vom Hydrazin und wird manchmal auch so bezeichnet. Bei Kontakt mit Distickstofftetroxid (N$_2$O$_4$) kommt es zur spontanen Entzündung, ein Umstand, der für die Triebwerkonstruktion von Vorteil ist. Der größte Nachteil von UDMH liegt in seiner Giftigkeit für Mensch und Umwelt. Die Möglichkeit, UDMH/N$_2$O$_4$ in einem weiten Temperaturbereich – auch im Bereich der Zimmertemperatur – nahezu unbegrenzt lagern zu können, macht es bis heute in der Raumfahrt schwer verzichtbar.

Die folgende Tabelle zeigt den Treibstoffverbrauch für verschiedene Raumschiffmassen bei Verbrennung von LH2/LOX und RP-1/LOX Mischung für den Flug zum niedrigen Mondorbit (LLO) etwa 100 km über der Mondoberfläche.

niedrige Erdumlaufbahn an der Erdatmosphäre abzubremsen. Dieser Vorgang wird Aerobreaking genannt. Ohne Aerobreaking würde ebenfalls die obige Tabelle gelten. Der durch Aerobreaking reduzierte Verbrauch ist wie folgt:

## Treibstoffverbrauch für den Hinflug

| Raumschiff-masse | LEO zum LLO | | GEO zum LLO | |
|---|---|---|---|---|
| | LH2/LOX [t] | RP-1/LOX [t] | LH2/LOX [t] | RP-1/LOX [t] |
| 20 t | 35 | 62 | 12 | 18 |
| 50 t | 85 | 155 | 30 | 45 |
| 100 t | 85 | 311 | 61 | 90 |
| 300 t | 512 | 934 | 183 | 269 |

LLO=Niedriger Mondorbit, LEO=Niedriger Erdorbit, GEO=Geostationärer Erdorbit

## Treibstoffverbrauch für den Rückflug

| Raumschiff-masse | LLO zum LEO | | LLO zum GEO | |
|---|---|---|---|---|
| | LH2/LOX [t] | RP-1/LOX [t] | LH2/LOX [t] | RP-1/LOX [t] |
| 5 t | 1,8 | 2,5 | 3 | 4,5 |
| 10 t | 3,5 | 4,9 | 6 | 9 |
| 20 t | 7 | 9,8 | 12 | 18 |
| 50 t | 18 | 24,6 | 30 | 45 |

LLO=Niedriger Mondorbit, LEO=Niedriger Erdorbit, GEO=Geostationärer Erdorbit

Es ist deutlich zu erkennen, wie der höhere Startorbit den Treibstoffverbrauch reduziert, selbst wenn man auf LH2 verzichtet. Bei Verfügbarkeit des Inter-Orbit-Vehikels, über das im vorangehenden Kapitel bereits berichtet wurde, lohnt sich der Start aus GEO, andernfalls muss vom LEO gestartet werden.

**Für die Rückkehr vom Mondorbit zum LEO** wird mit einer geringeren Geschwindigkeitsänderung von 1.310 km/s gerechnet. Der Unterschied ergibt sich durch die Möglichkeit, beim Einschwenken in die

## b) Flug zum Mondorbit und zurück – Benötigte Komponenten

Um vom Erdorbit in den Mondorbit zu kommen, werden die folgenden Komponenten benötigt:

1. Antriebsmodul
2. Treibstoffmodul
3. Crewquartier

Das Antriebsmodul hat die primäre Aufgabe, das Raumschiff aus dem Erd- bzw. Mondorbit heraus zu beschleunigen. Wünschenswert ist es, ein bereits existierendes Triebwerk zu verwenden. Wie bei Apollo soll der Schub etwa 1.000 kN (Kilo-Newton, entspricht 1.000 kg x m /s², zum Vergleich ein PKW erreicht etwa 2 kN) betragen. Der Schub soll außerdem regulierbar sein, um dasselbe Triebwerk bei der Rückkehr vom Mond verwenden zu können. Im Folgenden werden verschiedene Optionen für das Antriebsmodul und die Triebwerkswahl vorgestellt.

Zur Versorgung des Antriebs muss Treibstoff im großen Stil von der Erde in den Orbit transportiert werden. Die zurzeit verfügbaren Materialtransporter Progress, HTV, Dragon und ATV haben eine zu geringe Transportkapazität für diesen Zweck. Ein spezielles Treibstoffmodul ist erforderlich. Im Rahmen der Besiedlung gibt es für das Treibstoffmodul die Möglichkeit einer Weiterverwendung als Wohnmodul. Ein einfaches Treibstoffmodul und ein Wohntankmodul werden in einem Einschub gegenübergestellt. Ist das Treibstoffmodul einmal auf die Erdumlaufbahn gebracht, macht sich ein Kosmonaut mit einem Sojus-Raumschiff auf den Weg zum Treibstoffmodul, die Sojus dockt an der Vorderseite des Treibstofftanks und manövriert ihn zum Zielort. Falls detailliertere Untersuchungen zeigen, dass für das Manöver mehr Treibstoff benötigt wird als die Sojus mitführt, kann das Treibstoffmodul mit einem kleinen Tank UDMH/$N_2O_4$ ausgestattet werden, um das Sojus-Raumschiff während des Manövers zu betanken.

**Als Crewquartier für die Reise zum Mond bietet es sich an, eine Kombination aus Sojus-Orbiter und Servicemodul zu verwenden.** Sojus ist zurzeit das einzige bemannte Raumschiff mit der Fähigkeit, an die ISS zu docken. Bis vor Kurzem haben Reisen zur ISS noch zwei Tage gedauert. Eine Mondreise ist nicht viel länger, womit das Sojus-Raumschiff mit geringen Modifikationen auch für eine Reise zum Mond geeignet ist. Sojus als Mondraumschiff zu verwenden, wird auch von der Firma Space Adventures vorgeschlagen, die bereits 2018 im Rahmen der Mission DSE-Alpha mit einem Sojus-Raumschiff mit zwei Touristen und einem Kosmonauten an Bord den Mond umrunden möchte. Der Flug soll jeden Touristen 150 Mio. USD kosten.

Im Rahmen der Mondmission zweiter Generation kann bei einem Zwischenstopp an der ISS das Wiedereintrittsmodul an der Station zwischengelagert werden. Damit reduziert sich die zum Mond zu transportierende Masse.

Für den Fall, dass der Sojus-Orbiter als Aufenthaltsbereich für die Crew zu klein ist, kann es sich anbieten, die Crew auf zwei Personen zu reduzieren. Damit würde man für den Einzelnen mehr Platz schaffen.

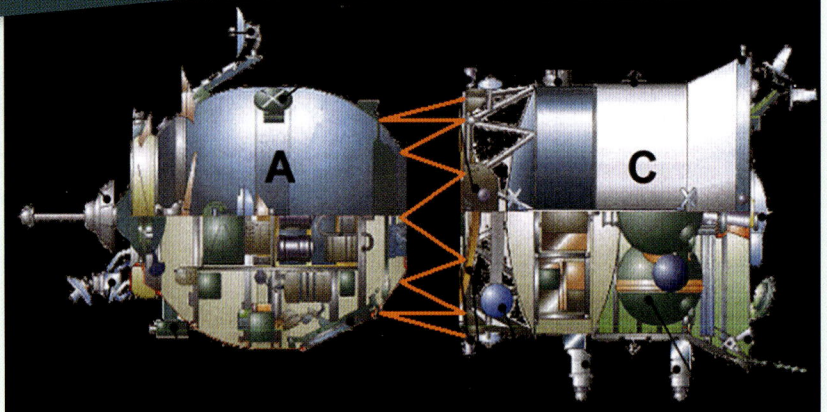

Beim oben dargestellten Sojus Lunar handelt es sich um eine abgespeckte Variante des Sojus-Raumschiffs bestehend aus dem Orbit Modul (A) und dem Service Modul (C). Das Wiedereintrittsmodul (B) wurde entfernt und durch einen Zwischenrahmen, oben in Orange dargestellt, ersetzt. Zwischenrahmen und Wiedereintrittsmodul sind jederzeit austauschbar, womit auch die konventionelle Sojus-Konfiguration wieder hergestellt werden kann.

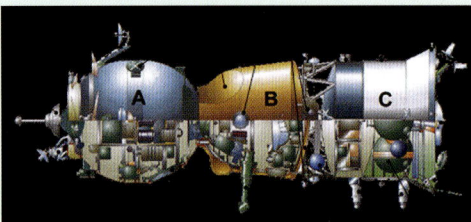

Durch den Ausbau des Wiedereintrittsmoduls reduziert sich die Masse auf dem Weg zum Mond. Sollte eine Entfernung des Wiedereintrittsmoduls nicht möglich sein, ist es dennoch möglich, Gewicht durch die Entfernung des Hitzeschildes des Wiedereintrittsmoduls zu sparen.

**Die einzelnen Module des Sojus-Raumschiffs haben folgende technische Daten:**

| Modul | Länge | Masse | Durch. | Volumen |
|---|---|---|---|---|
| A | 2,98 m | 1,37 t | 2,26 m | 6,5 m³ |
| B | 2,24 m | 2,95 t | 2,17 m | 3,5 m³ |
| C | 2,26 m | 2,90 t | 2,72 m | keines |

Mit dem Wiedereintrittsmodul entfällt die schwerste Komponente. Das Service-Modul kann zusätzlich auch noch 880 kg Treibstoff für Manöver mitführen. Eine detaillierte Missionsplanung wird zeigen, wie viel Treibstoff zum Mond transportiert werden muss.

# Neuentwicklung:
## ANTRIEBSMODUL

Bei dem Antriebsmodul handelt es sich nicht um eine Neuentwicklung, sondern lediglich um ein bestehendes Triebwerk in neuem Gewand. Der gewünschte Schub beträgt 1.000 kN, die Dimensionen sollen für eine Befestigung am hinteren Ende der Tankmodule geeignet sein. Generell kommen folgende Triebwerke in Frage:

### Triebwerke im Vergleich

| Typ | Impuls | Schub | Masse | Höhe | Durch-messer |
|---|---|---|---|---|---|
| J2-X | 448 Sek. | 1310 kN | 2430 kg | 4,7 m | 3 m |
| RL-10B-2 | 462 Sek. | 110 kN | 277 kg | 4,14 m | 2,13 m |
| LE-7A | 440 Sek. | 1098 kN | 1800 kg | 3,7 m | |
| RS-25 | 452 Sek. | 2279 kN | 3526 kg | 4,3 m | 2,4 m |

Jedes der Triebwerke hat jedoch gewisse Nachteile, die eine Weiterentwicklung erforderlich machen. Das J2-X ist der Nachfolger des Saturn-V-Triebwerks zum gleichen Zweck. Die Entwicklung wurde von Präsident Obama gestrichen, der Hersteller entwickelt aber auf eigene Kosten weiter.

Das RL-10B-2 ist auf der Rakete Delta IV als Oberstufentriebwerk im Einsatz. Es hat den besten Impulswert aller verfügbaren Triebwerke, leider ist der Schub jedoch niedrig, womit neun bis zehn Triebwerke erforderlich sind. Da diese in ihren Abmessungen nicht gerade klein sind, könnten nur zwei pro Antriebsmodul verwendet werden, was den Einsatz von fünf Antriebsmodulen erzwingt, der wiederum ein Parallelanordnen der Tankmodule erfordern würde. Dieser Mehraufwand ist durch die 3 % besseren Impulswerte im Vergleich zum J2-X vermutlich nicht gerechtfertigt.

Das LE-7A wird in der japanischen Rakete H-IIB als Triebwerk für die erste Stufe verwendet. Das RS-25 war bei den Space Shuttles als Haupttriebwerk im Einsatz. Die Schubkraft ist mehr als für die erste Mission benötigt wird und bietet daher Wachstumspotenzial für spätere Missionen. Der spezifische Impuls ist besser als beim japanischen Pendant. Ein weiterer Vorteil des RS-25 liegt darin, dass es noch einige nicht verwendete Exemplare gibt und große Erfahrung in der zur Wiederverwendung notwendigen Wartung besteht. Ebenso wie das LE-7A kann das RS-25 bisher nur am Boden gezündet werden, womit eine Umrüstung auf Zündung im Orbit notwendig ist.

Zusammenfassend lässt sich festhalten, dass Wachstumspotenzial und Erfahrung in der Wartung das RS-25 wegen der damit verbundenen Nachhaltigkeit zum Favoriten machen. Unter dem Aspekt der Verfügbarkeit hat das J2-X vermutlich die besten Aussichten.

Unabhängig davon, welches Triebwerk schließlich verwendet wird, werden für die Antriebssektion die nebenstehenden Leistungsdaten angenommen.

### Eckdaten Antriebsmodul

| Eigenschaft | Wert |
|---|---|
| Spezifischer Impuls | 447 Sek. |
| Schub | 1000 kN |
| Masse | 4,0 t |
| Durchmesser | 4,15 m |
| Höhe | 5,0 m |
| Treibstoff | LH2/LOX |
| Entwicklungskosten | 200 Mio. USD |

**KOSTEN:**
Entwicklungskosten inklusive Fertigstellung des ersten Moduls sollten im Bereich von 200 Mio. USD liegen. Zum Vergleich: Die Weiterentwicklung der japanischen H-II-Rakete von A nach B hat 195 Mio. USD gekostet. Die Entwicklung schloss die Verbesserung mehrerer Triebwerke ein.

Sowohl das Treibstoff- als auch das Wohntankmodul, im Folgenden unter Transportmodul zusammengefasst, sollen von den Raketen Ariane 5, Delta IV, Proton-M, H-IIB und Zenit transportierbar sein. Den geringsten Durchmesser hat die Zenit mit 3,9 m genauso wie die geringste Nutzlast mit 13,7 t. Die Raketen Falcon und Langer Marsch weisen geringere Durchmesser auf, die zu unattraktiv sind. An beiden Systemen wird allerdings stark entwickelt, daher ist zu erwarten, dass in naher Zukunft breitere Lasten getragen werden können.

Um auch mit den geringeren Transportkapazitäten der Zenit zurechtzukommen, wird das Transportmodul auf 11 t limitiert. Stärkere Trägerraketen können dann zwei verbundene Module transportieren. Die Module werden bis zur Nutzlastgrenze vollgetankt.

Beide Module bräuchten an Vorder- und Rückseite Schnittstellen, um mit einem anderen Transportmodul oder der Antriebssektion verbunden werden zu können. An der Vorderseite sollte es außerdem eine Andockmöglichkeit für die Sojus-Raumschiffe geben.

An der Seitenwand wäre eine Vorrichtung notwendig, um mit der Phönix-Mondlandefähre zu docken und mit dieser Treibstoff auszutauschen. Ebenfalls an der Seitenwand sollte es die Möglichkeit geben, die Treibstoffmodule zu einer parallelen Anordnung zu verbinden.

Zusätzlich zu den Dockingmöglichkeiten für andere Tankmodule an Ober- und Unterseite sollten die Wohntankmodule luftdichte Schotten haben, durch die man hinein- und hinausgehen kann. Am einfachsten ist es, diese Schotten nur an der äußersten Tankhülle zu implementieren und die innere Hülle nicht zu beeinflussen. Die Schotten sollten nach innen öffnen und dann zur Seite gleiten, da für ein Schwenken nicht genügend Raum vorhanden ist. Vier Schotten in 90-Grad-Abständen wären optimal.

| Treibstoffmodul | |
|---|---|
| Durchmesser | 3,8 m |
| Länge | 2,9 m |
| Leergewicht | 1,0 t |
| Tankinhalt | bis zu 11 t |
| LH2 Inhalt | 1,54 t |
| LOX Inhalt | 8,46 t |
| Tankvolumen | 32 m³ |

| Wohntankmodul | |
|---|---|
| Durchmesser | 3,8 m |
| Länge | 2,9 m |
| Leergewicht | 1,5 t |
| Tankinhalt | bis zu 11 t |
| LH2 Inhalt | 1,54 t |
| LOX Inhalt | 8,46 t |
| Tankvolumen | 32 m³ |

Nachdem die Wohntankmodule als Tank ausgedient haben, werden sie auf der Oberfläche abgestellt, die Crew öffnet die Türen und benutzt z. B. Schneidbrenner, um durch die innere Tankhülle zu schneiden und Zugang zum Wohnraum herzustellen. Durch diese geringfügige Änderung sollten Entwicklungs- und Produktionskosten niedrig gehalten werden. Durch mitgebrachte Druckluft kann später eine Atmosphäre hergestellt werden. Es könnte sinnvoll sein, die Druckluftbehälter zwischen den Tankhüllen in der Nähe der Schotten als Teil des Wohntankmoduls anzubringen.

Durch die Schotten wird sich das Gewicht der Tankmodule erhöhen. Der Gewichtszuwachs sollte jedoch auf 500 kg limitiert werden, notfalls durch Streichung von zwei Schotten. Ansonsten stimmen die Abmessungen mit dem Treibstoffmodul überein.

### KOSTEN WOHNTANKMODUL:

Für das erste Wohntankmodul werden Entwicklungskosten von 100 Mio. USD angesetzt, für jedes weitere ein Stückpreis von 25 Mio. USD.

Bei einem LOX zu LH2-Mischverhältnis von 5,5:1 haben das Treibstoff- und das Wohntankmodul die folgenden Daten:

### KOSTEN TREIBSTOFFMODUL:

Da ein Start mit Proton-Raketen, bei dem die komplette, 671 t schwere Rakete verbraucht wird, nur 85 Mio. USD kostet, können die Kosten für ein 11 t schweres Tankmodul mit 20 Mio. USD konservativ abgeschätzt werden.

## c. Mondlandung und Mondstart – Grundlagen

Um auf dem Mond zu landen, ist eine Mondlandefähre unabdingbar. Im Apollo-Programm hat das Lunar-Modul diese Aufgabe übernommen. Das Lunar-Modul war ein Zwei-Komponenten-System. Das Abstiegsmodul brachte das Aufstiegsmodul mit den Astronauten zur Mondoberfläche und wurde dort zurückgelassen. Von knapp 15 t, die im Mondorbit starteten, kehrten nur 2,1 t dorthin zurück.

Für Missionen der zweiten Generation ist die Grundidee dieselbe. Um Nachhaltigkeit und Flexibilität zu gewährleisten, wird es eine Landefähre geben, die in der Lage ist, beliebige Nutzlasten an einen beliebigen Ort auf dem Mond zu bringen. Das Crew-Modul wird nur eine mögliche Nutzlast sein.

## d. Mondlandung und Mondstart – Benötigte Komponenten

Für die Landung auf dem Mond benötigt man in der Erkundungsphase eine Landefähre sowie ein Crewmodul zur Landung. Im Interesse einer nachhaltigen Besiedlung des Mondes wird im Folgenden eine wiederverwendbare Landefähre vorgeschlagen: Phönix.

# DIE WICHTIGSTEN ANFORDERUNGEN AN DEN PHÖNIX:

**Wiederverwendbarkeit:** Die Mondlandefähre sollte beliebig oft wiederverwendbar sein.

Für jede der sechs Apollo-Missionen, die den Mond erreichten, wurde ein eigenes Landemodul gebaut – dessen Kosten pro Stück betrugen etwa 2 Mrd. in heutigen USD. Der Phönix soll im Mondorbit verbleiben und für alle kommenden Missionen zur Verfügung stehen. Durch die Wiederverwendbarkeit wird gewährleistet, dass Starts und Landungen kostengünstig über einen langen Zeitraum durchgeführt werden können.

**Modularität:** Einzelne Baugruppen der Mondfähre sollen sowohl leicht austauschbar als auch leicht zu warten sein.

Einzelne Komponenten sollen sich gegen leistungsfähigere austauschen lassen, ohne dass man das gesamte Design der Fähre verändern muss. Zudem soll die Fähre im Weltraum unter Mikrogravitationsbedingungen wartbar sein. Das ist solange unabdingbar, bis eine Mondbasis etabliert wurde, und die Fähre von dort gewartet werden kann. Wie beim Space Shuttle ist auch hier damit zu rechnen,

## Neuentwicklung:
## MONDLANDEFÄHRE PHÖNIX

Grundkonzept des Phönix ist es, verschiedene Module mit einer individuellen Nutzlast von 4 t zu beliebiger Länge kombinieren zu können. Eine Kombination von mindestens fünf baugleichen Modulen zu einem Phönix-Zug kann dann den gewünschten Massentransport von 20 t gewährleisten, während für eine erste Mission nur 4 t Nutzlast transportiert werden müssen.

Ein Phönix-Modul besteht im Wesentlichen aus einem achteckigen Rahmen mit Treibstofftanks auf der Oberseite und der Nutzlast an der Unterseite. Die Triebwerke sind an vier der Ecken an Stelzen angebracht. Die Stelzen dienen der Landung und dazu, die Triebwerkgase von der Ladung fernzuhalten. Steuertriebwerke können entlang des Hauptrahmens oder entlang der Stelzen angebracht werden, falls über die Variation des Schubs an den vier Haupttriebwerken keine ausreichende Steuerung möglich ist.

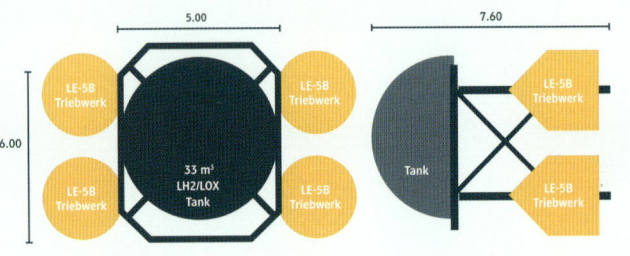

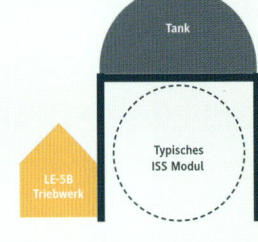

dass die Fähre nicht so langlebig ist wie angenommen. Besonders die Triebwerke sind möglicherweise nicht für viele Start- und Landezyklen ausgelegt. Zur Wartung und Pflege gehört auch das Betanken. Bis Treibstoff auf dem Mond produziert werden kann, müssen Mondreisen den für Landung und Start benötigten Treibstoff mitbringen und die Mondfähre damit betanken. Da die Mondfähre vermutlich für 30 bis 60 Jahre oder vielleicht sogar darüber hinaus im Einsatz sein wird, ist ein Forschungsfortschritt in vielen Bereichen, die die Fähre betreffen, zu erwarten. Triebwerke werden effizienter werden, Computer leichter usw. Ein modularer Aufbau stellt sicher, dass die Fähre vom Fortschritt profitieren kann und auf Jahrzehnte keine Neuentwicklung notwendig ist. Zudem soll die Weiterverwendung bereits entwickelter Komponenten gefördert werden, um den Entwicklungsaufwand und damit die Kosten zu minimieren. Dies bietet sich besonders bei den Triebwerken an, da hier bereits zahlreiche auf dem Markt verfügbar sind. Zweifellos wird es auch noch andere Komponenten der Fähre geben, die – durch Abwandlung bestehender Systeme – den Entwicklungsaufwand reduzieren.

Als Haupttriebwerk kommt für den Anfang das von Mitsubishi Heavy Industries entwickelte LE-5B infrage.

| LE-5B | |
|---|---|
| Hersteller | Mitsubishi Heavy Industries |
| Treibstoff | LH2/LOX |
| Masse | 258 kg |
| Spezifischer Impuls | 447 Sekunden |
| Schub | 137,2 kN |
| Verwendung | Oberstufe der H-IIB |

Für den Treibstofftank ist eine Neuentwicklung notwendig, allerdings kann man sich bei der Technologie am Außentank des Space Shuttles orientieren. Auch dieser war mit LH2/LOX gefüllt. Bei 735 t Treibstoffinhalt betrug das Leergewicht lediglich 26,5 t. Der Tank macht also nur 3,6 % der Treibstoffmasse aus. Für die Abschätzung des Phönix-Tanks werden 5 % der Treibstoffmasse angenommen. Der benötigte Tank für LH2 und LOX wird ein Volumen von etwa 33 m³ haben. Das entspricht einer Kugel von ca. 4 m Durchmesser bzw. einer Halbkugel von 5 m Durchmesser.

Für die Steuertriebwerke und den benötigten Treibstoff wird eine Masse von 500 kg abgeschätzt, orientiert an der Treibstoffmasse von 289 kg des Apollo-Lunar-Moduls. Sämtliche elektronischen Komponenten inklusive Batterie sollten nicht mehr als 300 kg ausmachen. Für die Trägerstruktur werden großzügig 3.350 kg angesetzt. Damit ergibt sich die folgende Massenbilanz:

| Das wiegt der Phönix | |
|---|---|
| Haupttriebwerke | 1.140 kg |
| Haupttriebwerktanks | 600 kg |
| Bordelektronik | 300 kg |
| Steuertriebwerke | 500 kg |
| Trägerstruktur | 3.350 kg |
| Leergewicht | 5.890 kg |

**Flexibilität:** Die Mondfähre muss zum Last- und Personentransport geeignet sein und dabei möglichst wenige Vorgaben an Form und Größe der transportierten Module machen.

Alle irdischen Raketen und Shuttle sind wegen der Erdatmosphäre dazu verdammt, sich mit den Gesetzen der Aerodynamik zu arrangieren. Fähren für den Mond haben dieses Problem nicht und können daher in der Form frei gestaltet werden. Die Fähre soll in der Lage sein, Module von typischen ISS-Abmessungen zu bewegen. Diese repräsentieren ganz gut, was von der Erde gestartet werden kann.

**Transportkapazität:** Mit der Landefähre sollen sich Frachten von 1 t bis 20 t effizient zwischen Mondoberfläche und Orbit transportieren lassen.

Auch diese Anforderung verfolgt mehrere Ziele. Für die ersten Mondmissionen der zweiten Generation wird keine extrem hohe Nutzlast benötigt. 2 t bis 4 t reichen für ein Crewmodul aus. Es ist daher wirtschaftlich uninteressant, für diese frühen Missionen eine Fähre zu haben, deren Lastkapazität darüber hinausgeht. Höhere Lastkapazität, die nicht ausgeschöpft wird, heißt dass die Fähre überdimensioniert ist und damit einen hohen Treibstoffverbrauch hat. Das wiederum bedeutet hohe Kosten.

Die Fähre muss also erweiterbar sein, um später

Fortsetzung Neuentwicklung:
**MONDLANDEFÄHRE PHÖNIX**

Mit dieser Masse kann man nun den Treibstoffbedarf für verschiedene Nutzlasten berechnen:

| Nutzlast | Landung | Start | Gesamt |
|---|---|---|---|
| 0 | 4 t | 2,8 t | 6,8 t |
| 1 | 5 t | 3,3 t | 8,3 t |
| 2 | 5,6 t | 3,8 t | 9,4 t |
| 3 | 6,4 t | 4,2 t | 10,6 t |
| 4 | 7,2 t | 4,8 t | 12 t |

Im vollgetankten Zustand beträgt die Startmasse im Orbit bei 4 t Nutzlast entsprechend 21,9 t, der Treibstoffanteil 55 %.

**Zum Vergleich:** Das Apollo-Lunar-Modul kam mit noch erheblich weniger Struktur um den Treibstoff herum aus. Hier lag der Treibstoffanteil bei 73 %. Dies legt nahe, dass die Stützstruktur beim Phönix konservativ abgeschätzt wurde und eventuell eine leichtere Lösung möglich ist.

Die letzte Herausforderung beim Phönix-Design liegt in der Nutzlast von 20 t. Hierfür werden mehrere Phönixe an ihren kurzen Seiten verbunden. Ein Verbund von fünf wird in der Lage sein, die gewünschten 20 t zu tragen. Treibstoffverbrauch für Start und Landung sind entsprechend fünfmal so hoch wie bei der 4 t Nutzlast. Damit bietet der Phönix die Möglichkeit, mit den Anforderungen einer Besiedelung des Mondes mitzuwachsen und ist eine geeignete Landefähre von den ersten Erkundungsmissionen bis zu späteren Treibstofftransporten in den Orbit.

Der Phönix ist zu Schwebeflügen in der Lage und kann so für Personal und Materi-

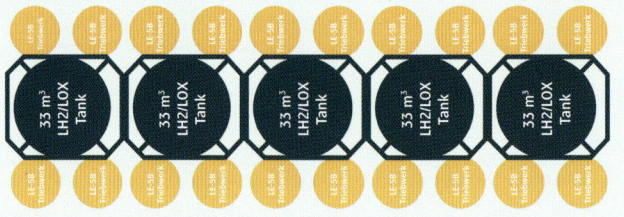

Lasten von 20 t oder mehr tragen zu können. 20 t ergeben sich aus der maximalen Traglast heutiger Raketen. Schon in wenigen Jahren könnten die USA, China oder SpaceX über eine Rakete der Saturn V-Kategorie verfügen, die 100 t in den LEO tragen kann. Die Mondfähre sollte dann damit mithalten können.

**Schwebefähigkeit:** Die Mondfähre soll, einem Flugzeug bzw. Hubschrauber ähnlich, auf dem Mond von Punkt zu Punkt fliegen können. Ohne ein flugfähiges Fortbewegungsmittel sind die Einwohner einer Mondbasis in ihrem Bewegungsradius stark eingeschränkt. Stationsaufbau und Erkundungsmission werden ein Fluggerät unabdingbar machen.

Bei der Umsetzung einer zukünftigen Mondfähre sollte man bei diesen Anforderungen keine Abstriche akzeptieren. Jeder hier an der Entwicklung und Fertigstellung eingesparte Euro wird später mehrfach beglichen werden müssen. Technisch sind die Anforderungen alle umsetzbar, wie das auf dieser und der vorigen Seite vorgestellte Konzept der Phönix-Fähre illustriert.

**KOSTEN:**
Da beim Phönix lediglich vorhandene Technologien zu einem neuen Produkt zusammengestellt werden, sollten sich die Entwicklungskosten in Grenzen halten. Die Entwicklung des Apollo-Lunar-Moduls hat auf heutige USD umgerechnet 2 Mrd. USD gekostet. Beim Phönix ist – anders als bei Apollo – keine Nutzlast inklusive, womit sich der Entwicklungsaufwand deutlich verringert. Zieht man die Kosten für ISS-Module als weitere Anhaltspunkte heran, dann erscheinen Entwicklungskosten für das erste Modul von etwa 700 Mio. USD realistisch, bei Fertigungskosten von höchstens 200 Mio. USD für die folgenden Exemplare. Für 1,5 Mrd. sollte ein Phönix mit einer Traglast von 20 t umsetzbar sein.

altransport in der Umgebung um eine Mondbasis eingesetzt werden. Die maximale Flugstrecke ist abhängig von der Nutzlast:

### So weit fliegt der Phönix

| Nutzlast | Flugstrecke |
|---|---|
| 1 t | 1.230 km |
| 2 t | 1.130 km |
| 3 t | 960 km |
| 4 t | 830 km |

Bei ballistischer Flugbahn sind auch größere Distanzen möglich. Der Einsatz des Phönix kann das Operationsgebiet einer Mondbasis erheblich erhöhen.

Ist einmal eine Mondbasis etabliert und wird mit der Produktion von Al-LOX-Treibstoff begonnen, sollten die Triebwerke des Phönix entsprechend auf ein Al-LOX-Triebwerk umgerüstet werden.

| Allox-Triebwerk | |
|---|---|
| **Treibstoff** | Al/LOX |
| **Masse** | 285 kg |
| **Spezifischer Impuls** | 285 Sekunden |
| **Schub** | 137,2 kN |

Die Verwendung des Al-LOX-Triebwerks wird allerdings den Treibstoffverbrauch erhöhen:

### Treibstoffverbrauch mit Allox-Triebwerk

| Nutzlast | Landung | Start | Gesamt |
|---|---|---|---|
| 0 | 9,6 t | 5 t | 14,6 t |
| 4 | 17,2 t | 8,7 t | 25,9 t |

Da das Volumen der Phönix-Tanks für den Transport von LH2 ausgelegt wurde, der eine ausgesprochen niedrige Dichte aufweist, können die Tanks problemlos die benötigte Menge an Al/LOX-Monotreibstoff aufnehmen.

# B) MISSIONSOPTIONEN
## a) Sofort zum Mond

Wer nicht warten will oder kann, ist an einer schnell umsetzbaren Mondmission mit minimalen Anfangskosten interessiert. Das in diesem Kapitel vorgestellte Szenario berücksichtigt diese Eile. Es werden nur die absolut notwendigen Neuentwicklungen angenommen. Ziel dieser – auf geringe Anfangskosten optimierten Variante – ist es, am Ende drei Missionen auszuführen, um Standortkandidaten für eine Mondsiedlung zu erkunden. Es werden daher nicht nur die Kosten für die Erstmission, sondern auch für die Folgemissionen bestimmt.

Im vorherigen Kapitel wurden zwei Varianten der Rückkehr zum Mond vorgestellt: Konventionelles Abbremsen und Aerobreaking (= Abbremsen an der Erdatmosphäre). Ersteres bietet den Vorteil, das Sojus-Lunar-Raumschiff verwenden zu können und damit Masse zu sparen. Aerobreaking hat den Vorteil, Treibstoff zu sparen, benötigt allerdings die komplette Sojus-Konfiguration inklusive Landemodul.

**Die (linke) Tabelle** zeigt einen LH2/LOX-Treibstoffbedarf von 17,7 t beim konventionellen Abbremsen auf die LEO-Orbitalgeschwindigkeit. Bei Verwendung von Aerobreaking liegt der Massenvorteil weit über dem Zusatzgewicht, das sich durch die Verwendung der kompletten Sojus-Konfiguration ergibt.

**Die rechte Tabelle** zeigt das Szenario für den Einsatz des regulären Sojus-Raumschiffs.

| Rückflug vom Mond mit Sojus Lunar | | | | | | | | | | | | |
|---|---|---|---|---|---|---|---|---|---|---|---|---|
| Raumschiffkonfiguration | Masse [t] | Treibstoffart | LH2/LOX | | | RP-1/LOX | | | UDMH/N$_2$O$_2$ | | | |
| | | | Zahl Tanks | Gewicht Tanks (t) | Gewicht Treibstoff (t) | Zahl Tanks | Gewicht Tanks (t) | Gewicht Treibstoff (t) | Zahl Tanks | Gewicht Tanks (t) | Gewicht Treibstoff (t) | |
| 1  Antriebsmodul (MK1) | 4 | | | | | | | | | | | |
| 1  Sojus Lunar | 4,77 | LLO zu LEO | 2 | 2,0 | 17,7 | 3 | 3,0 | 30,6 | 4 | 4,0 | 33,4 | |
| 3  Crewmitglieder | 0,75 | LLO zu LEO mit AB | 1 | 1,0 | 3,6 | 1 | 1,0 | 5,1 | 1 | 1,0 | 5,4 | |
| 9  Mann-Tages-Rationen | 0,045 | LLO zu GEO | 1 | 1,0 | 6,3 | 1 | 1,0 | 9,3 | 1 | 1,0 | 9,9 | |
| Ballast | 0,5 | | | | | | | | | | | |
| Raumschiffmasse | 10,1 | | | | | | | | | | | |

LLO=Niedriger Mondorbit, LEO=Niedriger Erdorbit; GEO=Geostationärer Orbit; AB=Aerobreaking

**Der Vergleich der beiden Varianten, exemplarisch bei der Verwendung von LH2/LOX, ergibt:**

- Bei Verwendung von Sojus Lunar vom LLO (Niedriger Mondorbit) zu LEO (Niedriger Erdorbit ergibt sich eine Gesamtmasse für die Rückreise von 27,8 t (17,7 t Treibstoff + 10,1 t Raumschiffmasse inkl. Crew).

- Wird stattdessen mit dem typischen Sojus-Raumschiff mithilfe der Landekapsel direkt zur Erde zurückgekehrt, reduziert sich der Massenbedarf auf 17 t (4,5 t Treibstoff + 12,5 t Raumschiffmasse inkl. Crew). In beiden Varianten wurden 0,5 t Ballast für unvorhergesehenes Zusatzgewicht eingeplant.

- Soll mit dem Raumschiff zum GEO (Geostationärer Erdorbit) zurückgekehrt werden, verändert sich das Bild. Sojus Lunar benötigt hierfür eine Gesamtmasse von 16,4 t (6,3 t Treibstoff + 10,1 t Raumschiffmasse inkl. Crew), während das normale Sojus-Raumschiff 20,4 t (7,9 t Treibstoff + 12,5 t Raumschiffmasse inkl. Crew) benötigt.

| Rückflug vom Mond mit Sojus | | | | | | | | | | | |
|---|---|---|---|---|---|---|---|---|---|---|---|
| Raumschiffkonfiguration | Masse [t] | Treibstoffart | LH2/LOX | | | RP-1/LOX | | | UDMH/N$_2$O$_2$ | | |
| | | | Zahl Tanks | Gewicht Tanks (t) | Gewicht Treibstoff (t) | Zahl Tanks | Gewicht Tanks (t) | Gewicht Treibstoff (t) | Zahl Tanks | Gewicht Tanks (t) | Gewicht Treibstoff (t) |
| 1 Antriebsmodul (MK1) | 4 | | | | | | | | | | |
| 1 Sojus | 7,22 | LLO zu LEO | 2 | 2,0 | 21,9 | 4 | 4,0 | 38,0 | 4 | 4,0 | 41,6 |
| 3 Crewmitglieder | 0,75 | LLO zu LEO mit AB | 1 | 1,0 | 4,5 | 1 | 1,0 | 6,3 | 1 | 1,0 | 6,7 |
| 9 Mann-Tages-Rationen | 0,045 | LLO zu GEO | 1 | 1,0 | 7,9 | 2 | 2,0 | 11,6 | 2 | 2,0 | 12,3 |
| Ballast | 0,5 | | | | | | | | | | |
| Raumschiffmasse | 12,5 | | | | | | | | | | |

LLO=Niedriger Mondorbit, LEO=Niedriger Erdorbit; GEO=Geostationärer Orbit; AB=Aerobreaking

Damit ist es die insgesamt effizienteste Variante, mit Sojus Lunar zum geostationären Orbit zurückzukehren. Da der GEO allerdings zurzeit noch nicht kostengünstig erreichbar ist, bietet es sich eher an, mit einem regulären Sojus-Raumschiff direkt zur Erde zurückzukehren. Die Verfügbarkeit des zuvor vorgestellten Inter-Orbit-Vehikels könnte die Situation zugunsten des GEO verändern.

Für eine sofort umsetzbare Mondmission wird die Raumschiffmasse so weit wie möglich minimiert, um den Treibstoffbedarf zu reduzieren. Die Tabelle auf der gegenüberliegenden Seite beschreibt die Raumschiffkonfiguration für eine schnell mögliche Mondreise. Dabei betrachtet sie zwei Szenarios: Den Zusammenbau des Raumschiffs auf niedrigem (LEO) und auf geostationärem (GEO) Erdorbit. Als Transportkosten zum LEO wurden 4 Mio. USD pro Tonne angenommen, zum GEO 10 Mio. USD pro Tonne. Die Berechnung wurde für alle gängigen Treibstoffkombinationen ausgeführt, mit spezifischen Impulsen, wie unter „Grundlagen der Mondreise" beschrieben.

In beiden Fällen ist eine Anreise der Astronauten mit dem Sojus-Raumschiff angenommen. Ebenfalls in beiden Fällen kehren die Astronauten gemäß der

## Kosten einer Mondreise (Erstmission)

| Start von LEO oder GEO und Rückkehr mit Sojus Landemodul zur Erde | | | | | |
|---|---|---|---|---|---|
| Raumschiffkonfiguration | Masse | Material | LEO | GEO | |
| | [t] | [M$] | [M$] | [M$] | |
| 1 | Antriebsmodul | 4 | 200 | 16 | 40 |
| 1 | Mondfähre | 5,89 | 700 | 24 | 59 |
| | LH2/LOX für Mondfähre | 9 | | 36 | 90 |
| 12 | Rationen | 0,06 | 0,003 | 0,24 | 0,6 |
| 1 | Sojus | 7,72 | 45 | 45 | 90 |
| 3 | Crewmitglieder | 0,75 | | 0 | 0 |
| | Ballast | 1 | | 4 | 10 |
| | **Summe** | **28,4** | **945** | **121** | **280** |

| Missionskosten [M$] | | |
|---|---|---|
| Treibstoff | LEO | GEO |
| LH2/LOX | 1.465 | 1.522 |
| RP-1/LOX | 1.777 | 1.667 |
| UDMH/N$_2$O$_2$ | 1.844 | 1.689 |

| Gesamt Treibstoffbedarf [t] | | |
|---|---|---|
| LH2/LOX | 71 | 34 |
| URP-1/LOX | 121 | 48 |
| UDMH/N$_2$O$_2$ | 132 | 50 |

vorherigen Tabelle mit dem Sojus-Raumschiff direkt zur Erde zurück. Für die Reise, beginnend am geostationären Orbit, ist dies nicht die energieeffizienteste Lösung. Gäbe es ein Inter-Orbit-Vehikel (IOV), das die Transportkosten auf den GEO halbieren könnte, würden sich die Missionskosten vom GEO auf 1.308 Mio. USD, 1.391 Mio. USD, bzw. 1.402 Mio. USD verändern. Da beim Einsatz eines IOV lediglich der langlebige UDMH-Treibstoff infrage kommt, würde ein IOV bei dieser Mondmission rund 63 Mio. USD einsparen – etwa 2,2 Mio. USD pro Tonne Raumschiffmasse.

Möchte man die leichter handhabbaren Treibstoffe UDMH oder RP-1 verwenden, wird der Start vom geostationären Orbit zunehmend interessant.

Für den Anfang bietet sich der niedrige Erdorbit (LEO) als Startorbit an, vor allem wegen der dort kreisenden ISS. Auch wenn man geringe Diffusionsverluste mit LH2 in Kauf nimmt, bleibt LH2 die beste Treibstoffwahl für diese Mission.

| Treibstoffart | LH2/LOX | | | | | RP-1/LOX | | | | | UDMH/$N_2O_2$ | | | | |
|---|---|---|---|---|---|---|---|---|---|---|---|---|---|---|---|
| | Zahl Tanks | Gewicht Tanks (t) | Gewicht Treibstoff (t) | Kosten Material (M$) | Startkosten (M$) | Zahl Tanks | Gewicht Tanks (t) | Gewicht Treibstoff (t) | Kosten Material (M$) | Startkosten (M$) | Zahl Tanks | Gewicht Tanks (t) | Gewicht Treibstoff (t) | Kosten Material (M$9 | Startkosten (M$) |
| Start vom LEO | 7 | 7,0 | 57,7 | 140 | 259 | 12 | 12,0 | 105,7 | 240 | 471 | 13 | 13,0 | 116,5 | 260 | 518 |
| Start von GEO | 3 | 3,0 | 20,7 | 60 | 237 | 4 | 4,0 | 32,3 | 80 | 363 | 4 | 4,0 | 34,5 | 80 | 385 |

LEO = Niedriger Erdorbit, GEO = Geostationärer Orbit

Unter Verwendung des beschriebenen Raumschiffs kann die Mission, wie die nächste Tabelle zeigt, ablaufen. Insgesamt müssen für die Mission 71 t Treibstoff für die Reise zum Mond, die Rückreise zur Erde sowie Mondlandung und Start mitgeführt werden.

Diese Sparvariante der Mondreise hat als Nachteil, dass die Aufenthaltsdauer auf dem Mond nicht sehr lange ist, da Lebenserhaltungssysteme des Orbiters vermutlich nur für kurze Zeit eigenständig funktionieren. Bei Apollo 11 betrug die Aufenthaltszeit

**01** Proton-M Start mit Mondfähre und anderer Nutzlast an Bord
Zusammen mit anderer Nutzlast wird die Mondfähre in die Umlaufbahn gebracht.

**02** Mondfähre an ISS andocken
Mit Steuerdüsen manövriert die ferngelenkte Mondfähre zur ISS und wird dort angedockt.

**03** Progress liefert Rationen und evtl. weiteres Material (1 t) für die Mondmission
Progress wird an der Station angedockt. Treibstoff wird umgepumpt, Rationen verbleiben im Transporter.

**04** Sojus startet mit den Kosmonauten
Die für die Mission ausgewählte Crew fliegt zur ISS. Sojus dockt an der Station.

**05** Sojus umkonfigurieren
Rationen und Material werden in die Sojus verladen. Das Raumschiff wird neu betankt.

**06** Zweites Sojus-Raumschiff wird an PIRS angedockt
Ein zweites Sojus-Raumschiff wird mit dem PIRS-Modul gekoppelt

**07** Proton bringt 2 Treibstoffmodule
19,6 t Treibstoff werden in den Leo gebracht.

**08** Proton bringt 1 Treibstoffmodul und die Antriebssektion
11,0 t Treibstoff werden in den LEO gebracht.

**09** PIRS und Sojus 2 docken von ISS ab
Mit 3 ISS-Crewmitgliedern an Bord dockt die Sojus samt PIRS von der ISS ab.

**10** Sojus 2 dockt mit Treibstoffmodul
Sojus und PIRS docken am Treibstoffmodul.

**11** Sojus 2 fliegt zum Treibstoffmodul mit Antriebssektion
Mithilfe der Sojus-Antriebe werden die Treibstoffmodule benachbart.

**12** Module verbinden
Falls nicht automatisch möglich, führt die Sojus-Besatzung eine Außenmission aus und verbindet die Module manuell.

außerhalb der Kabine 2 Stunden 31 Minuten, ähnliche Zeiten sind auch in diesem Szenario vorstellbar. Möchte man aus politischen Gründen auch Ariane 5-, Delta IV- und H-IIB-Starts verwenden, ist mit Mehrkosten von 300 Mio. USD zu rechnen.

Folgemissionen laufen in diesem Szenario noch kostengünstiger ab. Mit dem Phönix bereits in der Mondumlaufbahn, entfällt die Notwendigkeit, ihn zu transportieren. Die Antriebssektion ist keine Neuentwicklung mehr, sondern nur noch ein Nachbau.

**13 Proton bringt 2 Treibstoffmodule**
19,6 t Treibstoff werden in den LEO gebracht.

**18 Sojus 2 beendet Zusammenbau.**
Die Mission von Sojus 2 ist beendet und es wird zur ISS zurückgekehrt.

**14 Modul einfangen und verbinden**
Sojus 2 fliegt zum neuen Treibstoffmodul, bringt es zu den anderen und verbindet es.

**19 Sojus 1 bringt Crew**
Sojus 1 dockt am Mondraumschiff an. Hier ist angenommen, dass die Sojus mit dem Service-Modul an den Treibstofftank docken kann. Evtl. ist hierfür ein Sondermodell des Service-Moduls nötig.

**15 Proton bringt 2 Treibstoffmodule**
16,0 t Treibstoff werden in den LEO gebracht. Diese Lieferung enthält 1,4 t mehr LH2, um die Verdampfung des vorher gelieferten auszugleichen. Insgesamt wurden jetzt 72,4 t Treibstoff angeliefert. Wenn alle 10 Tage ein Proton-Start erfolgen kann und der letzte Proton- und Zenit-Start zeitnah erfolgen, dann stehen insgesamt 71 t zur Verfügung.

**20 Phönix in Flugposition bringen.**
Der Phönix wird, um keine Asymmetrie um die Flugachse zu haben, von vorne auf das Sojus-Orbit-Modul gesetzt, sodass seine Treibstofftanks in Flugrichtung zeigen.

**16 Modul einfangen und verbinden**
Sojus 2 fliegt zum neuen Treibstoffmodul, bringt es zu den anderen und verbindet es. Jetzt sind insgesamt 7 Module verbunden. Sojus 2 dockt am letzten Modul.

**21 Start**
Triebwerkssektion zündet.

**22 Reise**
Die Astronauten sind 3 Tage unterwegs. Das verfügbare Volumen ist mit 10 m³ etwas mehr als bei den Apollo-Missionen mit 6,17 m³.

**17 Phönix anfliegen und betanken.**
Die Phönix-Mondfähre startet von der ISS und fliegt zu den Treibstoffmodulen. Dort dockt sie automatisch, an speziell für sie gemachten Halteklammern, und stellt Kontakt zum Treibstofftransfer her. Falls es sich als vorteilhaft erweist kann das Betanken erst im LLO stattfinden.

**23 Einschwenken auf LLO**
Das Raumschiff schwenkt auf den niedrigen Mondorbit etwa 100 km über der Mondoberfläche.

**24 Ablegen**
Sojus Orbiter wird vom Abstiegsmodul getrennt.

**25 Abstieg zum Mond**
Phönix bringt den Sojus Orbiter mit zwei Personen zum Mond, wo sie an der gewünschten Stelle landen. Die Orbiter-Ausstiegsluke zeigt dabei nach unten. 1 Astronaut bleibt im Orbit zurück.

**26 Außenmission**
Mit der Crew in Raumanzügen wird die Orbiter-Kabine drucklos gemacht. Die Crew steigt aus. Evtl. ist für die Möglichkeit drucklos und wieder bedruckt zu werden ebenfalls eine Sonderausgabe der Sojus notwendig. Im schlimmsten Fall sind Druckluftflaschen mitzuführen.

**27 Aufstieg zum Raumschiff**
Crew kehrt in die Kabine zurück. Normaldruck wird wieder hergestellt. Der Phönix startet.

**28 Docken am Raumschiff**
Phönix manövriert den Orbiter zurück zum Service-Modul.

**29 Phönix umdocken**
Phönix löst sich von Sojus und kehrt zu seiner Dockingposition am Treibstofftank zurück.

**Antriebssektion und letzten Tank lösen**
Sechs der sieben Tanks werden abgetrennt, sodass nur ein Tank mit der Antriebssektion verbunden bleibt.

**31 Sojus abdocken**
Sojus löst sich von den Treibstofftanks

**32 Überschüssige Tanks verlegen**
Phönix bringt die überschüssigen Tanks auf eine Parkbahn, wo sie auf spätere Verwendung warten.

**33 Sojus andocken**
Sojus dockt mit dem letzten Treibstofftank.

**34 Start**
Triebwerkssektion beschleunigt zurück zur Erde.

**35 Reise**
Die Astronauten reisen 2 bis 3 Tage.

**36 Einschwenken in LEO**
Das Raumschiff schwenkt wieder in den LEO ein.

**37 Landemodul separieren**
Antriebsmodul, Versorgungsmodul und Orbiter werden vom Abstiegsmodul getrennt.

**38 Aerobreaking**
Das Abstiegsmodul bremst in der äußeren Erdatmosphäre mit seinem Hitzeschild, später mit Fallschirmen.

**39 Landung auf der Erde**
Die Astronauten landen auf der Erde.

Die Raumschiffkonfiguration vereinfacht sich zu:

## Der Missionsablauf ist im Wesentlichen der gleiche wie bei der Erstmission mit folgenden Änderungen:

- Alle Schritte mit Phönix im Erdorbit entfallen.
- Nach der Ankunft dockt der Phönix an einem der Tanks und betankt sich selbstständig
- Der Phönix dockt jetzt mit dem Sojus-Orbiter und wird mit neuem Treibstoff für die Manövertriebwerke versorgt.

Insgesamt dritteln sich die Kosten durch den Wegfall der Phönix-Entwicklung. Zu oft sollte man diese Mission nicht ausführen, da die Lebensdauer des Phönix ohne Wartung limitiert sein wird. In diesem Szenario wird für drei Missionen 73,4 t Nutzlast (ohne Treibstoff und Tanks) in den Erdorbit gebracht. Drei Missionen dieses Typs hätten Start- und Raumschiffkosten von etwa 2,46 Mrd. USD. Start und Raumschiff der Apollo-Missionen haben 1969 etwa 2,4 Mrd. USD

pro Mission gekostet, für drei also 7,2 Mrd. USD, etwa 43 Mrd. USD bei heutigem Geldwert. Selbst wenn die Neuentwicklungen drastisch teurer werden als vergleichbare Entwicklungsvorhaben, ist dieses Szenario erheblich kosteneffizienter als Apollo.

## Kosten einer Mondreise (Folgemissionen)

### Start von LEO oder GEO Rückkehr mit Sojus Landemodul zur Erde

| Raumschiffkonfiguration | | Masse | Material | LEO | GEO | Missionskosten [M$] | | |
|---|---|---|---|---|---|---|---|---|
| | | [t] | [M$] | [M$] | [M$] | Treibstoff | LEO | GEO |
| 1 | Antriebsmodul | 4 | 20 | 16 | 20 | LH2/LOX | 496 | 355 |
| | LH2/LOX für Mondfähre | 9 | | 36 | 45 | RP-1/LOX | 753 | 454 |
| 12 | Rationen | 0,06 | 0,003 | 0,24 | 0,3 | UDMH/$N_2O_2$ | 814 | 464 |
| 1 | Sojus | 7,72 | 45 | 45 | 90 | **Gesamt Treibstoffbedarf [t]** | | |
| 3 | Crewmitglieder | 0,75 | | 0 | 0 | LH2/LOX | 61 | 31 |
| | Ballast | 1 | | 4 | 5 | RP-1/LOX | 103 | 42 |
| | **Summe** | **22,5** | **65** | **97** | **155** | UDMH/$N_2O_2$ | 113 | 44 |

| Treibstoffart | LH2/LOX | | | | | RP-1/LOX | | | | | UDMH/$N_2O_2$ | | | | |
|---|---|---|---|---|---|---|---|---|---|---|---|---|---|---|---|
| | Zahl Tanks | Gewicht Tanks (t) | Gewicht Treibstoff (t) | Kosten Material (M$) | Startkosten (M$) | Zahl Tanks | Gewicht Tanks (t) | Gewicht Treibstoff (t) | Kosten Material (M$) | Startkosten (M$) | Zahl Tanks | Gewicht Tanks (t) | Gewicht Treibstoff (t) | Kosten Material (M$9) | Startkosten (M$) |
| Start vom LEO | 6 | 6,0 | 47,4 | 120 | 214 | 10 | 10,0 | 87,8 | 200 | 391 | 11 | 11,0 | 97,0 | 220 | 432 |
| Start von GEO | 2 | 2,0 | 17,0 | 40 | 95 | 4 | 4,0 | 26,8 | 80 | 154 | 4 | 4,0 | 28,7 | 80 | 163 |

LEO = Niedriger Erdorbit, GEO = Geostationärer Orbit

## b) Nachhaltig zum Mond

In diesem Kapitel wird die nachhaltigste Möglichkeit zum Mond zu reisen vorgestellt, ohne den Kostenaspekt vollkommen zu vernachlässigen. Die Anfangskosten liegen in diesem Szenario höher als im vorangegangenen. Es wird sich allerdings zeigen, dass sich die Nachhaltigkeit bereits innerhalb der Erkundungsphase auszahlt. Die Kostenersparnis wird bereits erreicht, in dem die gesamte Erkundung (drei Mondlandungen) mit nur einem Flug zum Mond durchgeführt wird.

Im Unterschied zum vorangehenden Kapitel soll den Astronauten ein längerer Aufenthalt auf dem Mond erlaubt werden. Dafür ist es notwendig, die Crew mit einem spezialisierteren Landemodul zu transportieren, als es der Sojus-Orbiter ist. Ein Landemodul für längere Aufenthalte an der Oberfläche soll folgendes leisten können:

- mit dem Sojus-Orbiter docken,
- langfristige Lebenserhaltung für die Crew bieten ,
- Luftschleuse zum Ein- und Ausstieg auf dem Mond,
- Kapazitäten für Materialtransport,
- mehr Platz für die Crew als im Orbiter.

## Neuentwicklung: EXPLORER

Um beim Personaltransport vom niedrigen Mondorbit (LLO) zur Mondoberfläche nicht auf eine Zweckentfremdung des Sojus-Orbiters angewiesen zu sein, gleichzeitig der Crew während der Ausflüge zur Oberfläche mehr Raum zu geben und eine solidere Lebenserhaltung zu ermöglichen, ist es sinnvoll, eine spezielle Nutzlast für den Phönix zu entwickeln: den Explorer.

**Vorstellbar sind drei Wege zum Ziel:**
▶ eine komplette Neuentwicklung,
▶ eine Umentwicklung basierend auf dem SpaceX Dragon,
▶ eine Umentwicklung basierend auf dem Sojus-Orbiter.

Eine Neuentwicklung disqualifiziert sich wegen der höchsten zu erwartenden Kosten.

Für den Dragon spricht sein großes Innenraumvolumen von 10 m³ und der Glanz des Neuen. Dagegen spricht, dass er nicht mit einem russischen Modul docken kann, keine einfache Möglichkeit bietet, eine Luftschleuse zu implementieren, noch nicht für den Personentransport zugelassen ist und sein im Vergleich zum Sojus-Orbiter hohes Gewicht. Entwicklungskosten bei SpaceX sind im Vergleich zu Korolev, dem Sojus-Hersteller, auch deutlich höher.

Demnach wäre die Umentwicklung des Sojus-Orbiters die beste Möglichkeit. Dieser hat in der TMA (Russische Abkürzung für Transport Modifika-

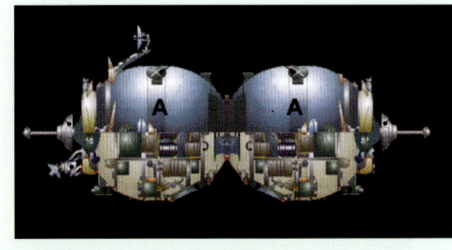

tion Anthropometrisch) Variante die Eigenschaften gemäß nebenstehender Tabelle.

Im Zwischenraum, der sich durch die kugelähnliche Form der Orbiter ergibt, werden zusätzliche Versteifungen für mehr Stabilität und nicht unter Druck stehende Abteile für die Lagerung von Material für Außeneinsätze angebracht. Zudem wird die Lebenserhaltung des Explorers so ausgelegt, dass beide Module in der Lage sind, für sich alleine eine

**Docken:** Die Möglichkeit mit dem Sojus-Orbiter docken zu können, ist essentiell, damit die Crew vom Sojus Lunar in das Landemodul umsteigen kann. Auf diese Art kann das Landemodul, wie auch der Phönix, in der Mondumlaufbahn verbleiben und muss nicht für jede Mondreise von der Erde mitgebracht werden.

**Langfristige Lebenserhaltung:** Dabei geht es um die Wiederaufbereitung von Sauerstoff und Wasser. Dies ermöglicht der Crew im Falle einer Notlandung langfristiges Überleben auf dem Mond, bis Hilfe von der Erde kommen kann. Außerdem können Bodenaufenthalte von wenigen Stunden auf einige Tage oder sogar Wochen ausgedehnt werden. Die Möglichkeit für längere Aufenthalte wird vor allem zu Beginn der Besiedlung sehr vorteilhaft sein.

**Luftschleuse:** Eine Luftschleuse macht mehrere Ein- und Ausstiege der Crew möglich, da keine Atemluft an das Mondvakuum verloren geht. Für längere Aufenthalte ist diese Möglichkeit essentiell, da die Crew zumindest am Tagesende in das Crewmodul zurückkehren möchte.

minimale Lebenserhaltung für die Crew bereitzustellen. Beide zusammen sollen eine angenehme Lebenserhaltung ermöglichen.

## Eckdaten Sojus

| Eigenschaft | Wert |
|---|---|
| Masse | 1.370 kg |
| Länge | 2,98 m |
| Durchmesser | 2,26 m |
| Druckvolumen | 6,5 m³ |

Hinsichtlich des Volumens schwanken die Angaben zwischen 5,0 m³ und 6,5 m³. Letzteres erscheint aufgrund der Außenabmessungen wahrscheinlicher.

Der Orbiter verfügt bereits über einen Docking-Mechanismus auf beiden Seiten, um sowohl an die russischen Module als auch an das Wiedereintrittmodul docken zu können.

Für den Explorer werden zwei Sojus-Orbiter an ihrer ursprünglich als Verbindung zum Wiedereintrittmodul gedachten Luke verbunden. Mehrfach vorhandene Systeme wie die Steuerungsantenne werden entfernt. Damit hat der Explorer zwei voneinander abtrennbare Druckkammern, zwei Andocksysteme und zwei Ausstiegsluken.

Das Innenleben der Module wird komplett umgestaltet und an die neuen Anforderungen angepasst. Das hintere der beiden Dockmodule wird als passives Modul ausgeführt, um das Andocken eines Sojus-Raumschiffes zu erlauben.

An der Oberseite des Explorers wird sich eine Aufnahmevorrichtung für den Transport durch den Phönix befinden. Ebenfalls von Vorteil ist es, den LH2- und LOX-Tank des Phönix anzapfen zu können, um im Notfall Wasser und Energie über eine Brennstoffzelle zu gewinnen bzw. verlorenen gegangenen Sauerstoff zu ersetzen. Über eine Brennstoffzelle ließen sich etwa 2,5 kW pro kg verbrauchtem LH2/LOX-Gemisch zusätzlich gewinnen. Je nach erwartetem Energieverbrauch kann eine Brennstoffzelle eine gute Option sein.

Durch der Oberflächenform folgende, außen angebrachte Solarmodule, wird der Explorer mit Strom versorgt. Gelingt es etwa 60 % einer Seite

**Kapazitäten für den Materialtransport:** Sie sind wichtig, um Bodenproben vom Mond zur Erde bringen zu können. Außerdem kann auf diesem Weg wissenschaftliches Gerät zur Oberfläche transportiert werden.

**Platz für die Crew** – stellt auf den ersten Blick ein Luxusgut dar. Bei einem längeren Aufenthalt kann sich das Mehrvolumen schnell als praktisch erweisen, um z. B. mehr Lebensmittel transportieren zu können. Bei einer späteren Erweiterung des Landemoduls kann die Zahl der transportierten Personen erhöht werden, ohne zuerst das Volumen erweitern zu müssen.

Das vorgestellte Explorer-Konzept erfüllt alle gerade beschriebenen Anforderungen.

## Fortsetzung Neuentwicklung: EXPLORER

mit Solarmodulen zu verkleiden, ergibt dies 8 m² Solarzellen für eine Leistung von 1.400 W bei einem Gewicht von etwa 100 kg. Das sind 40 % mehr als das Servicemodul standardmäßig erzeugt.

Erstrebenswert wäre, die Lebenserhaltungssysteme auf Wasser und Sauerstoffrecycling auszulegen. Elektrische Aufspaltung von $CO_2$ in Sauerstoff und Kohlenstoff verbraucht etwa 2 kW/kg Sauerstoff. Recycling von Wasser durch Destillation verbraucht 0,37 kW/kg. Selbst bei einem Wirkungsgrad für beide Prozesse von 50 % ist lediglich ein Energiebedarf von 5 kWh pro Tag und Person zu erwarten. Ziel sollte es sein, diese lebensnotwendigen Substanzen über mindestens ein Jahr hinweg bereitstellen zu können, um eine Chance zu haben, notgelandete Astronauten retten zu können.

Die gewünschte Luftschleuse für den Ausstieg aus dem Explorer wird in der Variante mit zwei Sojus-Orbitern erreicht, indem das Schott zwischen den Modulen geschlossen, Luft aus einem der Module abgepumpt und komprimiert wird und anschließend durch die – bereits vorhandene – Luke ausgestiegen wird. Auf diese Art wird nur sehr wenig Luft verbraucht und mehrere Ein- und Ausstiege können im Rahmen einer Bodenmission erfolgen.

Geht man davon aus, dass sich Gewichtsersparnis durch Entfernen von nicht gebrauchten Komponenten, und Gewichtszuwachs durch neue Komponenten die Waage halten, ergeben sich folgende Daten für den Sojusbasierten Explorer:

## Eckdaten Explorer

| Eigenschaft | Wert |
|---|---|
| Masse | 2.740 kg |
| Länge | 6 m |
| Durchmesser | 2,26 m |
| Druckvolumen | 13 m³ |
| Transportvolumen | 3 m³ |
| Erzeugte Leistung | 1.400 W |

Durch die Reserve von knapp 1,3 t auf das Zuladungslimit des Phönix bietet diese Variante ausreichend Gewichtsreserven, um eventuelle Entwicklungsrisiken kompensieren zu können sowie für den Transport von Material und Lebensmitteln.

**KOSTEN:**
Herstellung und Entwicklungskosten sollten die des erheblich komplexeren Swesda-Moduls (das russische Wohn- und Navigationsmodul der ISS) von 350 Mio. USD nicht übersteigen.

Unter Verwendung des gerade vorgestellten Explorers ergibt sich das Layout für ein Raumschiff zur Unterstützung von drei Bodenmissionen mit einem Mondflug zu:

## Nachhaltig zum Mond

| Start von LEO oder GEO Rückkehr mit Sojus Landemodul zur Erde | | | | | |
|---|---|---|---|---|---|
| Raumschiffkonfiguration | | Masse | Material | LEO | GEO |
| | | [t] | [M$] | [M$] | [M$] |
| 1 | Antriebsmodul | 4 | 200 | 16 | 40 |
| 1 | Mondfähre | 5,89 | 700 | 24 | 59 |
| | LH2/LOX für Mondfähre | 36 | | 144 | 360 |
| 30 | Rationen | 0,15 | 0,0075 | 0,6 | 1,5 |
| 1 | Sojus | 7,72 | 45 | 45 | 90 |
| 3 | Crewmitglieder | 0,75 | | 0 | 0 |
| | Ballast | 1 | | 4 | 10 |
| 1 | Explorer | 3 | 350 | 12 | 30 |
| | **Summe** | **58,5** | **1295** | **246** | **591** |

| Missionskosten [M$] | | |
|---|---|---|
| Treibstoff | LEO | GEO |
| LH2/LOX | 2.319 | 2.433 |
| RP-1/LOX | 2.857 | 2.697 |
| UDMH/$N_2O_2$ | 2.982 | 2.736 |

| Gesamt Treibstoffbedarf [t] | | |
|---|---|---|
| LH2/LOX | 151 | 80 |
| RP-1/LOX | 240 | 103 |
| UDMH/$N_2O_2$ | 259 | 107 |

| Treibstoffart | LH2/LOX | | | | | RP-1/LOX | | | | | UDMH/$N_2O_2$ | | | | |
|---|---|---|---|---|---|---|---|---|---|---|---|---|---|---|---|
| | Zahl Tanks | Gewicht Tanks (t) | Gewicht Treibstoff (t) | Kosten Material (M$) | Startkosten (M$) | Zahl Tanks | Gewicht Tanks (t) | Gewicht Treibstoff (t) | Kosten Material (M$) | Startkosten (M$) | Zahl Tanks | Gewicht Tanks (t) | Gewicht Treibstoff (t) | Kosten Material (M$9) | Startkosten (M$) |
| Start vom LEO | 14 | 14,0 | 110,5 | 280 | 498 | 22 | 22,0 | 197,2 | 440 | 877 | 24 | 24,0 | 216,4 | 480 | 962 |
| Start von GEO | 5 | 5,0 | 39,7 | 100 | 447 | 7 | 7,0 | 60,2 | 140 | 672 | 7 | 7,0 | 64,1 | 140 | 711 |

LEO = Niedriger Erdorbit, GEO = Geostationärer Orbit

Der Rückflug findet wieder mit Sojus zur Erdoberfläche statt.

| | Rückflug vom Mond mit Sojus | | | | | | | | | | | |
|---|---|---|---|---|---|---|---|---|---|---|---|---|
| **Raumschiffkonfiguration** | | **Masse [t]** | **Treibstoffart** | **LH2/LOX** | | | **RP-1/LOX** | | | **UDMH/N$_2$O$_2$** | | |
| | | | | Zahl Tanks | Ge-wicht Tanks (t) | Ge-wicht Treib-stoff (t) | Zahl Tanks | Ge-wicht Tanks (t) | Ge-wicht Treib-stoff (t) | Zahl Tanks | Ge-wicht Tanks (t) | Ge-wicht Treib-stoff (t) |
| 1 | Antriebsmodul (MK1) | 4 | | | | | | | | | | |
| 1 | Sojus | 7,22 | LLO zu LEO | 2 | 2,0 | 21,9 | 4 | 4,0 | 38,0 | 4 | 4,0 | 41,6 |
| 3 | Crewmitglieder | 0,75 | LLO zu LEO mit AB | 1 | 1,0 | 4,5 | 1 | 1,0 | 6,3 | 1 | 1,0 | 6,7 |
| 9 | Mann-Tages-Rationen | 0,045 | LLO zu GEO | 1 | 1,0 | 7,9 | 2 | 2,0 | 11,6 | 2 | 2,0 | 12,3 |
| | Ballast | 0,5 | | | | | | | | | | |
| | Raumschiffmasse | 12,5 | | | | | | | | | | |

LLO = Niedriger Mondorbit, LEO = Niedriger Erdorbit; GEO = Geostationärer Orbit; AB = Aerobreaking

Der Missionsablauf ist ähnlich dem Missionsablauf aus dem Abschnitt „Sofort zum Mond" mit folgenden Änderungen:

Es werden acht Proton-Raketen gestartet, um insgesamt 151 t Treibstoff und die Antriebssektion in den LEO zu bringen. Dabei fällt ein Treibstoffmodul mehr an, als für die Mondreise benötigt wird.

Vor die Treibstofftanks wird zuerst Sojus und dann der Explorer geladen.

Der Phönix fliegt auf den Treibstofftanks oder vor den Explorer gekoppelt.

Im Mondorbit verbleiben zwei Crew-Mitglieder im Explorer.

Phönix trägt den Explorer zum ersten Landeplatz und kehrt nach abgeschlossener Mission in den Orbit zurück.

Phönix wird betankt und inspiziert, genommene Bodenproben umgeladen.

Die Bodencrew fliegt mit dem Phönix zum zweiten Landeplatz und kehrt nach abgeschlossener Mission in den Orbit zurück.

Phönix wird betankt und inspiziert, Bodenproben umgeladen.

Die Bodencrew fliegt mit dem Phönix zum dritten Landeplatz und kehrt nach abgeschlossener Mission in den Orbit zurück.

Phönix bringt 13 Treibstoffmodule mit angekoppeltem Explorer in eine Parkposition und verweilt dort.

Die Crew kehrt mit Antriebsmodul, einem Tank und Sojus zur Erde zurück.

Obwohl dieses Szenario durch die Entwicklung des Explorers höhere Anfangskosten hat, ist es bei den gewünschten drei Mondlandungen mit 2,32 Mrd. USD kostengünstiger als das auf Anfangskosten optimierte Szenario aus dem vorangehenden Kapitel mit 2,46 Mrd. USD. Ein Engpass kann der Start von acht Proton-Raketen in kurzer Zeit werden. Gegen Mehrkosten von ca. 600 Mio. USD können hier Starts auf Japan, USA und Europa verteilt werden.

# BAU EINER MONDSIELDUNG

# BAU EINER MONDSIEDLUNG

## DER GEEIGNETE STANDORT

Ziel der Bodenmissionen in der Erkundungsphase ist es, den idealen Siedlungsort zu finden. Durch Sichtung von Satellitenbildern und anderen Daten, die durch die bisherige Erforschung des Mondes gewonnen wurden, werden drei Landeplätze für die Erkundung ausgewählt. Idealerweise gibt es im Umkreis um den Landeplatz mehrere geeignete Besiedlungsgebiete, die inspiziert werden können.

Da die erste Mondsiedlung idealerweise unterirdisch sein wird, ist die Kernforderung an einen möglichen Besiedlungsort die Nähe zu einer nahezu vertikalen Gesteinsformation (z. B. einem Berg, Krater oder Vulkan), die zu einem größeren Massiv gehört. Das Gestein soll sich vorzugsweise auf unbestimmte Zeit selbst tragen können, um mit einfachen Mitteln den Berg aushöhlen zu können, ohne großen Aufwand zur Abstützung betreiben zu müssen. Berge dieser Kategorie sollten auf dem Mond wegen der geringeren Schwerkraft entsprechend häufiger sein als auf der Erde. Als Vorbild für die Mondsiedlung dient die unterirdische Stadt Derinkuyu (Cappadocia, Türkei):
Derinkuyu wurde vermutlich vor 4.000 Jahren erbaut. Der archäologisch erschlossene Teil der Anlage umfasst 2.500 m². Es wird vermutet, dass bis zu 50.000 Personen in der Stadt Zuflucht finden konnten. Ein Konzept, welches Erdbeben, Kriegen, Wind und Wetter zum Trotz 4000 Jahre auf der Erde Bestand hatte, erscheint auch für den Mond geeignet.

Konzept für Innenleben der Mondbasis am Beispiel von Derinkuyu

Konzept für Außenwand der Mondbasis am Beispiel einer Anaszasi-Ruine

Um sich bis zum massiven Fels nicht durch mehrere Meter Regolith graben zu müssen, empfiehlt es sich, nach einer relativ steilen Felsformation zu suchen, an der loses Gestein keinen Halt findet. Dies hat den weiteren Vorteil, dass ein ebenerdiger Zugang geschaffen werden kann und nicht nach unten in den Mondboden gegraben werden muss. Später können in die Steinwand Fenster eingebaut werden, um für Tageslicht zu sorgen, ähnlich wie dies von den Anaszasi-Indianern im Südwesten der USA schon umgesetzt wurde, nur mit dem Unterschied, dass auf dem Mond die Wände nicht wie im Foto gezeigt gemauert würden, sondern durch das Steinmassiv gebildet.

## Vorteile einer unterirdischen Siedlung

Eine in den Fels gegrabene Anlage bietet zahlreiche Vorteile gegenüber einer unter freiem Himmel errichteten:

**1.** Es muss kein Baumaterial von der Erde herangeschafft werden. Der Fels dient als Boden, Wände und Decken.
**2.** Der Berg über der Siedlung wirkt als natürlicher Strahlenschild und reduziert die Strahlenbelastung der Bewohner. Bereits 40 cm Mondgestein sind ausreichend, um die Strahlenbelastung durch den Sonnenwind auf dem Mond auf das in Deutschland übliche Maß zu reduzieren.
**3.** Verglichen mit den Wänden der ISS-Module sind die Außenwände sehr massiv. Ein Durchschlagen von Mikrometeoriten ist nahezu ausgeschlossen, genauso wie Materialermüdung.
**4.** Die Anlage kann beliebig erweitert werden. Unterirdische Tunnel können über mehrere Kilometer gegraben werden. Bereits die Anlage in Derinkuyu war mit einem 8 km langen Tunnel mit einer anderen verbunden.
**5.** Das bei der Erweiterung der Anlage anfallende Gestein dient als Rohstoff für die Gewinnung von Metallen und Sauerstoff.
**6.** Die Temperaturen unter Tage sind erheblich gemäßigter als an der Oberfläche, sodass weit weniger Aufwand in das Temperaturmanagement investiert werden muss. Der Wärmeverlust einer Mondsiedlung unter der Oberfläche ist extrem schwierig abzuschätzen. Drei Parameter spielen eine Rolle: Die effektive Materialstärke, durch die die Siedlung von der kalten Umwelt getrennt ist, die Temperatur der kalten Umwelt sowie die Leitfähigkeit des Mondgesteins. Messungen an Apollo-11-Proben lassen auf eine sehr geringe Wärmeleitfähigkeit von nur 1 mW/m/K schließen. Irdischer Basalt liegt bei 3,5 W/m/K. Nimmt man diese beiden Werte als Extreme sowie eine Materialstärke von 1 m und eine Umgebungstemperatur von –40 °C, so ergibt sich eine Verlustleistung von 0,2 W bis 630 W pro m² Wohnfläche. Um 1.000 m² zu beheizen, sind entsprechend 200 W bis 630 kW notwendig. Ein 10-MWel-Reaktor kann demnach mit seiner thermischen Abwärme mindestens 31.746 m² Mondsiedlung beheizen.

## Nachteile der unterirdischen Siedlung

Neben den Vorteilen bringt eine unterirdische Anlage auch Nachteile mit sich, die von den Siedler getragen werden müssen:

**1.** Die Anlage muss gegraben werden. Dies erfordert schweres Bergbaugerät und manuelle Arbeit. Dieses Gerät muss von der Erde eingeflogen werden. Zum Betrieb des Gerätes ist Energie erforderlich, die bereitgestellt werden muss.
**2.** Sonnenlicht wird in der Anlage nicht im Überfluss vorhanden sein. Bei oberflächennaher Bauweise kann dies teilweise durch Fenster kompensiert werden. Für tiefer liegende Räume könnte man auch Lichtschächte in Betracht ziehen. Alles in allem ist der Tag-Nacht- Rhythmus dem irdischen nicht sehr ähnlich, weshalb ein künstlich erzeugter Rhythmus vermutlich zu empfehlen ist.

Darüber hinaus gibt es zwei wichtige Punkte, die für unterirdische ebenso wie für Siedlungen unter freiem Himmel von Bedeutung sind.

**Da wäre zum einen Wasser.** Beweise für Wasser auf dem Mond sind dünn, eventuell vorhandene Mengen gering. Der Wasserbedarf pro Person und Tag ist außerdem nicht sehr hoch. Es ist zweifellos besser, das benötigte Wasser von der Erde zu importieren und einen recyclingbasierten Wasserkreislauf zu etablieren, als bei der Standortwahl Abstriche zu machen, nur um über geringe Mengen Wasser zu verfügen. Etwas anders stellt sich die Situation dar, wenn die Erkundung an einem Standort große Mengen Wasser findet, die geeignet sind, es durch Aufspaltung in Sauerstoff und Wasserstoff zur Treibstoffproduktion zu verwenden. Dies wäre ein klares Plus.

**Das letzte große Problem, mit dem sich auch eine in den Fels gegrabene Basis auseinandersetzen muss, ist der Verlust von Atemluft.** Generell sind zwei Arten von Verlust vorstellbar: kontinuierlicher und abrupter Verlust. Letzterer ist eindeutig ein Störfall, bei dem die Außenwand der Siedlung beschädigt wurde oder eine Luftschleuse defekt ist. Beschädigung der Außenwand ist bei dem vorgeschlagenen Konzept unwahrscheinlich. Um die Risiken durch Fehlfunktion von Schleusen einzudämmen, bietet es sich an, die Station durch Schotten in getrennte Sektionen einzuteilen, mit dem Ziel, Luftverlust auf eine Sektion begrenzen zu können. Ein kontinuierlicher Luftverlust wird sich durch die Absorption von Gasen im Mondgestein ergeben sowie durch Diffusion durch das Mondgestein nach außen. Bedingt durch die hohe Wandstärke werden Diffusionsverluste vermutlich gering sein. Bei der Absorption wird sich nach einiger Zeit ein Gleichgewicht einstellen. Die Analysen der Gesteinsproben verschiedener Standortkandidaten werden in diesem Zusammenhang wichtige Daten liefern.

## STANDORTKANDIDATEN

Zwei Standorte werden für eine Mondbasis häufiger diskutiert: die Polregionen und vermutete Lavatunnel bei Mauris Hills im Mare Procellarium. Unter den Polarregionen liegt der Südpol vorne, da in den in ewige Dunkelheit gehüllten Kratern Wasser vermutet wird. Im Rahmen der LCROSS-Mission wurden im Cabeus-Krater Spuren von Wasser identifiziert, während der Chandrayaan-1 wurde im Shakleton-Krater Wasser nachgewiesen. Die Zinnen des Ewigen Lichtes, eine Gebirgskette, die ständig von der Sonne beschienen wird, machen die Polregionen zusätzlich interessant, da auf diese Art die Mondnächte vermieden werden können. Zusätzlich zu Südpol und Mauris Hills bieten sich noch die Region um das Reiner Gamma, ebenfalls im Mare Procellarium, und die Region um Descartes Berg an. Das auffallend starke Magnetfeld über beiden Regionen könnte zukünftige Siedler vor Höhenstrahlung schützen und so eine oberirdische Siedlung begünstigen. Im Folgenden werden die verschiedenen Standorte vorgestellt, Vor- und Nachteile abgewogen.

## SÜDPOL

### Shackleton-Krater

Der Shackleton-Krater misst 21 km im Durchmesser und ist etwa 4,2 km tief. Er liegt nahezu exakt am Südpol, wie das Bild illustriert. Die Rotationsachse des Mondes verläuft durch den Krater.

Ein Rand des 3,6 Mrd. Jahre alten Kraters liegt nahezu immer im Sonnenlicht und erreicht auch im lunaren Winter noch 70 % Sonnenstunden pro Tag, während der andere Rand in ewiger Dunkelheit liegt. Der Krater ist seit langer Zeit ein Kandidat für eine zukünftige Mondbasis, was primär der Vermutung geschuldet ist, in seinem Schatten größere Wasservorräte finden zu können. Neutronenspektroskopische Untersuchungen durch verschiedene Mondorbiter lassen größere Wasservorkommen vermuten, die indische Sonde Chandrayaan-1 hat zumindest geringe Vorkommen bestätigt.

Der Krater verjüngt sich am Boden auf etwa 6,6 km Durchmesser, die Temperatur am Boden beträgt -185 °C, die durchschnittliche Temperatur -183 °C. Flüssiger Sauerstoff (LOX) verdampft bei etwa -183 °C, womit der Schattenbereich des Kraters und im Besonderen der Kraterboden geeignet ist, Sauerstoff zu verflüssigen und auf unbestimmte Zeit als LOX zu lagern. Zusammen mit dem erwartet hohen Aluminiumgehalt der Hochlandregionen wäre daher eine Basis im Shackleton-Krater zur Treibstoffproduktion gut geeignet. Wäre zusätzlich noch Wasser vorhanden, ließe sich die Qualität des Treibstoffs

durch Anreicherung mit Wasserstoff weiter verbessern. Die Basis selbst könnte im oberen Bereich der von der Sonne beleuchteten Kraterseite errichtet und von dort in die Kraterwand gegraben werden. Durch dauerhaft verfügbares Sonnenlicht werden Solarzellen zu einer realistischen Option für die Stromerzeugung.

Wie die Luftaufnahme zeigt, ist der Krater Teil einer größeren Kraterlandschaft. Dies hat auf der einen Seite den Vorteil, die Basis in andere Krater durch Tunnel erweitern zu können, bedingt allerdings den Nachteil einer schwierigeren Erkundung der Region auf dem Landweg. Die größte Erhebung in der Umgebung ist der 5.000 m hohe Malapert, die höchste Erhebung am Rande des Malapert-Kraters. Der Gipfel des Berges ist kontinuierlich in Sonnenschein

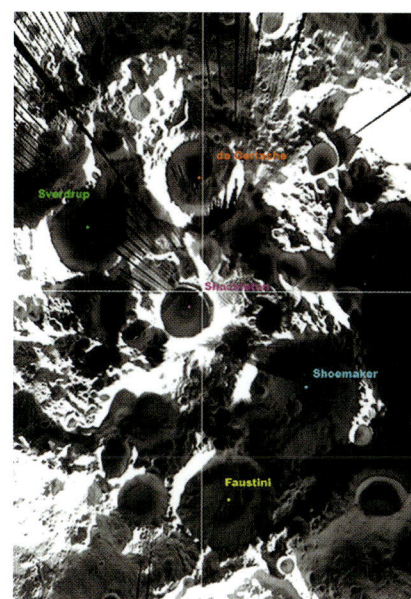

Infrarotaufnahme vom Shackleton-Krater durch Lunar Reconnaissance Orbiter

### Was bietet der Shackleton-Krater?

| Vorteile | | Nachteile | |
|---|---|---|---|
| Chance auf Wasservorkommen | 5 | Raketenstart aus Polregion schwieriger | 3 |
| Dauerhaft Sonnenlicht | 5 | Gebirge kann Landung erschweren | 3 |
| Dauerhaft Schatten | 6 | Erkundung auf dem Landweg schwieriger | 2 |
| Vertikale Felswand | 10 | | |
| Größeres Felsmassiv | 10 | | |
| Ununterbrochene Kommunikation zur Erde | 3 | | |
| **Summe** | **39** | | **8** |

getaucht und permanent von der Erde aus sichtbar. Über eine Relay-Station auf dem Gipfel könnte eine Basis in der Region ununterbrochen mit der Erde kommunizieren. Luftlinie sind es etwa 120 km vom Shackleton-Krater bis zum Malapert.

## Malapert-Krater

Abgesehen von der Chance auf Wasser bietet der Malapert dieselben Möglichkeiten wie der Shackleton-Krater: ewiges Licht, ewigen Schatten. Darüber hinaus kann direkt vom Gipfel des Berges mit der Erde kommuniziert werden. Die Notwendigkeit einer Relay-Station zur Weiterleitung der Funksignale entfällt.

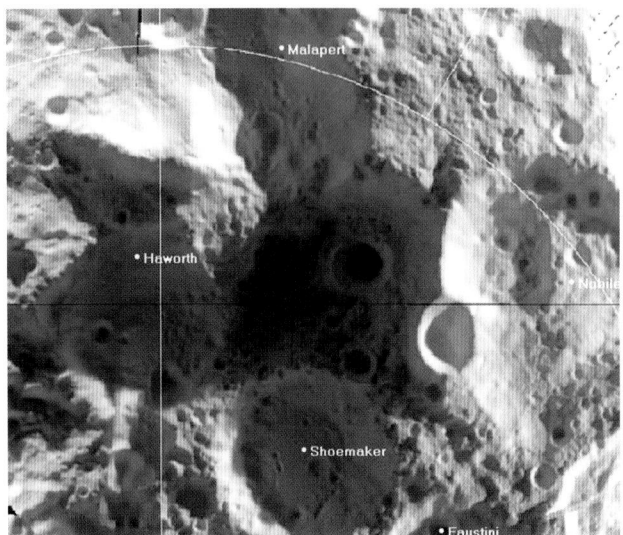

Infrarotaufnahme der Südpolregion um Malapert-Krater

## Das bietet der Berg Malapert (Südpol)

| Vorteile | | Nachteile | |
|---|---|---|---|
| Dauerhaft Sonnenlicht | 6 | Raketenstart aus Polregion schwieriger | 3 |
| Dauerhaft Schatten | 6 | Gebirge kann Landung erschweren | 3 |
| Vertikale Felswand | 10 | Erkundung auf dem Landweg schwieriger | 2 |
| Größeres Felsmassiv | 10 | | |
| Ununterbrochene Kommunikation zur Erde | 5 | | |
| Chance auf Wasservorkommen | 3 | | |
| **Summe** | **40** | | **8** |

Basierend auf der bisherigen Datenlage sind Shackleton-Krater und Malapert etwa gleich attraktiv. Aufgrund des geringen Abstandes zwischen Malapert-Krater und Malapert-Berg ist es möglich, beide mit einer Mondlandung zu erforschen. Sollte sich im Krater nicht das erwartete Wasserstoffvorkommen finden, wäre der Berg eindeutig vorzuziehen.

## Lavaröhren

Die zweite Gruppe von Landeplätzen und Siedlungskandidaten sind Lavaröhren. Bereits im Rahmen des Apollo-Programms landete man in der Nähe einer Rille, die vermutlich auf den Einsturz einer Lavaröhre zurückgeht. In der Zwischenzeit hat man drei Löcher im Mondboden entdeckt, die wahrscheinlich das Ergebnis einer partiell kollabierten Lavaröhre sind. Ein Teil der Decke ist eingestürzt und in die Röhre gefallen, an der Oberfläche erkennbar bleibt eine zumeist runde Öffnung.

**Das Bild zeigt die Orte mit den drei Fundstellen:** Marius Hills Pit (MHP), Mare Tranquilitatis Pit (MTP) und Mare Ingenii Pit (MIP). Die Erste dieser Oberlichten wurde in der Region von Marius Hills entdeckt. Seit ihrer Entdeckung gilt diese Art von geologischen Formationen als guter Kandidat für den Standort einer Mondsiedlung. Im bisher nicht bestätigten Idealfall sind die Gruben eine Öffnung in eine ausgedehnte Lavaröhre. Die naheliegenden Anreize sind: Schutz vor Strahlung sowie Temperaturen, die weniger stark schwanken und möglicherweise sogar bis zu –40 °C betragen.

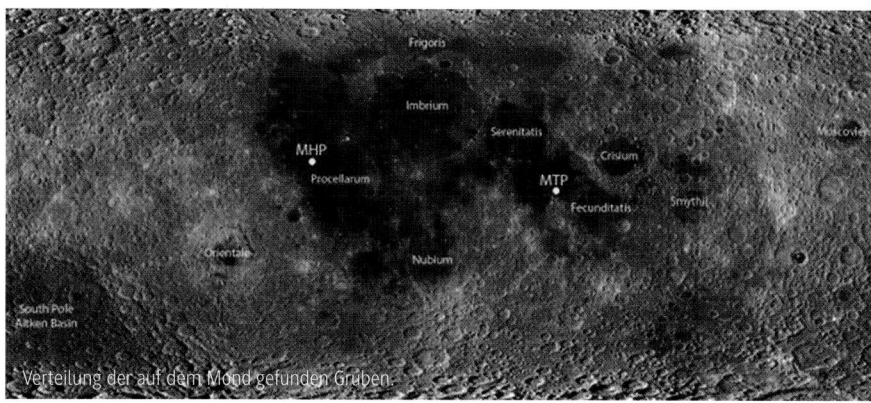

Verteilung der auf dem Mond gefunden Gruben.

All diese Vorteile bietet ein von Menschen in einen Berg gegrabener Bau ebenfalls. Damit kristallisiert sich als eigentlicher Vorteil der Lavaröhren heraus: Es müssen nicht erst Tunnel geschaffen werden. Die Lavaröhren sind vermutlich groß genug, um darin von der Erde mitgebrachte Unterkünfte, z. B. die im vorherigen Kapitel beschriebenen Wohn-Tankmodule, aufzustellen. Eine Landefähre wie der Phönix könnte die Wohn-Tankmodule direkt durch die Öffnung fliegen und auf dem Boden der Grube absetzen, möglicherweise sogar etwas in die Röhre hinein fliegen, um dem Geröll der eingestürzten Decke aus dem Weg zu gehen. Sollte der natürlich vorhandene Platz in der Röhre einmal zur Neige gehen, können immer noch Bergbautechniken zur Erweiterung eingesetzt werden.

Über einen Flaschenzug könnten die Mondbewohner durch die Öffnung an die Oberfläche gelangen. Zu einem späteren Stand der Besiedlung könnte man versuchen, über der

Öffnung ein Zelt zu errichten und die Lavaröhre auf diese Art wieder zu verschließen. Im Idealfall gibt es ansonsten keine unbekannten Öffnungen in der Röhre, womit diese jetzt mit atembarer Atmosphäre gefüllt werden kann – soweit die Theorie. In der Praxis wird dies jedoch auf sehr lange Sicht undurchführbar sein. Eine nur 1 km lange Lavaröhre von etwa 60 m Durchmesser benötigt bereits über 3.000 t Luft, um gefüllt zu werden. Bei den angenommenen Längen von bis zu einigen Hundert Kilometern ist vollkommen unvorstellbar, wie die benötigte Menge Luft von der Erde angeliefert werden kann. Zu Zwecken des Bergbaus könnte man von der Röhre ausgehend schräge Tunnel zur Oberfläche bohren, sodass Regolith von der Oberfläche in die Röhre rutscht, wo er dann zu Metall, Sauerstoff und Treibstoff verarbeitet werden könnte.

Eine Bodenmission zu den Gruben hätte folgende Aufgaben:

- Vermessung der Öffnungsgeometrie, um besser simulieren zu können, ob ein Durchflug mit dem Phönix möglich ist.

- Inspizieren des Grubenrandes, um die Gefahr von herunterfallendem Material besser einschätzen zu können.

- Abstieg in die Grube und Entnahme verschiedener Gesteinsproben, um den Schichtaufbau des Deckenmaterials und die Geschichte des Mondes besser zu verstehen.

- Überprüfung, ob es eine Lavaröhre gibt und falls vorhanden.

- Vermessung der Röhre auf etwa 1 km in beide Richtungen,

- Entnahme von Gesteinsproben, besonders von den Wänden im untersuchten Abschnitt,

- Erkunden der Lavaröhre soweit möglich.

## DIE GRUBEN IN DER ÜBERSICHT SIND:

### Marius Hills
Marius Hills ist die Mondregion mit der höchsten Konzentration an Merkmalen vulkanischer Aktivität. Die Grube selbst ist etwa 34 m tief und hat einen Durchmesser von ca. 65 m auf 90 m. Anhand des Lochdurchmessers lässt sich die Untergrenze für den Durchmesser der Lavaröhre auf ebenfalls 65 m angeben. Der Umstand, dass man nur 34 m tief in die Grube sehen kann, liegt vermutlich an in die Grube gestürztem Deckengestein. Aufnahmen aus verschiedenen Perspektiven bestätigen einen Überhang – eine gute Indikation für eine weiter laufende Lavaröhre.

### Was bietet die Marius-Hills-Grube (14,091 °N; 303,223 °O)

| Vorteile | | Nachteile | |
|---|---|---|---|
| Natürlicher Unterschlupf | 8 | Aufzug zur Oberfläche nötig | 1 |
| Chance auf Wasser | 1 | Starts und Landung gefährlich | 3 |
| Dauerhaft Schatten | 4 | Erschwerte Reaktoraufstellung | 4 |
| Vertikale Felswand | 10 | | |
| Größeres Felsmassiv | 10 | | |
| Summe | 33 | | 8 |

Die Wahrscheinlichkeit dafür, mit der Marius-Hills-Grube ein Oberlicht in eine Lavaröhre gefunden zu haben, erhöht sich weiter durch die in der Gegend erkennbaren Rillen – Überreste vermutlich eingestürzte Lavaröhren – sowie die zahlreichen anderen Anzeichen vulkanischer Aktivität in der Region.

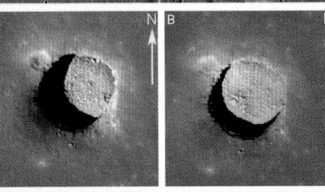
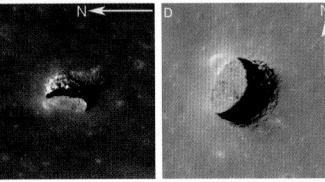

Marius-Hills-Grube

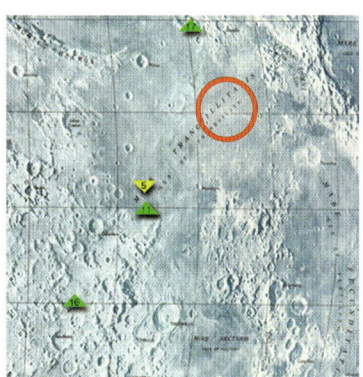

Mare Tranquillitatis mit Apollo 11, 16 und 17 sowie Surveyor 5 Landestellen und MTP

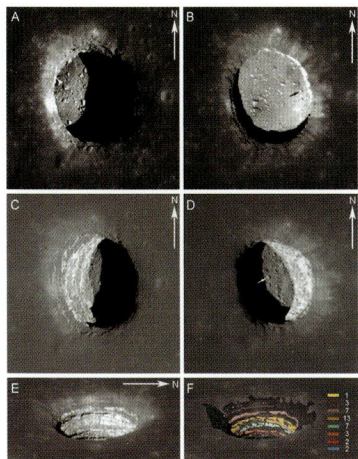

Mare-Tranquillitatis-Grube

## Mare Tranquillitatis

Mare Tranquilitatis, das Meer der Ruhe, ist ein mit Basalt gefülltes Mondmeer, das aufgrund seiner hohen Metallkonzentration einen blauen Schimmer hat. Mare Tranquillitatis war das Ziel von drei bemannten Mondlandungen: Apollo 11, Apollo 16 und Apollo 17. Bereits 1965 wurde die Raumsonde Ranger 8 im Meer der Ruhe zum Absturz gebracht, ehe 1967 die unbemannte Raumsonde Surveyor 5 nahe des späteren Apollo-11-Landeplatzes aufsetzte. In der Übersicht der Landungen ist die Lage der Grube rot umkreist. Die Apollo-11-Landestelle ist etwa 300 km von der Grube entfernt, Apollo 17 etwa 200 km. Von Apollo 11 nach Apollo 16 sind es nochmals etwa 400 km. Sowohl Apollo 11 als auch Apollo 17 liegen in Reichweite einer vollbetankten Phönix-Landefähre. Eine Mondbasis am Mare Tranquillitatis Pit (MTP) könnte also Touristen zu den beiden Landepunkten bringen.

Theoretisch ebenfalls vorstellbar ist es, das noch an der damaligen Landestelle stehende Apollo-17-Mondauto mit dem Phönix abzuholen. Das Leichtgewicht mit nur 210 kg ist den Treibstoffverbrauch von mehreren Tonnen jedoch nicht wert. Die Grube und damit eine mögliche Lavaröhre misst etwa 80 m im Durchmes-

Mare-Tranquillitatis-Grube

## Das bietet die Mare-Tranquillitatis-Grube (8,335 °N; 33,222 °O)

| Vorteile | | Nachteile | |
|---|---|---|---|
| Natürliches Magnetfeld | 8 | Aufzug zur Oberfläche nötig | 1 |
| Nahe an Apollo Landeplätzen | 4 | Funkverbindung benötigt mehrere Relays | 3 |
| Bereits erforschte Region | 3 | Erschwerte Reaktoraufstellung | 4 |
| Höhere Metalldichte | 3 | | |
| Chance auf Wasser | 1 | | |
| Dauerhaft Schatten | 4 | | |
| Vertikale Felswand | 10 | | |
| Größeres Felsmassiv | 10 | | |
| **Summe** | **43** | | **8** |

Durch Aufnahmen des Lunar Reconnaissance Orbiter (LRO) aus verschiedenen Winkeln ist man sich auch hier sicher, dass es einen Überhang gibt. Ob der Überhang das Ergebnis einer kollabierten Magmakammer oder einer kollabierten Lavaröhre ist, kann nur durch Aufklärung vor Ort herausgefunden werden.

### Mare Ingenii

Die Grube im Mare Ingenii, dem Meer der Begabung, befindet sich auf der erdabgewandten Seite des Mondes. Für die Funkverbindung sind daher nicht nur mehrere Relays notwendig, um aus dem Tunnel heraus zu funken, sondern auch ein Satellit im Mondorbit, was die Kommunikation mit der Erde erschwert.

Die gezeigten LRO-Aufnahmen der Grube sind 150 m breit. Damit lassen sich die Dimensionen der Grube zu etwa 40 m auf 70 m bestimmen. Schattenanalysen haben für die Grube eine Tiefe von 70 m ergeben sowie eine Mindestbreite am Boden von 120 m.

**Das bietet die Mare-Ingenii-Grube (35,950 °N; 166,057 °O)**

| Vorteile | | Nachteile | |
|---|---|---|---|
| Natürlicher Unterschlupf | 8 | Aufzug zur Oberfläche nötig | 1 |
| Nahe an Apollo Landeplätzen | 4 | Starts und Landund gefährlich | 3 |
| Bereits erforschte Region | 3 | Satellit für Funkverbindung erforderlich | 5 |
| Höhere Metalldichte | 3 | Funkverbindung über mehrere Relays | 3 |
| Chance auf Wasser | 1 | Erschwerte Reaktoraufstellung | 4 |
| Dauerhaft Schatten | 4 | | |
| Vertikale Felswand | 10 | | |
| Größeres Felsmassiv | 10 | | |
| **Summe** | **43** | | **16** |

Mare-Ingenii-Grube

## FAZIT

Von den drei bekannten Gruben ist Mare Tranquillitatis Pit am attraktivsten. Die große regelmäßige Öffnung kombiniert mit dem zumindest teilweise ebenen Boden ermöglicht eine sichere Landung mit dem Phönix. Die Notwendigkeit eines Abstiegs

der Crew auf den Boden der Grube könnte entfallen, wenn man auf Gesteinsproben einer möglichen Tunneldecke verzichten kann. Für eine spätere Basis ist es auf jeden Fall ein Vorteil, sie direkt anfliegen zu können.

## ORTE MIT HOHEM MAGNETFELD

Die dritte Kategorie an möglichen Landeplätzen bilden Orte hohen Magnetfeldes. Hohes Magnetfeld bedeutet im Zusammenhang mit dem Mond Feldstärken von 15 nT (nT = Nanotesla = ein milliardstel Tesla) bis 42 nT, während auf der Erde 25.000 nT bis 65.000 nT vorliegen. Die vergleichsweise geringen Feldstärken reichen jedoch bereits aus, um hochenergetische Teilchen niedriger Masse wie Elektronen und Positronen abzulenken. Dadurch reduziert sich die Strahlenbelastung an diesen Orten, was in einer hellen Färbung der Mondoberfläche zu erkennen ist, da die Verwitterung durch den Sonnenwind ausbleibt. Akzeptable Strahlenbelastung ist eine Voraussetzung für eine Basis an der Mondoberfläche.

### Reiner Gamma

Die auffälligste und bekannteste Region mit hohem Magnetfeld ist das Reiner Gamma. Es liegt etwa 300 km süd-südwestlich von der Marius-Hills-Grube.

Der nächste Hauptkrater ist Reiner-Krater, etwa 200 km östlich des Gammas. Inmitten der Struktur ungewöhnlicher Helligkeit liegt der Nebenkrater Reiner M. Reiner misst 29 km im Durchmesser, Reiner M 3 km. Neuere Untersuchungen der Reiner-Region

## Das bietet Reiner Gamma (7°30′ N; 59° 0′ W)

| Vorteile | | Nachteile | |
|---|---|---|---|
| Natürliches Magnetfeld | 4 | | |
| Chance auf Wasser | 1 | | |
| Vertikale Felswand | 10 | - Keine Nachteile - | |
| Größeres Felsmassiv | 5 | | |
| **Summe** | **20** | | |

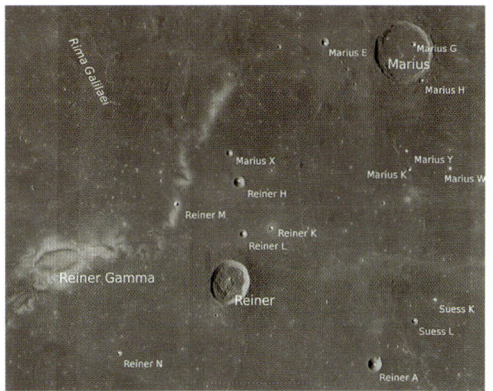

Region um Reiner Gamma

haben das Magnetfeld in 28 km Höhe auf 15 nT bestimmt.

Es wird davon ausgegangen, dass die Region im Umkreis von etwa 150 km bis 190 km um das Gamma vor kosmischer Strahlung geschützt ist. Diese Annahmen sind durch Messung von Magnetfeld und Strahlendosis auf Bodenniveau zu überprüfen.

Wegen seiner vergleichsweise flachen Struktur bietet das Gamma selbst keinen geeigneten Siedlungsplatz. Die Wände von nahe gelegenen Kratern können jedoch zur Errichtung einer Mondbasis verwendet werden. Die beiden bereits erwähnten Krater sind dabei besonders interessant. Der Hauptkrater hat eine für den Stationsbau sehr ansprechende Größe und bietet auch ausreichend Platz für ein Stationswachstum. Allerdings ist er mit 200 km grenzwertig weit vom Gamma entfernt und profitiert eventuell nicht vom Magnetfeld. Der Nebenkrater ist nach bisherigem Stand der Forschung innerhalb des Magnetfeldes. Seine Größe ist vermutlich ausreichend für eine Siedlung, könnte allerdings für industrielle Nutzung und Bergbau nicht groß genug sein.

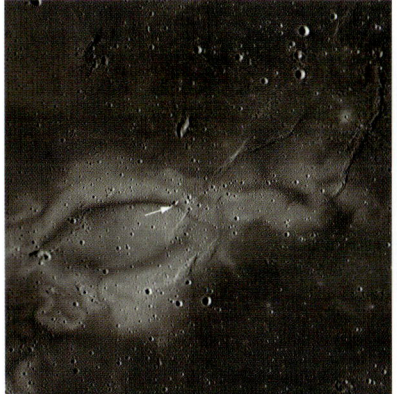

Luftaufnahme vom Reiner Gamma

### Descartes-Berge

Die Descartes-Berge liegen zwischen dem Descartes-Krater im Süden und der Apollo-16- Landestelle im Norden. Vom Zentrum des Gebirges bis zum Apollo-16-Gebiet sind es nur etwa 50 km Luftlinie. Die Descartes-Region liegt damit so nah wie keine andere an einem bereits durch eine Bodenmission erforschten Gebiet.

### Das bieten die Descartes-Berge (11,7° S; 15,7° O)

| Vorteile | | Nachteile | |
|---|---|---|---|
| Natürliches Magnetfeld | 4 | | |
| Bereits erkundetes Gebiet | 3 | | |
| Nahe an Apollo Landeplätzen | 4 | - Keine Nachteile - | |
| Chance auf Wasser | 1 | | |
| Vertikale Felswand | 10 | | |
| Größeres Felsmassiv | 10 | | |
| **Summe** | **32** | | |

Genau wie das Reiner Gamma hat auch diese Region eine ungewöhnlich helle Oberfläche. Der auffällige Bereich ist im linken Bild eingekreist. Auch hier geht die helle Farbe auf ein ungewöhnlich starkes Magnetfeld zurück. Stärker noch als das Reiner-Gamma-Feld wurde das Descartes-Magnetfeld auf 42 nT in 18,6 km Höhe bestimmt. Während das irdische Magnetfeld mit der Höhe wenig variiert, kann dies auf dem Mond – aufgrund des unterschiedlichen Entstehungsmechanismus – anders sein. Eine Messung auf Bodenhöhe kann abschließend Auskunft geben.

Die Descartes-Region an sich ist ein Gebirge, bietet allerdings durch die Krater Dollond E und Descartes C Vertiefungen, deren Wände die für einen Siedlungsbau gewünschte Vertikalität bieten. Wie beim Reiner Gamma sind die beiden Nebenkrater, die mit großer Wahrscheinlichkeit vom Magnetfeld geschützt werden, nicht sehr groß; auch hier nur zwischen 3 km und 4 km im Durchmesser. Anders als beim Reiner Gamma ist die Einschränkung hier nicht so limitierend, da eine Erweiterung der Basis in das Descartes- Gebirge hinein aussichtsreich erscheint. Trotzdem sollte eine Erkundungsmission der Region prüfen, ob nicht auch der Dollond-Hauptkrater innerhalb des Magnetfeldes liegt.

Von den beiden Nebenkratern ist Dollond E wegen der geringeren Entfernung zum Apollo-16-Landeplatz die erste Wahl.

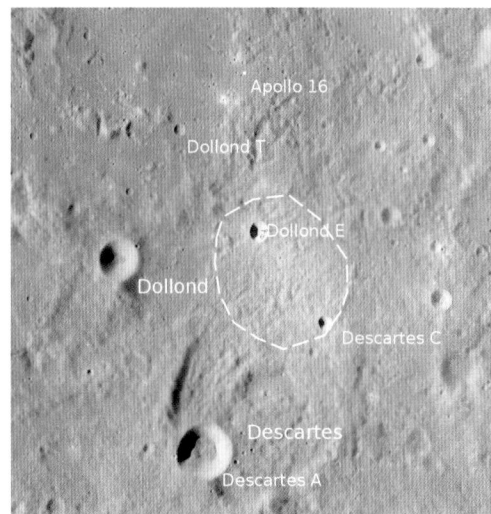

Übersicht Descartes-Region

Das Bild zeigt eine Aufnahme von Dollond E beim Überflug des Apollo-Landemoduls. Das Foto erlaubt es, zahlreiche Details des Kraters auszumachen. Soweit zu erkennen, spricht nichts gegen eine Landung oder Besiedlung des Kraters. Für eine spätere Besiedlung ebenfalls interessant können die beiden größeren und die vielen kleineren Satellitenkrater von Dollond E sein. Die beiden größeren sind etwa 1.000 m bis 2000 m vom Kraterrand entfernt und messen vermutlich 100 m bis 200 m im Durchmesser. Es ist vorstellbar, in der Zukunft kleinere Krater wie diese mit einer Kuppel zu versehen.

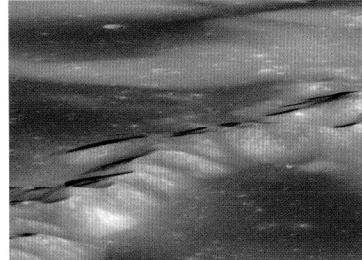 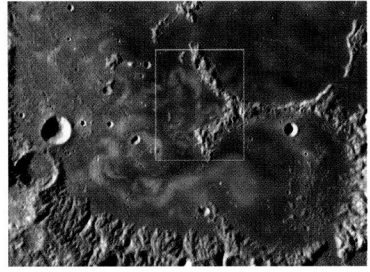

Übersicht Mare Ingenii

Dollond E fotografiert beim Überflug des Apollo Landemoduls

## Mare Ingenii

Die dritte hier vorgestellte Region mit auffällig heller Färbung, die vermutlich auf ein lokales Magnetfeld zurückgeht, ist wieder Mare Ingenii.

Das Bild oben links zeigt eine Vergrößerung des rechts markierten Bereichs. Wie auf dem rechten Bild zu erkennen ist, befinden sich die für die Präsenz eines Magnetfeldes typischen Kräusel auch in unmittelbarer Nachbarschaft zur Mare-Ingenii-Grube. Die Region um die Grube vereint damit die Vorteile von zwei Regionen: Grube und Magnetfeld. Entsprechend verändert sich die Bewertung:

### Das bietet die Mare-Ingenii-Grube (35,950 °N; 166,057 °O)

| Vorteile | | Nachteile | |
|---|---|---|---|
| Natürlicher Unterschlupf | 8 | Aufzug zur Oberfläche nötig | 1 |
| Nahe an Apollo Landeplätzen | 4 | Starts und Landund gefährlich | 3 |
| Bereits erforschte Region | 3 | Satellit für Funkverbindung erforderlich | 5 |
| Höhere Metalldichte | 3 | Funkverbindung über mehrere Relays | 3 |
| Chance auf Wasser | 1 | Erschwerte Reaktoraufstellung | 4 |
| Dauerhaft Schatten | 4 | | |
| Vertikale Felswand | 10 | | |
| Größeres Felsmassiv | 10 | | |
| Natürliches Magnetfeld | 4 | | |
| **Summe** | **47** | | **16** |

Bei der Gegenüberstellung der einzelnen Wertungen zeigt sich:

## Der beste Standort

| Standort | Vorteile | Nachteile | Summe |
|---|---|---|---|
| Mare-Tranquillitatis-Grube | 43 | 8 | 35 |
| Malapert | 40 | 8 | 32 |
| Descartes-Berge | 32 | 0 | 32 |
| Mare-Ingenii-Grube | 47 | 16 | 31 |
| Shackleton-Krater | 39 | 8 | 31 |
| Marius-Hills-Grube | 33 | 8 | 25 |
| Reiner Gamma | 20 | 0 | 20 |

Abgesehen von der Marius-Hills-Grube und dem Reiner Gamma erscheinen alle Standorte nahezu gleichwertig, mit der Mare-Tranquillitatis-Grube leicht vorne. Die Bewertung liefert allerdings nur Anhaltspunkte, da noch keine Bodenmissionen an diesen Orten unternommen wurden.

# AUFGABEN DER ASTRONAUTEN VOR ORT

Entsprechend dem höheren Ziel der Gründung einer Mondbasis sind die Astronauten primär auf Standortsuche. Besonderheiten der einzelnen Orte wurden schon bei deren Beschreibung erklärt. Da für den idealen Standort die Beschaffenheit des Gesteins ausschlaggebend ist, sollte mindestens einer der Astronauten ein erfahrener Geologe sein, der mit den Besonderheiten des Mondgesteins vertraut ist. Primärziel des Geologen ist es, den perfekten Berg zu finden, um darin eine Basis zu errichten. Ist ein Kandidat identifiziert, wird eine Probe zur weiteren Analyse genommen. Die Proben sollen tief gebohrt werden, um ein aussagekräftiges Ergebnis zu erhalten. Durch Rückführung von Bodenproben auf die Erde wird untersucht, inwieweit Luft in den Fels diffundiert. Dies wird maßgeblich bestimmen, wie hoch der Aufwand für die Aufrechterhaltung einer atembaren Atmosphäre ist. Außerdem sollte untersucht werden, ob von dem Gestein Gefahr durch Ausdampfen möglicherweise giftiger Gase zu erwarten ist. Darüber hinaus kann die genaue Zusammensetzung untersucht werden. Die Metallinhalte am Siedlungsort werden mitentscheidend sein, welches davon als Erstes abgebaut wird.

Sind an einem Landeplatz eine oder mehrere geeignete Stellen identifiziert, wird damit begonnen, das Gestein zu bearbeiten, als wolle man einen Tunnel graben. Dies dient zwei Zwecken: Zum Ersten wird praktische Erfahrung mit dem Gestein gesammelt, die man von einer Bodenprobe nicht in gleichem Umfang erhalten kann. Zum Zweiten wird das entsprechende Werkzeug unter lunaren Bedingungen getestet. Auf diese Art wird das Risiko minimiert, dass es in der nächsten Phase versagt, wenn die Siedler es benötigen.

Ausrüstung, die für die Erkundungsmission praktisch wäre:

Bohrhammer, um erste Tunnelbauversuche zu ermöglichen

Steinsäge, ebenfalls zum Tunnelbau

Kernbohrer, um tiefe Proben zu nehmen und die Bohrmaschine zu testen

Fliegende Kamera für bodennahe Luft- und Panorama-Aufnahmen

Das zweite Hauptaugenmerk bei der Standortprüfung gilt Wasser. Obwohl für die hier vorgestellte Mondsiedlung nicht zwingend erforderlich, ist sein Vorkommen ein großes Plus. Sofern das Bodeneis nicht mit bloßem Auge zu erkennen ist, müssen auch hierfür Bodenproben genommen werden. Die Untersuchung auf Wasser sollte bereits vor Ort durchgeführt werden, um eine Kontamination auf dem Rückweg zu vermeiden.

Wurden geeignete Stellen für eine Basis identifiziert, wird der Landeplatz gründlich vermessen. Mit den Daten soll eine Simulation der Umgebung erstellt werden, die für die Stationsplanung herangezogen werden kann.

Zur Erkundung der Gruben soll neben einem Geologen auch ein erfahrener Höhlenforscher im Team sein. Die Bodenmissionen sind für mehrere Tage oder Wochen auszulegen, um den Astronauten die Gelegenheit zu geben, die Region gründlich und weiträumig zu erkunden. Idealerweise hat der Phönix Treibstoffreserven, um die Astronauten auch noch etwas umherfliegen zu können. Durch mehrere derartige Manöver kann das erkundete Gebiet vergrößert werden.

## Neuentwicklung:
## FLIEGENDE KAMERA

Bei der Fliegenden Kamera handelt es sich um ein Gerät mit der Form und Größe eines Tennisballs. Die äußere Hülle ist Schock absorbierend, damit das Gerät, zumindest auf dem Mond, mehrere Hundert oder Tausend Meter tief fallen kann. Verteilt über die Oberfläche befinden sich zahlreiche Kameralinsen, die es der Fliegenden Kamera ermöglichen, gleichzeitig in alle Raumrichtungen zu sehen. Die aufgenommenen Bilder werden auf einem internen Speicher abgelegt. Versorgt wird das Gerät von einer kleinen Batterie.

Beschleunigt man die Kamera über einen bestimmten Wert, beginnt sie mit der Aufnahme und filmt, bis sie wieder zur Ruhe kommt. Astronauten können die Kamera mit einer Art Druckluftpistole gen Himmel schießen. Die Kamera filmt während des gesamten Auf- und Abstieges die Umgebung. Zurück am Boden wird sie von den Astronauten geborgen und ausgelesen. Mithilfe der Fliegenden Kamera können Astronauten Aufnahmen aus der Vogelperspektive oder von anderen, schwer zugänglichen Orten machen, die ihnen ansonsten verwehrt blieben.

# KOLONIEBEDARF

In der Gründungsphase wird eine Mondkolonie etabliert und ausgebaut mit dem Ziel, die größtmögliche Unabhängigkeit von der Erde herzustellen. In diesem Kapitel wird der Bedarf der autarken Mondkolonie ermittelt, um in den anschließenden Kapiteln zu zeigen, inwieweit dieser Bedarf aus eigener Kraft zu decken ist und was dafür getan werden muss.

Das A und O beim Aufbau einer Mondkolonie ist Energie. Elektrischer Strom, als die flexibelste Form, muss im Überfluss verfügbar sein. Verfügbarkeit von Strom wird das Wachstum der Kolonie und ihre Größe limitieren. Nahezu genauso wichtig sind Wasser, Sauerstoff und Stickstoff. Es wird später noch deutlicher, warum Energie wichtiger ist als die zum Überleben der Kolonisten lebenswichtigen Elemente. Knapp dahinter folgen Pflanzen, $CO_2$ und Werkzeuge. Über allem steht, was wirklich eine Kolonie ausmacht: der Mensch.

**Newspaper**

Pioniere gesucht – Wer macht aus dem Mond ein Zuhause?

Ein Reise zum Mond!

## MENSCHEN

Eine Kolonie ist nur so gut wie die Menschen, die sie bauen. Es ist der Mensch, der ihr Leben einhaucht, aus der trostlosesten und kargen Mondlandschaft ein Zuhause macht. Einen Ort, an dem eine neue Generation geboren werden und aufwachsen kann. Einen Ort, an dem man sein möchte und nicht einen Ort, an dem man sein muss. Entsprechend sollten die ersten Siedler nicht nur nach ihren Fähigkeiten ausgewählt werden, sondern auch den Wunsch haben, auf dem Mond zu leben, um dort etwas Neues zu erschaffen – der Tradition europäischer und indonesischer Siedler folgend, die über den Ozean reisten, um auf fremden Kontinenten neue Kolonien zu gründen. Dieser Pioniergeist muss das erste irdische Exportgut zum Mond sein. Frauen und Männer, die bereit sind, Mühsal und Beschwernis zu ertragen, die mit Leidenschaft daran arbeiten, einen besseren Mond für sich und ihre Kinder zu erschaffen. Nur Hingabe, Leidenschaft, Herzblut und Blut können aus dem Mond eine Kolonie machen. Ohne dies wird es nur eine Basis.

Wo Menschen sind, ist auch der Sicherheitsgedanke. Ein Menschenleben steht über allem und ist das höchste Gut. In der Vorbereitung und Ausführung der Besiedlung wird daher alles getan, um die Siedler vor den Gefahren des Mondes zu schützen: Strahlung und Vakuum. Alle anderen Gefahren gibt es auch auf der Erde und es muss jedem der Pioniere erlaubt sein, über die Risiken, die er für sich selbst in Kauf nimmt, auch selbst zu entscheiden. Denn es gibt einen Grund, warum das Leben eines Menschen das höchste Gut ist: freier Wille. Den Pionieren auf dem Mond muss breiter Handlungsspielraum gelassen werden, solange die Kolonie oder das Leben anderer nicht gefährdet ist. Wer jedes Risiko scheut, vergibt auch alle Chancen. Um bei der Besiedlung einer Umgebung so lebensfeindlich wie der Mond eine Chance zu haben, muss man Risiken eingehen. Manche Risiken werden unterschätzt werden. Es wird Verletzte und es wird Tote geben. Und wir werden lernen, dies zu akzeptieren.

**Wer etwas bauen möchte, der braucht Handwerker. Entsprechend werden auch beim Bau der Mondkolonie in erster Linie Handwerker benötigt.** Da die Basis in ein Gesteinsmassiv gebaut werden soll, hat das Anlegen von unterirdischen Tunneln und das Schaffen von Räumen oberste Priorität. Die Handwerker, die das am besten beherrschen, werden im folgenden Abschnitt vorgestellt.

### Bergleute

Die ersten Siedler auf dem Mond sollten Bergleute sein. Erfahrene Bergleute, die vorzugsweise in einem Bergwerk auf der Erde gearbeitet haben, das dem Berg, der auf dem Mond bearbeitet werden soll, von der Gesteinsart her ähnlich ist. Auf den ersten Blick erscheint die Wahl von Bergleuten als erste Siedler ungewöhnlich. Bei genauerer Betrachtung wird allerdings klar, dass es mehr als einen Grund

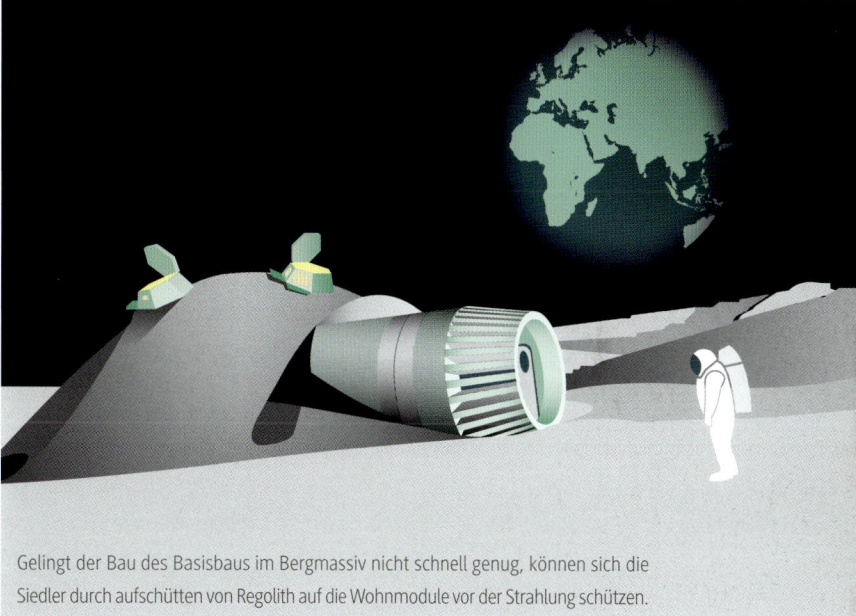

Gelingt der Bau des Basisbaus im Bergmassiv nicht schnell genug, können sich die Siedler durch aufschütten von Regolith auf die Wohnmodule vor der Strahlung schützen.

gibt, sich für Bergleute zu entscheiden. Der Bergbau ist eine der ältesten Errungenschaften der Menschen. Viele der ersten Kulturen haben ihre Siedlungen und Bauwerke in Berge gebaut. Auf dem Mond wird für die Basis das gleiche Konzept verfolgt. Bergmänner als Experten für den Bergbau sind daher die logische Wahl.

Darüber hinaus bringen Bergmänner noch zahlreiche weitere Charakterzüge mit, die für den Erfolg der Mondbesiedlung unabdingbar sind: Teamgeist, Aufopferungsbereitschaft und Leidensfähigkeit. Untertage-Bergbau ist einer der gefährlichsten Arbeitsplätze der Welt. Allein in China sterben pro Jahr etwa 6000 Bergleute an ihrem Arbeitsplatz – das sind mehr tödliche Unfälle pro Jahr als in 50 Jahren Raumfahrt zusammen. Bergleute sind es also gewohnt, in einem Umfeld zu arbeiten, das potenziell tödlich ist.

Hinzu kommt, dass Bergbau harte körperliche Arbeit ist. Es darf angezweifelt werden, dass Astronauten die Ausdauer und die Leidensfähigkeit mitbringen, die erforderlich sind, um Stollen um Stollen voranzutreiben. Bergleute sind dies gewohnt. Die meisten werden die Arbeitsbedingungen auf dem Mond als ausgesprochen angenehm empfinden – immerhin wiegt dort alles nur ein Sechstel verglichen mit der Erde. Weiter bringt es die Arbeit untertage mit sich, vom Sonnenlicht abgeschnitten zu sein. Bergleute werden daher nur geringe Probleme haben, auch auf dem Mond untertage zu arbeiten. Auch die Mondnächte sollten für einen Bergmann leichter zu ertragen sein.

Um die Gefahren ihres Berufes wissend, haben Bergleute ein hohes Verantwortungsgefühl für ihre „Kumpel" entwickelt. **Bergleute passen wie nur wenige andere Berufsgruppen auf ihre Kollegen auf und fühlen sich für deren Leben mitverantwortlich.** Genau diesen Teamgeist benötigt auch eine Mondkolonie, die sich auf nicht weniger gefährlichem Terrain befindet.

Zu guter Letzt sorgen Handwerker im Allgemeinen und Bergleute im Besonderen für eine Diversifizierung des Bildungshintergrundes. Während Astronauten meistens einen akademischen bzw.

militärischen Bildungsweg hinter sich haben und eher zur Berufsgruppe mit hohem Einkommen zählen, stammen Bergleute aus einer anderen sozialen Schicht. Auch hier zeigt sich: Was auf den ersten Blick als Nachteil wahrgenommen wird, ist in Wahrheit eine Bereicherung. Zurzeit ist die Raumfahrt eine elitäre, überwiegend akademische Aufgabe mit dem Ziel, den menschlichen Horizont zu erweitern. Für die meisten Menschen ist dies zu weit vom realen Leben entfernt, sodass sie mit der Raumfahrt nichts anzufangen wissen. **Bergleute verkörpern das Bodenständige und geben damit der Raumfahrt etwas, das sie nicht hat.** Was sich aus Marketingsicht als Vorteil erweisen mag, um die Raumfahrt in der Bevölkerung populärer zu machen, hat für die Teamdynamik der Mondsiedler noch erheblich positivere Auswirkungen. Handwerker bereichern jedes Team mit einer bodenständigen Denkweise, wirken dem in Akademikerkreisen verbreitetem Problem des **„Overthinking"** – dem Verkomplizieren eines Problems, in dem man zu lange darüber nachdenkt – entgegen. Vor allem aber sind Handwerker eher Leute der Tat. Nur durch Taten geht wirklich etwas voran.

Die Unterschiede im sozialen und Bildungshintergrund haben außerdem zur Folge, dass für Bergleute, aber auch für andere Handwerkergruppen, andere Werte und Dinge wichtig sind, als dies bei Astronauten oder Akademikern der Fall ist. Gerade diese Unterschiede machen die Menschheit aus und sollten auch zum Mond exportiert werden.

## Astronauten

Unterstützt werden die Bergleute von Astronauten, die sich mit den Aspekten der Raumfahrt auskennen. **Die Astronauten** sollten in Fragen der Elektronik und Elektrik geschult sein und alle mitgebrachte Ausrüstung warten, reparieren und in Betrieb nehmen können. Sie werden sich um die Kommunikation mit der Erde kümmern, Installation, Wartung und Betrieb von Luftschleusen und Lebenserhaltungssystemen übernehmen und einen sicheren Betrieb der Station gewährleisten. Mit anderen Worten: Die Astronauten beschützen die Bergleute vor den Gefahren des Mondes.

Darüber hinaus werden Astronauten für Außenmissionen zuständig sein, die Umgebung erkunden, wissenschaftliche Experimente ausführen und betreuen. Den Astronauten obliegen außerdem die Führung der Mission und die damit verbundenen Verwaltungsaufgaben.

Astronaut Chris Cassidy.

## Mediziner

Die Verantwortung für das leibliche Wohl und die Gesundheit der Siedler wird einem Arzt übertragen. Für seine primäre Aufgabe – Nothilfe zu leisten – wird er hoffentlich nie benötigt. Es bietet sich daher an, den Zuständigkeitsbereich um die Verantwortung für Lebensmittelvorräte, Trinkwasserqualität, Luftqualität sowie das Durchführen und Betreuen von wissenschaftlichen Experimenten zu erweitern. Da ein wichtiger Lernaspekt der Mondbasis die humanmedizinischen Auswirkungen der **Niedriggravitation** sind, sollte dem Mediziner nicht langweilig werden. Der Mediziner sollte über eine solide Berufserfahrung vorzugsweise in der Notaufnahme und Allgemeinmedizin verfügen und in der Lage sein, kleinere chirurgische Eingriffe selbst vorzunehmen. Für den Anfang reicht ein Mediziner, später sollten es mindestens zwei sein, damit auch mal ein Mediziner krank werden kann.

## Geologe

Wie schon bei den Erkundungsmissionen ist ein Geologe auch bei der Besiedlung ein wichtiger Bestandteil des Teams. Fortwährend analysiert er das von den Bergleuten abgebaute Gestein auf seine Zusammensetzung und beeinflusst maßgeblich, in welche Richtungen weiter gegraben werden soll. Er stellt sicher, dass die Tragkraft des Gesteins stets ausreichend ist und sorgt für ausreichenden Abstand zu den Außenwänden des Berges.

## Kraftwerksingenieur

Der Kraftwerksingenieur betreut bzw. betreibt das Kern- oder Solarkraftwerk. Er stellt die kontinuierliche Energieversorgung der Basis und den fehlerfreien Betrieb des Kraftwerks sicher.

## Weitere Handwerker

Sind einmal die ersten Wohnräume geschaffen, werden weitere Handwerker benötigt. Steinmetze können aus dem Mondgestein Mauersteine fertigen, die von Maurern zur Errichtung von Wänden, Abstützungen oder sogar Gebäuden im Freien verwendet werden können. Installateure verlegen elektrische und sanitäre Leitungen, falls die Aufgabe nicht auch von Astronauten übernommen werden kann.

Mit Beginn der Produktion von Gütern auf dem Mond werden noch weitere Fachkräfte benötigt. Diese werden im Zusammenhang mit der Beschreibung der vierten Welle an entsprechender Stelle im Buch erwähnt.

## ENERGIE

Für die Energieversorgung des Mondes gibt es zwei Lösungen: Solarenergie oder Kernkraft. Weltraumtaugliche Solarzellen sind frei auf dem Markt erhältlich. Die Energiedichte bei den zurzeit besten verfügbaren Produkten liegt bei etwa 14 W/kg bzw. 175 W/m². In der ersten Ausbaustufe sollten 1 MW Leistung rund um die Uhr verfügbar sein, um Lebenserhaltung und Bergbaugerät mit Strom zu versorgen. Es lässt sich leicht ausrechnen, dass eine Solarfarm ca. 5.700 m² – etwa zwei Fußballfelder – groß wäre und 71 t Material von der Erde zur Mondoberfläche gebracht werden müssten. Mit Ausnahme der Stationen am Südpol, die permanent Sonnenlicht bekommen, müsste während der Sonnentage mehr als doppelt so viel Strom erzeugt und der Überschuss in Batterien gespeichert werden. Ein Lithium-Polymere-Akkumulator ist unter dem Aspekt der Energiedichte von 0,15 kWh/kg das Beste, das zurzeit auf dem Markt verfügbar ist. Um die Leistung von 1 MW über 14 irdische Tage (Länge einer Mondnacht) zu speichern, sind über 2.240 t Batterien erforderlich. Wie später noch gezeigt wird, kostet es etwa 70 Mio. USD, um eine Tonne auf dem Mond zu landen. Für Solarkraftwerke ergeben sich daher die in der Tabelle aufgeführten Leistungsdaten.

Die Tabelle zeigt, dass mit Ausnahme eines kleinen Kraftwerks am Südpol die Option, ein leistungsfähiges Solarkraftwerk auf dem Mond zu errichten, aufgrund der hohen Transportkosten unwirtschaftlich ist. So unwirtschaftlich, dass eine nachhaltige, auf Wachstum zielende Kolonie auf dem Mond mit Ausnahme des Südpols ein Kernkraftwerk zwingend erfordert. Selbst am Südpol bietet ein Kernkraftwerk das bessere Preis/ Leistungsverhältnis. Wie ein mondtaugliches Kernkraftwerk aussehen kann, zeigt der folgende Kasten.

### Auf dem Mond ist Solarenergie teuer

| | 1 MW Südpol | 10 MW Südpol | 1 MW Mond | 10 MW Mond |
|---|---|---|---|---|
| Panelmasse | 71 t | 710 t | 142 t | 1.420 t |
| Panelfläche | 5.700 m² | 57.000 m² | 11.400 m² | 111.400 m² |
| Batteriemasse | Nicht benötigt | Nicht benötigt | 2240 t | 22 400 t |
| Transportkosten | 5 Mrd. USD | 50 Mrd. USD | 167 Mrd. USD | 1.670 Mrd. USD |

Energie ist der Schlüssel zur Besiedlung des Weltraums. Energie limitiert die Geschwindigkeit von Raumschiffen und schränkt so ein, wie weit wir in akzeptabler Zeit reisen können. Energie versorgt die Lebenserhaltungssysteme und begrenzt so die Zahl der Menschen, die eine Siedlung bewohnen können. Ohne eine leistungsstarke Energiequelle ist eine Industrialisierung des Weltraums ausgeschlossen, ohne Industrialisierung wird eine Siedlung immer auf irdische Unterstützung angewiesen sein.

Die Energiequelle mit der besten Leistungsdichte – also Leistung pro Masse – ist die Kernkraft. Die leistungsfähigsten Solarzellen erreichen eine elektrische Energiedichte von etwa 14 W/kg, die derzeit auf der ISS installierten Module liegen bei 4 W/kg.

Kernreaktoren bieten attraktivere Leistungsdichten, wie die Tabelle zeigt. Daher sind sie für die Raumfahrt besonders interessant.

**Von 1965 bis zum Ende des Kalten Krieges** wurden Spaltreaktoren – überwiegend von der Sowjetunion – in Satelliten eingesetzt. Hauptzweck war es, die Spaltwärme zum Heizen des Satelliten zu verwenden. Auf den elektrischen Wirkungsgrad wurde nur bedingt Wert gelegt und elektrische Energie unter Ausnutzung des thermoelektrischen Effekts als Nebenprodukt gewonnen. Erst um die Jahrtausendwende wurde am Los Alamos National Laboratory in den USA wieder an einem Reaktor geringer Masse zur Anwendung in der Raumfahrt gearbeitet. Auch hier wird zur Stromerzeugung der thermoelektrische Effekt genutzt. Obwohl das Projekt stark unterfinanziert war, konnte bereits ein erster Prototyp entwickelt und getestet werden. Bei einer Weiterentwicklung ist vermutlich ein elektrischer Wirkungsgrad von 40 % möglich.

### Das können Kernreaktoren leisten

| Reaktor Typ | SNAP-10 | SP-100 | Romashka | Bouk | Topaz-1 | SAFE-400 |
|---|---|---|---|---|---|---|
| Ursprungsland | USA | USA | UdSSR | UdSSR | UdSSR | USA |
| Jahr | 1965 | 1992 | 1967 | 1977 | 1987 | 2002 |
| Ther. Leistung [kW] | 45,5 | 2000 | 40 | 100 | 150 | 400 |
| Elektr. Leistung [kW] | 0,65 | 100 | 0,8 | 5 | 10 | 100 |
| Elektr. Wirkungsgrad | 1,4% | 5,0% | 2,0% | 5,0% | 6,7% | 25,0% |
| Reaktor Masse [kg] | 435 | 5422 | 455 | 390 | 320 | 512 |
| Th. L.-Dichte [W/kg] | 105 | 369 | 88 | 256 | 469 | 781 |
| El. L.-Dichte [W/kg] | 1 | 18 | 2 | 13 | 31 | 195 |
| Kühlmittel | NaK | Li | Keines | NaK | NaK | Na |

Vergleich von auf Kernspaltung basierender Kernreaktoren für die Raumfahrt.

Eine weitere Gruppe kompakter Kernreaktoren wird in der Seefahrt seit den späten 50er Jahren eingesetzt. Moderne Reaktoren haben eine Leistung zwischen 100 MW und 200 MW, und werden auch in der zivilen Schifffahrt, z. B. in Eisbrechern für Arktis-Kreuzfahrten verwendet. Die Masse der marinen Reaktoren ist aufgrund ihrer militärischen Herkunft schwer zu ermitteln, wird aber häufig auf ca. 500 t geschätzt. Damit ergibt sich eine thermische Leistungsdichte von 400W/kg. Auch hier steht die elektrische Stromerzeugung nicht im Mittelpunkt, da die Leistung direkt auf die Antriebswelle umgesetzt wird. 500 t sind für einen Einsatz im Weltraum zu schwer, daher können marine Reaktoren nicht ohne weitere Miniaturisierung übernommen werden.

Unabhängig von den Raumfahrtplänen haben in den vergangenen Jahren verschiedene Firmen damit begonnen, Mikro-Kernreaktoren für den kommerziellen Einsatz zu entwickeln. Die meisten Designansätze gehen neue Wege, um eine insgesamt kompaktere Bauweise zu erreichen. Weit fortgeschritten ist Toshiba mit seinem 4S-Reaktor, der auf eine elektrische Leistung von 10 MW ausgelegt ist. Der Reaktor war für den Einsatz in einem Kernkraftwerk in Alaska vorgesehen. Die Pläne für den Bau des Kraftwerks wurden allerdings aufgegeben. Deutlich stärker ist der Reaktor mPower von Babcock&Wilcox mit einer elektrischen Leistung von 180 MW. mPower befindet sich am Anfang der Zulassung. B&W rechnet mit einer Inbetriebnahme der ersten Anlagen im Jahr 2022. Gewichte waren für beide Konzepte nicht in Erfahrung zu bringen. Keiner der beiden Reaktoren ist für die Raumfahrt konzipiert.

Ein weiterer, zurzeit noch in der frühen Entwicklung befindlicher Reaktor ist der SSTAR vom Lawrance Livermore National Laboratory. Bei einem Durchmesser von 3 m und einer Länge von 15 m ist der zylinderförmige Reaktor ausgesprochen raumfahrttauglich. Die erwartete Masse von 500 t für 100 MW elektrische Leistung ist es nicht. Die Leistungsdichte von SSTAR beträgt damit 200 W/kg. Ein für das Jahr 2015 geplanter Prototyp wurde nie angefertigt.

Herausragend geeignet für eine Weltraumanwendung war das 2008 von der Firma Gen4 (damals Hyperion) vorgeschlagene Reaktordesign vierter Generation. Der geplante Reaktor hätte bei einer Reaktormasse von 20t 70 MW thermische und mindestens 27 MW elektrische Leistung erzeugen sollen. Nimmt man eine ähnliche Masse für die Dampfturbine und Zubehör an, ergäbe sich eine beeindruckende elektrische Leistungsdichte von 675 W/kg. Die Entwicklung wurde mit Blick auf die Zulassung zugunsten eines konventionelleren Modells eingestellt.

Da es bisher noch keinen geeigneten Reaktor zum Einsatz im Weltraum gibt, ist eine Neuentwicklung unvermeidlich. **Ein Reaktor im Weltraum muss ohne Schwerkraft und in einer Vakuumumgebung funktionieren.** Im Gegenzug sind im Weltraum die größten Gefahren beim Einsatz von Kernreaktoren nicht so stark ausgeprägt. Im Besonderen kommt man wahrscheinlich mit weniger Abschirmung aus und kann so Gewicht sparen.

Ein geeigneter Reaktor sollte eine Masse und ein Volumen haben, die mit den Startkapazitäten der Proton-Raketen im Einklang steht. Im Besonderen sollte also die Masse pro Modul nicht mehr als 20 t betragen. Dabei sind durchaus mehrere Module vorstellbar: z. B. eines, das den Reaktor beinhaltet, eines für den elektrischen Generator und eventuell ein drittes Modul für Radiatoren und Kontrollzentrum. Der Reaktor sollte mit ausreichend Brennstoff für eine 30-jährige Einsatzdauer bestückt sein. Realistisch erscheint eine elektrische Leistung von 10 MW, bei einer thermischen Leistung von etwa 30 MW. Nimmt man eine Lösung, die aus zwei Modulen à 20 t besteht, so ergibt sich eine elektrische Leistungsdichte von 250 W/kg.

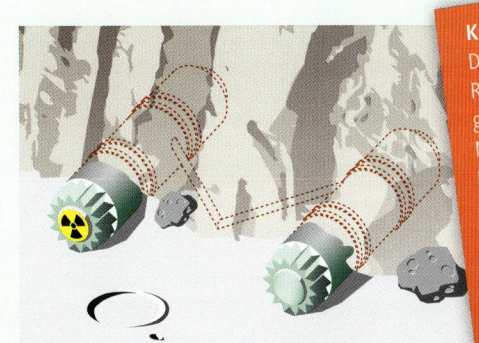

**KOSTEN:**
Die Entwicklungskosten für das Reaktormodul werden auf 2 Mrd. USD geschätzt, die Fertigungskosten für das Modul auf 500 Mio. USD. Entwicklung des Generatormoduls wird auf 1,25 Mrd. USD geschätzt, bei Fertigungskosten von 250 Mio. USD. Zum Vergleich: Baukosten neuer irdischer Kernkraftwerke liegen bei etwa 5 Mio. USD/MW.

## WASSER

Nach dem aktuellen Stand der Forschung gibt es in den im ewigen Schatten liegenden Mondkratern der Polregionen zumindest kleine Mengen an Wasser. Wasserstoff ist in Form von Hydroxyl-Gruppen weiter verbreitet und kann in der ganzen Polregion in geringen Mengen gefunden werden. Ob die Wasservorkommen praktische Bedeutung für eine Mondkolonie erlangen können, ist zurzeit noch unbekannt. Um sich nicht auf lunare Wasservorräte verlassen zu müssen, wird Wasser für jeden Siedler von der Erde importiert und kontinuierlich recycelt. Bei 100 kg Wasser pro Person liegt im Notfall eine Trinkwasserreserve von 50 Tagen vor. Wird mehr Wasser benötigt, muss dies von der Erde in Form von Wasserstoff nachgeliefert werden.

## LUFT

Theoretisch ist es möglich, die Luftmischung auf der Mondbasis gegenüber der Erdatmosphäre zu verändern. Als Alternative zum von der Erde bekannten Gemisch aus vorwiegend Stickstoff und Sauerstoff bietet sich eine reine Sauerstoffatmosphäre an. Dabei werden alle anderen Gase aus der Luft entfernt, womit lediglich Sauerstoff mit einem Druck von ca. 340 mbar übrig bleibt. Am absoluten Sauerstoffgehalt in der Luft ändert sich dadurch nichts. In dieser einfachen Zusammensetzung entfällt der Bedarf, Stickstoff zu transportieren und die Notwendigkeit, auf das Sauerstoff-zu-Stickstoff-Verhältnis zu achten,

um dem Tiefenrausch ähnliche Phänomene zu vermeiden. Die reine Sauerstoffatmosphäre ist zudem erheblich einfacher zu handhaben und erlaubt eine Stationserweiterung auf dem Mond, ohne Stickstoff von der Erde importieren zu müssen. Sauerstoffatmosphären wurden an Bord der Mercury-, Gemini- und Apollo-Raumschiffe verwendet.

Wird eine erdähnliche Luftmischung gewünscht, muss Stickstoff von der Erde importiert werden. Ein Stickstoffrecycling ist allerdings nicht notwendig. Die Verwendung einer Sauerstoff-Stickstoffatmosphäre hat den Vorteil, dass beim Reisen von und zum Mond nicht darauf geachtet werden muss, die Sauerstoffatmosphäre rein zu halten. Für die ISS hat man diesen Vorteil als ausschlaggebend betrachtet und verwendet dort eine Sauerstoff- Stickstoffatmosphäre. In diesem Buch wird davon ausgegangen, dass sich diese Entscheidung auch für die Mondsiedlung durchsetzt. Nimmt man an, dass die Mondbasis pro Person 50 m² umfasst, müssen für jeden Siedler etwa 150 m³ Luft mitgenommen werden, daraus ergibt sich Transportbedarf von 170 kg/Person.

## LEBENSERHALTUNGSSYSTEME

Diese ebenfalls von der Erde importierten Maschinen recyceln $CO_2$ zu Sauerstoff, reinigen Wasser und klimatisieren die Luft. Die meisten Technologien sind bereits auf der ISS im Einsatz.

## SAUERSTOFF

In der Anfangsphase der Siedlung wird Sauerstoff aus $CO_2$ durch Aufwendung von elektrischer Energie recycelt. Die Elektrolyse von $CO_2$ ist bisher in der Raumfahrt nicht verbreitet. Zurzeit wird auf der ISS neuer Sauerstoff aus Brauchwasser gewonnen, $CO_2$ und Wasserstoff werden in den Weltraum abgegeben. Für einen nachhaltigen Siedlungsbetrieb sollten andere Wege gefunden und die Elektrolyse von $CO_2$ ermöglicht werden.

Später wird Sauerstoff beim Gewinnen von Metalloxiden freigesetzt. Durch gezielte Freisetzung des so erzeugten Sauerstoffs wird der Gehalt in der Atmosphäre konstant gehalten. Weiterer Sauerstoff wird durch eingeführte Pflanzen erzeugt. Der Mensch verbraucht etwa 1 kg Sauerstoff pro Tag.

## PFLANZEN

Pflanzen und ihre Erde werden von der Erde eingeflogen und anschließend in hydroponischen Gärten, das heißt im Wasser statt auf Erde angebaut, wobei ein Teil der Ernte als Saatgut für die nächste Generation dient. Im Rahmen der Besiedlung des LEO wurde mit dem Treibhausmodul bereits ein Modul vorgestellt, in dem Pflanzen ohne Sonnenlicht aufwachsen können. Ähnlich wird dies auch auf dem Mond gehandhabt.
Unabhängig vom Standort werden die Pflanzen künstlich beleuchtet. Alternativ wurde auch gezeigt, dass Pflanzen mit 14 Tagen Licht und 14 Tagen Dunkelheit zurechtkommen, womit auch eine Beleuchtung durch Sonnenlicht möglich ist. Nach Untersuchungen der NASA werden pro Person etwa 50 m² Anbaufläche benötigt, um eine komplette Versorgung sicherzustellen. Setzt man den Nahrungsbedarf eines arbeitenden Menschen auf etwa 3.000 kcal/Tag an, dann sind zur täglichen Ernährung etwa 2,8 kg Mais oder 670 g Sojabohnen erforderlich.

## TIERE

Was wäre die Welt ohne Tiere? Auch in einer Mondkolonie können Tiere einen wertvollen Beitrag leisten. Die besten Kandidaten für das erste Tier auf dem Mond sind vermutlich Hühner. Hühner sind nicht umsonst seit Jahrtausenden Bewohner in menschlichen Siedlungen. Auch auf dem Mond können Hühner die Einwohner mit Eiern, Fleisch und Federn versorgen.

Gewächshäuser auf der Mondoberfläche werden auf lange Zeit Zukunftsmusik bleiben, Strahlenbelastung und Materialeinsatz machen sie unrealistisch und teuer.

Ihre Fähigkeit, unter nicht optimalen Bedingungen zu überleben, stellen Hühner Tag für Tag in Zucht- und Legebetrieben unter Beweis. Der Hauptvorteil von Hühnern liegt jedoch darin, dass man sie relativ leicht als Ei anliefern kann. Sie würden dann erst auf dem Mond schlüpfen. Das Ei kann vorher gründlich überprüft werden, damit keine Krankheitserreger auf dem Mond eingeschleppt werden. Denselben Vorteil bieten andere Vögel und Reptilien.

Will man auch Säugetiere auf den Mond bringen, so sind Schweine und Kühe die naheliegende Wahl. Kühe primär der Milch wegen, allerdings kann auch das produzierte Methan ein wertvoller Rohstoff sein. Schweine könnten als mobiles Recyclingzentrum und Fleischlieferant dienen. Für alle Tiere kämen natürlich nicht die hochgezüchteten Varianten der modernen Landwirtschaft infrage, sondern eher die robusteren Rassen der klassischen Landwirtschaft. Unumgänglich ist die Einfuhr von Bienen oder Hummeln. Eines der beiden Insekten wird benötigt, um die Pflanzen zu bestäuben, die das Rückgrat der Nahrungsversorgung bilden. Während Hummeln bedingt durch ihr passiveres Verteidigungsverhalten und geringere Territorialität als die gutmütigeren Insekten gelten, haben Bienen den Vorteil der Honigproduktion. Ein Kompromiss könnte sein, zuerst Hummeln zu verwenden und später, wenn auch ein Imker zu den Siedlern zählt, Honigbienen einzusetzen.

## WERKZEUG

Die mitgenommenen Werkzeuge orientieren sich an den zu erledigenden Aufgaben. Erwähnenswert ist Bergbauausrüstung, da dies ein Novum in der Raumfahrt darstellt.

## BAUMATERIALIEN

Baumaterialien, die man in größerem Umfang braucht, sind Kabel und Lampen sowie Türen bzw. Schotten. Später wird ebenfalls ein Bedarf an Wasserrohren für Frisch- und Abwasser entstehen.

An dieser Stelle muss auf drei Neuentwicklungen hingewiesen werden, die in der folgenden Übersicht erklärt werden: das Gangelement, die Türen und die Fenster der Basis.

---

**Neuentwicklung: GANGELEMENT**

Das Gangelement ist ein flexibles Bauteil mit robustem Boden zur Verbindung von Türelementen, von Wohntankmodulen oder zur Kombination mit weiteren Gangelementen. Es besteht aus zwei Rahmen und einer zusammenfaltbaren Zwischenstruktur. Alle Teile sind luftdicht.

**KOSTEN:**
Die Entwicklung des Gangelements wird mit 100 Mio. USD veranschlagt, jedes individuelle Element wird vermutlich 10 Mio. USD kosten.

# Neuentwicklung:
## TÜRELEMENT

Für den Betrieb einer Kolonie auf dem Mond, also dem Betrieb einer Kolonie umgeben von Vakuum, muss man sich kontinuierlich der Gefahr eines Lecks und des damit verbundenen Druckverlustes stellen. Um die Auswirkungen eines Druckverlustes zu minimieren, empfiehlt es sich, die Basis in durch Schotten abgetrennte Sektionen zu unterteilen.

**Dafür braucht man eine Tür mit folgende Eigenschaften:**

• so leicht wie möglich,
• selbstschließend,
• selbstanpassend,
• luftdicht,
• mit Durchführungen für Strom und Wasserleitungen.

Selbstschließend bedeutet, dass die Tür sich automatisch schließt, im Besonderen bei Druckabfall. Unter selbstanpassend ist zu verstehen, dass sich die Tür absolut luftdicht in einen vorgefertigten Türrahmen einpassen kann. Dies muss nicht automatisch geschehen, sondern kann auch beim Setzen der Tür durch den Astronauten erreicht werden. Um Strom-, Wasser- und Abwasserleitungen an der Tür vorbeiführen zu können, sollte der Türrahmen ab Werk mit entsprechenden Durchführungen ausgestattet sein.

Ein mechanischer Drucksensor zeigt den Druck auf der jeweils anderen Seite der Tür. Die Tür sollte nicht versehentlich in einen Unterdruckbereich geöffnet werden können. Zwei Türen sollten zu einer Schleuse kombinierbar sein und es sollte sichergestellt sein, dass nie beide Türen offen stehen. Am Türrahmen kann ein Gangelement luftdicht angebaut werden. Die lichte Weite der Tür beträgt mindestens 1 m und die Höhe mindestens 2 m.

**KOSTEN:**
Die benötigen Technologien sind alle vorhanden. Die Entwicklungskosten sollten 10 Mio. USD nicht überschreiten. Später sollte ein Türelement nicht mehr als 200.000 USD kosten.

# Neuentwicklung:
## FENSTERELEMENT

Wie das Türelement kann auch das Fensterelement in eine bestehende Fensteröffnung eingesetzt werden und schließt anschließend luftdicht ab. Bei genauerer Betrachtung besteht das Fensterelement aus drei Teilen: zwei Scheibenelemente und ein Fensterladen. Der Laden kann zum Schutz der Scheiben, oder wenn Dunkelheit gewünscht ist, elektrisch verschlossen werden. Die Scheibenelemente dichten jedes für sich luftdicht ab. Nach dem Einbau wird aus einer kleinen Gaskartusche der Zwischenraum mit niedrigem Luftdruck gefüllt. Ein Barometer überwacht den Druck im Zwischenraum. Steigt er an, liegt ein Leck am inneren Fenster vor. Sinkt er, leckt das äußere. Auf diese Art kann die Luftdichtigkeit beider Scheiben überwacht werden.

**KOSTEN:**
Die benötigen Technologien sind alle vorhanden. Die Entwicklungskosten sollten wegen der Wiederverwendung von Technologien des Türelements 5 Mio. USD nicht überschreiten. Später sollte ein Fensterelement nicht mehr als 200.000 USD kosten.

# KOLONIEGRÜNDUNG

Die Koloniegründung auf dem Mond wird in vier Phasen, die im Folgenden als Wellen bezeichnet werden, ablaufen:

**Welle 1:** Vorbereitung der Kolonie
**Welle 2:** Bau der Basis
**Welle 3:** Erweiterung der Basis
**Welle 4:** Produktionsbeginn

In der Vorbereitungsphase – der ersten Welle – werden die Grundlagen geschaffen, um mit dem Bau der Mondbasis beginnen zu können. Mit der zweiten Welle an Siedlern startet der Bau der Station. Wohnräume und Quartiere werden in den Berg gegraben. Mit der dritten Welle an Siedlern werden zusätzliche Räume erstellt und die Basis wohnlicher gemacht. Zudem werden Vorbereitungen für die nächsten Stufen getroffen. Mit der vierten Welle kommen Produktionsanlagen, der Mond erreicht ein gutes Niveau an Unabhängigkeit.

## WELLE 1: VORBEREITUNG DER KOLONIE

In diesem Abschnitt wird angenommen, dass die Erkundung des Mondes entsprechend der nachhaltigen Variante erfolgt ist. Ziel der ersten Welle ist es, Vorbereitungen zu treffen, um in der zweiten Welle unmittelbar mit der Bergbautätigkeit zu beginnen. Als Voraussetzung wird ein fertigentwickeltes Reaktormodul, wie unter „Koloniebedarf" beschrieben, angenommen. Die Anfangsphase des Stationsbaus

lässt sich auch mit Solartechnologie bewältigen, allerdings ist das Reaktormodul später unvermeidlich. Eine Verzögerung des Einsatzes würde zu vermeidbaren Mehrkosten führen.

Die Dauer der ersten Welle beträgt ein Jahr. In diesem Jahr finden sechs Flüge statt, mit denen Menschen und Material zum Mond transportiert werden. Dafür wird ein Frachtmodul, gelegentlich auch als Transportmodul bezeichnet, benötigt.

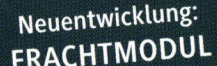

## Neuentwicklung: FRACHTMODUL

Um größere Mengen an Material einfach und günstig zum Mond zu transportieren, wird ein Frachtmodul benötigt, das mit dem Sojus-Raumschiff und dem Swesda-Modul kompatibel ist. Swesda wird Teil der ISS-2 werden, die im Laufe der ersten Welle im Mondorbit entsteht.

Das Frachtmodul ist ein Treibstoffmodul, von dem nur die Außenhülle übernommen wird. An der Seitenwand wird eine Luke installiert, an der gegenüberliegenden Seite eine Dockingmöglichkeit für das Swesda-Modul oder alternativ für ein Sojus-Raumschiff. Entwicklungskosten und Anschaffungskosten werden gering ausfallen.

**KOSTEN:**
Stückpreis: 10 Mio. USD

| Eckdaten Frachtmodul | |
| --- | --- |
| Durchmesser | 3,8 m |
| Länge | 2,0 m |
| Leergewicht | 0,7 t |
| Volumen | 32 m³ |

# FLUG 1

Zum Aufbau der Station sind mehrere Reisen von der Erde zum Mond erforderlich. Bei der ersten Reise begleitet ein Astronaut einen Bergmann und einen Geologen in einem Sojus- Lunar-Raumschiff zum Mond. Zusätzlich zu dem bereits aus der Erkundungsphase vorhandenen Phönix werden ein zweiter Phönix, Vorräte für 180 Tage, zwei Wohnmodule, ein Frachtmodul und etwa 3,5 t Material mitgeführt.

## Zum Material gehören:

- Lebenserhaltungsmodule für die Wohnmodule;
- Energiequelle (5 kW), entweder solarbetrieben, Brennstoffzelle, Akkumulator oder eine Kombination – 5 kW Solarzellen wiegen etwa 0,5 t;
- Bergbauausrüstung: vakuumtaugliche Bohrer, Sprengstoff, Zünder, Bohrhammer, etc.;
- Einrichtungsgegenstände wie Betten und ähnliches;
- zwei Gangelemente.

## Raumschiffkonfiguration Welle 1, Flug 1

| | Raumschiffkonfiguration | Masse (t) | Material (M$) | LEO (M$) |
|---|---|---|---|---|
| 1 | Antriebsmodul (MK1) | 4 | 20 | 16 |
| 1 | Phönix 2 | 5,89 | 300 | 24 |
| 3 | Treibstoff für Phönix | 26,4 | | 105,6 |
| 540 | Tagesrationen | 2,7 | 0,135 | 10,8 |
| 1 | Sojus Lunar | 4,77 | 45 | 45 |
| 3 | Crewmitglieder | 0,75 | | |
| 1 | Ballast | 1 | | 4 |
| 2 | Wohntankmodul | 1 | 110 | 4 |
| 1 | Transportmodul | 0,7 | 10 | 2,8 |
| | Verschiedenes Material | 3,48 | 34,8 | 13,92 |
| | **Summe** | **50,69** | **519,94** | **226,12** |

Anzahl: gibt an, wie viel von einer Sache Teil dieses Raumschiffs ist.

Kurzbeschreibung: gibt einen Eindruck davon, woraus dieses Raumschiff besteht.

Die Masse gibt an, wie viele Tonnen ein bestimmter Raumschiffbestandteil wiegt.

Die Materialspalte listet die Kosten für die Beschaffung eines bestimmten Raumschiffbestandteils in Millionen USD auf.

Die LEO-Spalte gibt an, wie viel es kostet, das jeweilige Raumschiffbestandteil von der Erde in den niedrigen Erdorbit (LEO) zu bringen.

| | LH2/LOX | UDMH/N$_2$O$_2$ | |
|---|---|---|---|
| Anzahl Tanks | 11,0 | 16,0 | ▶ Zahl der Tankmodule, die für diesen Flug benötigt werden |
| Masse Tanks [t] | 11,0 | 16,0 | ▶ Summe der Masse aller Tankmodule für diesen Flug |
| Masse Treibstoff [t] | 115,3 | 194,7 | ▶ Summe der Treibstoffmasse für diesen Flug |
| Material Tank [M$] | 220,0 | 320,0 | ▶ Anschaffungskosten für die benötigten Tankmodule |
| Transport zu LEO [M$] | 399,6 | 737,3 | ▶ Transportkosten der Tankmodule und des Treibstoffes zum niedrigen Erdorbit (LEO) |
| Missonskosten [M$] | 1.365,6 | 1.803,4 | ▶ Die gesamten Kosten inkl. Raumschiff und aller Treibstoff- und Startkosten für diese Mission. |

**Wohnmodul 1**

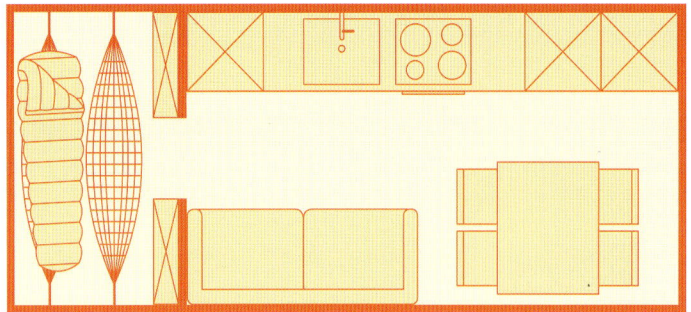

**SCHLAFRAUM** 2,8 m²      **WOHNKÜCHE** 8,4 m²

**Wohnmodul 2**

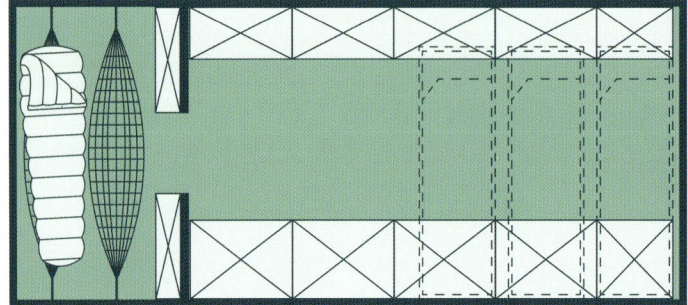

**SCHLAFRAUM/LAGE** 2,8 m²      **MEHRZWECKRAUM** 8,4 m²

Nach der Ankunft in der Mondumlaufbahn koppeln sich Phönix 1 und Phönix 2 zu einem Phönix-Zug zusammen und betanken sich. Der Zug bringt Wohntanks und Transportmodul mit Material und Vorräten und einem Gesamtgewicht von 8 t in einem Flug zur Mondoberfläche. Der Zug setzte die Module dort ab und kehrt in die Mondumlaufbahn zurück. Von dort bringt Phönix 2 die Crew mit Sojus Orbiter und verbliebenen Vorräten auf die Mondoberfläche. Im Orbit verfrachtet Phönix 1 die leeren Treibstofftanks, die Triebwerksektion und das Sojus-Servicemodul auf eine Parkbahn. Als Parkbahn wird hier eine Umlaufbahn bezeichnet, die über lange Zeit stabil ist und auf der es keine Kollisionsgefahr mit der im Laufe der ersten Welle entstehenden ISS-2 gibt.

Auf der Oberfläche steigen die drei Besatzungsmitglieder aus und bringen die Wohn- und das Transportmodul in Position. Bevor der Phönix in den Orbit zurückkehrt, wird der Sojus Lunar Orbiter an die jetzt entstandene Station gekoppelt. Die Siedler beginnen damit, die Tankmodule in Wohnmodule umzukonfigurieren und die Lebenserhaltung in Betrieb zu nehmen. Scheitert dieser Schritt, muss die Crew im Sojus Orbiter, versorgt durch die mitgebrachte Energiequelle, ausharren, bis Hilfe von der Erde geschickt werden kann.

Im Normalfall werden mit dem mitgebrachten Material die ersten beiden Module mit Lebenserhaltung ausgerüstet und als Schlafplätze und Küche eingerichtet. Lässt man die Trennwand zwischen ehemaligem LH2-Volumen und LOX-Volumen bis auf einen Durchgang intakt, ergibt sich nebenstehende Aufteilung.

Im angedockten Sojus Orbiter befinden sich die Toilette sowie ein Lager für weiteres Material. Darüber hinaus dient er als sicherer Rückzugsort im Störfall.

Nach Inbetriebnahme der Basis beginnt die Crew mit der genaueren Untersuchung der Umgebung. Als Ergebnis der Erkundungsmissionen sollten schon mehrere Standortkandidaten für Reaktor und Generatormodul ausgewählt worden sein. Die Siedler führen weitere Untersuchungen an den Standortkandidaten durch. Ziel ist es, das Reaktormodul in einer Felsnische zu versenken, die das Reaktormodul von drei Seiten umschließt, allerdings nach oben offen ist (siehe Grafik rechts). Später kann der Phönix das Reaktormodul von oben in der Nische absetzen. Der Fels stellt ein natürliches Strahlenschild dar. Die Notwendigkeit, umständlich Abschirmung von der Erde einzufliegen, entfällt.

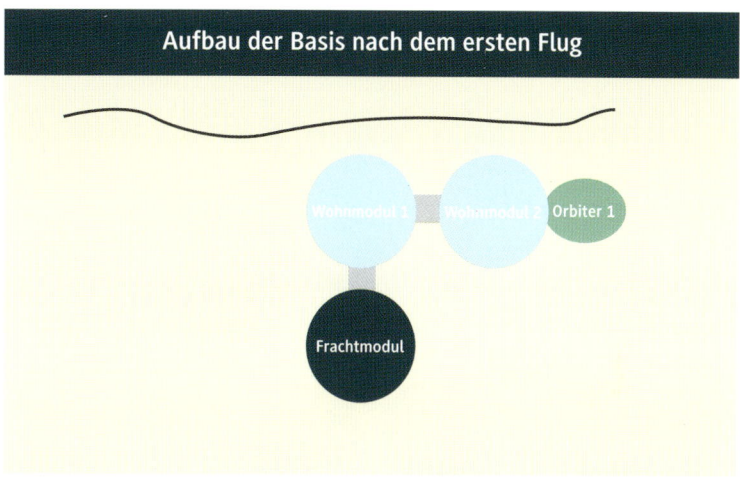

**Aufbau der Basis nach dem ersten Flug**

Wohnmodul 1 · Wohnmodul 2 · Orbiter 1

Frachtmodul

**Felsnische als Reaktorabschirmung**

Reaktormodul

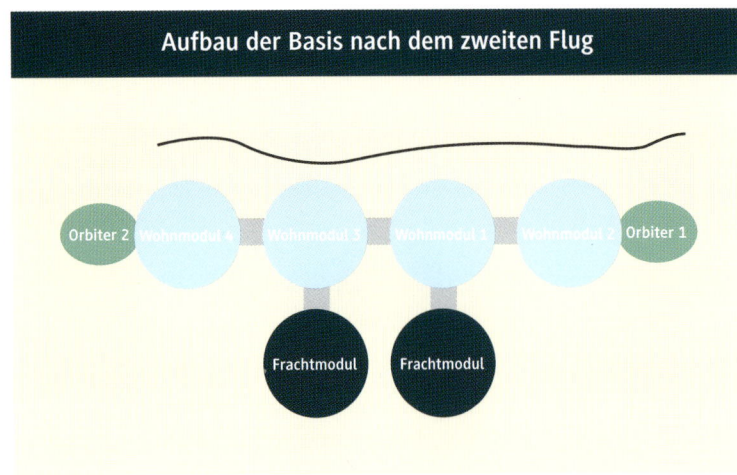

**Aufbau der Basis nach dem zweiten Flug**

Orbiter 2 · Wohnmodul 4 · Wohnmodul 3 · Wohnmodul 1 · Wohnmodul 2 · Orbiter 1

Frachtmodul · Frachtmodul

## FLUG 2

In dem hier vorgestellten Beispiel findet der zweite Flug der ersten Welle 90 Tage nach dem ersten Mondflug statt. Begleitet von einem Astronauten ergänzen ein Mediziner und ein weiterer Bergmann die Siedler. Die Raumschiffkonfiguration ist der vom ersten Flug sehr ähnlich.

Durch die Verfügbarkeit des dritten Phönix kann jetzt alles Material in einer Phönix-Phalanx zur Mondoberfläche gebracht werden. Zu diesem Zweck koppeln zuerst die drei Mondfähren zu einem Zug, betanken sich am Mondraumschiff und bringen anschließend Wohnmodule, Frachtmodule und Orbiter 2 zur Oberfläche.

Die Vorräte reichen nun bis Tag 270 der ersten Welle. Wohnmodul 3 und 4 werden entsprechend der beiden ersten Module eingerichtet. Insgesamt sind jetzt Schlafgelegenheiten für acht Siedler vorhanden, ausreichend Lagerraum und zwei Toiletten. Mit vereinten Kräften bereiten die Siedler die Ankunft von Reaktor und Generatormodul weiter vor.

### Raumschiffkonfiguration Welle 1, Flug 2

| | Raumschiffkonfiguration | Masse (t) | Material (M$) | LEO (M$) |
|---|---|---|---|---|
| 1 | Antriebsmodul (MK1) | 4 | 20 | 16 |
| 1 | Phönix 3 | 5,89 | 300 | 24 |
| 3 | Treibstoff für Phönix | 26,4 | | 105,6 |
| 810 | Tagesrationen | 4,05 | 0,2025 | 16,2 |
| 1 | Sojus Lunar | 4,77 | 45 | 45 |
| 3 | Crewmitglieder | 0,75 | | |
| | Ballast | 1 | | 4 |
| 2 | Wohntankmodul | 1 | 10 | 4 |
| 1 | Transportmodul | 0,7 | 10 | 2,8 |
| | Material | 2,13 | 21,3 | 8,52 |
| | **Summe** | **47** | **406,50** | **226,12** |

| | LH2 / LOX | UDMH / $N_2O_2$ |
|---|---|---|
| Anzahl Tanks | 11,0 | 16,0 |
| Masse Tanks [t] | 11,0 | 16,0 |
| Masse Treibstoff [t] | 115,3 | 194,7 |
| Material Tank [M$] | 220,0 | 320,0 |
| Transport zu LEO [M$] | 399,6 | 737,3 |
| Missonskosten [M$] | 1252,2 | 1689,9 |

# FLUG 3

An Tag 135 der Welle startet der dritte Flug von der Erde. Es werden zwei Astronauten und ein Reaktoringenieur mit Swesda-Modul, Poisk-Modul, einem klassischen Sojus-Raumschiff und einem weiteren Phönix zum Mondorbit gebracht. Swesda und Poisk bilden im Mondorbit die ISS-2. Am Ende dieses Fluges befinden sich Swesda und Poisk in einer stabilen Umlaufbahn um den Mond. Der Vorteil an Swesda ist, dass es sich hierbei um eine kleine Raumstation handelt, die autark funktionieren kann. Auch ohne das gedockte Poisk-Modul sind Ausstiege aus der Station möglich. Mit Poisk ist es jedoch angenehmer. Außerdem kann so ein weiteres Sojus-Raumschiff docken.

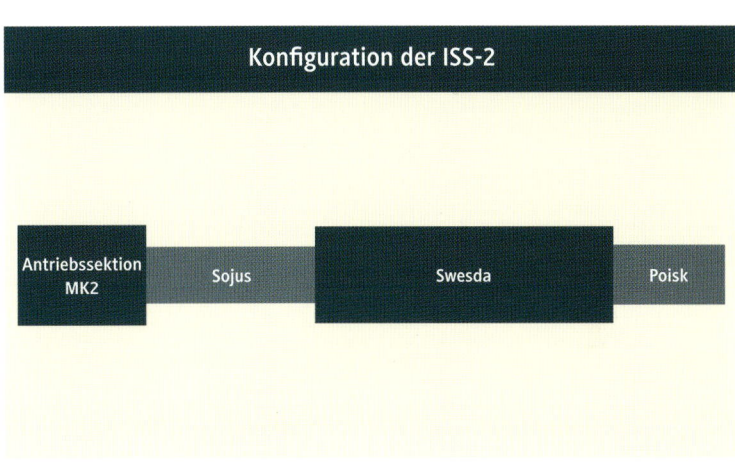

Phönix 3 bringt den von der nachhaltigen Erkundungsmission noch im Mondorbit stationierten Explorer zu Swesda und dockt diesen dort an. Phönix 4 bringt die Treibstofftanks auf eine Parkbahn und verweilt dort. An der Rückseite von Swesda werden Sojus und dahinter die Triebwerksektion MK2 angedockt. Bei der MK2 handelt es sich um eine Erweiterung der

## Raumschiffkonfiguration Welle 1, Flug 3

| | Raumschiffkonfiguration | Masse (t) | Material (M$) | LEO (M$) |
|---|---|---|---|---|
| 1 | Antriebsmodul (MK2) | 10 | 200 | 40 |
| 1 | Phönix 4 | 5,89 | 300 | 24 |
| 1 | Treibstoff für Phönix | 11,9 | 0 | 47,6 |
| 405 | Tagesrationen | 2,025 | 0,10125 | 8,1 |
| 1 | Sojus | 7,72 | 45 | 45 |
| 3 | Crewmitglieder | 0,75 | 0 | 0 |
| | Ballast | 1 | 0 | 4 |
| 1 | ISS Modul Poisk | 3,7 | 0 | 0 |
| 1 | ISS Modul Swesda | 19,05 | 0 | 0 |
| | Material | 3 | 30 | 12 |
| | **Summe** | **65,04** | **575,10** | **180,70** |

| | LH2/LOX | UDMH/$N_2O_2$ |
|---|---|---|
| Anzahl Tanks | 12,0 | 20,0 |
| Masse Tanks [t] | 12,0 | 20,0 |
| Masse Treibstoff [t] | 126,0 | 227,9 |
| Material Tank [M$] | 240,0 | 400,0 |
| Transport zu LEO [M$] | 504,2 | 943,9 |
| Missonskosten [M$] | 1500,0 | 2099,7 |

bisher verwendeten Antriebsektion. MK2 funktioniert auch mit UDMH/$N_2O_2$-Gemisch, damit der Treibstoff länger lagerbar wird, und hat interne Tanks mit dem zur Rückkehr zur Erde notwendigen Treibstoff.

Die mitgebrachten Vorräte reichen aus, um die drei Neuankömmlinge ebenfalls bis Tag 270 der Welle zu versorgen. Phönix 3 fliegt mit dem Reaktoringenieur und einem der Astronauten zur Oberfläche und kehrt ohne Reaktoringenieur zur Raumstation zurück. Von der ISS-2 aus beginnen die Astronauten mit der Wartung der Phönix-Landefähren im Mondorbit.

## FLUG 4

Der vierte Flug wird unbemannt durchgeführt. Hier wird das Reaktormodul mit dem Kernreaktor transportiert, außerdem Phönix 5 und etwas Treibstoff, um mit einem Phönix 4 t Versorgungsgüter und Werkzeuge zur Mondoberfläche zu bringen. Die

Versorgungsgüter verlängern die Einsatzdauer bis Tag 360. Der Preis für diesen Flug ist wegen der Entwicklungskosten für das Reaktormodul sehr hoch. Nachdem die Lieferung in der Mondumlaufbahn eingetroffen ist, fliegen ein oder auch beide Astronauten mit Sojus zum Reaktormodul. Phönix 5 wird aktiviert und dockt an die Treibstofftanks. Falls manuelle Eingriffe notwendig werden, lösen die Astronauten das Reaktormodul von den Treibstofftanks. Phönix 5 bringt Versorgungsgüter und Material zum Mond und fliegt anschließend die Treibstofftanks auf die Parkbahn.

## FLUG 5

Mit dem fünften Flug an Tag 225 der Welle werden Treibstoff für die Landung des Reaktormoduls sowie weiteres Material angeflogen. Nach der Ankunft in der Mondumlaufbahn bringt ein Phönix das Transportmodul zur ISS-2. 2 t Material werden ausgeladen

### Raumschiffkonfiguration Welle 1, Flug 4

| | Raumschiffkonfiguration | Masse (t) | Material (M$) | LEO (M$) |
|---|---|---|---|---|
| 1 | Antriebsmodul (MK2) | 4 | 20 | 16 |
| 1 | Phönix5 | 5,89 | 300 | 24 |
| 1 | Treibstoff für Phönix | 9 | 0 | 36 |
| 810 | Tagesrationen | 4,05 | 0,2025 | 16,2 |
| | Ballast | 1 | 0 | 4 |
| 1 | Reaktormodul | 20 | 2500 | 80 |
| | Material | 3 | 30 | 12 |
| | **Summe** | **47,64** | **2850,20** | **191,00** |

| | LH2/LOX | UDMH/$N_2O_2$ |
|---|---|---|
| Anzahl Tanks | 9,0 | 15,0 |
| Masse Tanks [t] | 9,0 | 15,0 |
| Masse Treibstoff [t] | 92,5 | 167,2 |
| Material Tank [M$] | 180,0 | 300,0 |
| Transport zu LEO [M$] | 370,2 | 692,8 |
| Missonskosten [M$] | 3591,4 | 4034,0 |

## Raumschiffkonfiguration Welle 1, Flug 5

| | Raumschiffkonfiguration | Masse (t) | Material (M$) | LEO (M$) |
|---|---|---|---|---|
| | Antriebsmodul (MK1) | 4 | 20 | 16 |
| 6 | Treibstoff für Phönix | 42 | 0 | 168 |
| | Ballast | 1 | 0 | 4 |
| 1 | Transportmodul | 0,7 | 10 | 2,8 |
| | Material | 5,3 | 53 | 21,2 |
| | **Summe** | **53,00** | **83,00** | **212,00** |

| | LH2/LOX | UDMH/N$_2$O$_2$ |
|---|---|---|
| Anzahl Tanks | 13,0 | 17,0 |
| Masse Tanks [t] | 13,0 | 17,0 |
| Masse Treibstoff [t] | 134,9 | 218,0 |
| Material Tank [M$] | 260,0 | 340,0 |
| Transport zu LEO [M$] | 423,8 | 772,0 |
| Missonskosten [M$] | 978,8 | 1407,0 |

und verbleiben auf der Station, mit 3,3 t Material geht die Reise weiter zur Mondoberfläche. Nach der Rückkehr in den Orbit bildet der Phönix mit den anderen einen Zug, betankt sich an den Treibstoffmodulen und transportiert das Reaktormodul auf den Mond. Dort wird es in der vorgefertigten Felsnische abgesetzt. Der Zug kehrt in die Mondumlaufbahn zurück. Antriebsektion und Treibstofftanks werden auf die Parkbahn gebracht.

## FLUG 6

An Tag 270 werden mit dem sechsten und letzten Flug der ersten Welle, der ebenfalls unbemannt ist, das Generatormodul und Treibstoff für die Landung geliefert. Der von der ISS-2 gewartete Phönix-Zug betankt sich am Mondraumschiff und transportiert das Generatormodul zur Oberfläche, wo es in der Nähe des Reaktormoduls abgesetzt wird. Die Mondsiedler können die beiden Module verbinden und den Reaktor in Betrieb nehmen. Der sekundäre Kühlkreislauf des Reaktors läuft nun zum Generatormodul, um dort die Dampfturbinen anzu-

## Raumschiffkonfiguration Welle 1, Flug 6

| | Raumschiffkonfiguration | Masse (t) | Material (M$) | LEO (M$) |
|---|---|---|---|---|
| 5 | Antriebsmodul (MK1) | 4 | 20 | 16 |
| 1 | Treibstoff für Phönix | 44 | 0 | 176 |
| | Ballast | 1 | 0 | 4 |
| 1 | Generatormodul | 20 | 1500 | 80 |
| | **Summe** | **69,00** | **1520,00** | **276,00** |

| | LH2/LOX | UDMH/N$_2$O$_2$ |
|---|---|---|
| Anzahl Tanks | 16,0 | 21,0 |
| Masse Tanks [t] | 16,0 | 21,0 |
| Masse Treibstoff [t] | 165,0 | 273,1 |
| Material Tank [M$] | 320,0 | 420,0 |
| Transport zu LEO [M$] | 548,0 | 1000,5 |
| Missonskosten [M$] | 2664,0 | 3216,5 |

treiben. Über einen weiteren Wärmetauscher kann die Restwärme zum Beheizen der Kolonie verwendet werden. Für den Anfang muss der Reaktor nur auf sehr geringer Leistung betrieben werden.

Spätestens nach der Inbetriebnahme des Reaktors kann mit dem eigentlichen Stationsbau begonnen werden. Auf Höhe eines Wohnmoduls wird hierfür zuerst eine türgroße Vertiefung in das Bergmassiv gegraben. In diese Vertiefung wird anschließend eines der mitgebrachten Türelemente eingesetzt und über ein Gangelement mit einem der Wohnmodule verbunden. Von hier aus können nun die Bergbauarbeiten unter atmosphärischen Bedingungen, die der Erde ähnlich sind, fortgesetzt werden.

Das abgebaute Gestein wird in Loren verladen, die auf Reifen laufen. Die Reifen sind so gestaltet, dass das Überwinden der Türschwellen kein Problem ist. Eines der Frachtmodule wird zu einem Schleusenmodul umfunktioniert. Mithilfe eines Kompressors wird die Luft im Schleusenmodul in Druckbehälter gepumpt. Erst wenn ein Vakuum hergestellt wurde, kann die Tür zur Mondoberfläche ohne großen Luftverlust geöffnet werden.

Voll beladene Loren werden im Schleusenmodul gesammelt. Nachdem mehrere Wagen mit Steinen im Schleusenbereich stehen, werden diese nach draußen gefahren und dort entladen – vorzugsweise einen Abhang hinunter. Die Gesteinsmenge, die ein Bergmann pro Arbeitstag bewegen kann, ist von vielen Faktoren abhängig. In den 1920er-Jahren konnten in russischen Bergwerken bis zu 2,5 t Steinkohle pro Bergmann und Tag gefördert werden. Da Mondgestein nur eine Dichte von etwa 1,5 t/m³ hat und die Schwerkraft auf dem Mond nur 1/6 der Erde beträgt, ist eine Abbaumenge von 2 m³ pro Mann und Tag nicht unwahrscheinlich.

Spätestens vom 270. Tag der ersten Welle an sind die Bergbauarbeiten für die Reaktorplatzierung abgeschlossen. Zwei Bergmänner haben bis zum Ende des Jahres also 90 Tage Zeit, am Stationsbau zu arbeiten. In dieser Zeit können sie bereits 360 m³ Gestein bewegen. Bei einer Deckenhöhe von 2,2 m lassen sich dadurch etwa 170 m² Wohnfläche im Fels freilegen. Priorität hat die Fertigstellung des ersten privaten Zimmers, um die Schlafraumsituation in der Außenbasis zu entlasten. Dazu sind etwa 18 m Gang zu graben und ein 20 m² Zimmer anzulegen – insgesamt etwa 100 m³. In 90 Tagen ist genug Zeit für zwei bis drei Zimmer mit je 20 m² für den Privatgebrauch der Siedler und eventuell einen Gemeinschaftsraum mit etwa 40 m².

Zum Ende der ersten Welle ergibt sich folgendes Siedlungsschema (ohne eingezeichnetes Reaktormodul):

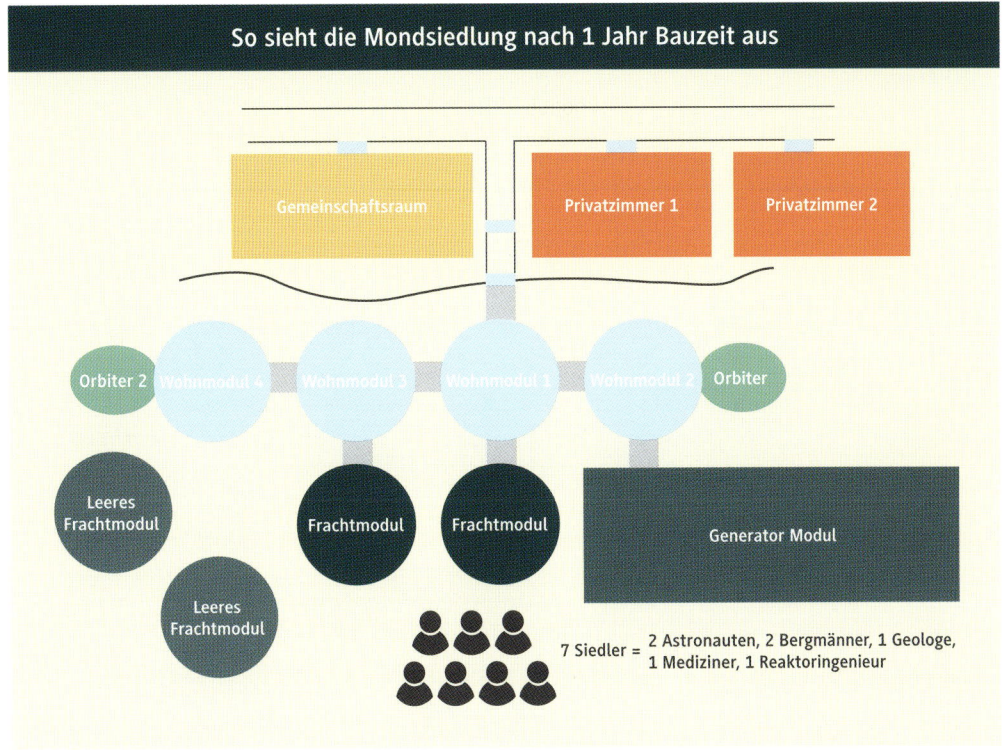

## Status Mondausbau beim Ende der ersten Welle

| Mondbasis | | ISS-2 | | Parkbahn | |
|---|---|---|---|---|---|
| Wohnmodule | 4 | Swesda | 1 | Antrieb MK1 | 6 |
| Frachtmodule | 3 | Poisk | 1 | Treibstoffmodule | 85* |
| Luftschleusen | 1 | Sojus | 3 | | |
| Türelemente | 5 | Antrieb MK2 | 1 | * Verwendung von LH2 vom LEO | |
| Gangelemente | 7 | Frachtmodul | 1 | | |
| Reaktormodul | 1 | Phönix | 5 | | |
| Generatormodul | 1 | Astronauten | 2 | | |
| Freigelegte Fläche | 144 m² | | | | |
| Einwohnerzahl** | 7 | | | | |

** 2 Astronauten, 1 Reaktoringenieur, 1 Geologe, 2 Bergmänner, 1 Mediziner

Die Tabelle unten links gibt einen Überblick über die durchgeführten Flüge und deren Kosten. Die Zusammenstellung zeigt, wie sich mit sechs über ein Jahr verteilten Flügen für unter 12 Mrd. USD eine Mondsiedlung und eine Raumstation im Mondorbit etablieren lassen. Ist es nicht möglich, vom LEO unter Verwendung von LH2/LOX zu starten, ist die beste Alternative die Verwendung von UDMH/$N_2O_2$-Gemisch aus dem geostationären Orbit. Die Mehrkosten dafür betragen knapp unter 20 %. Diese Alternative kann interessant werden, falls die detaillierte Missionsplanung unüberwindbare Probleme in der Handhabung mit flüssigem Wasserstoff ergibt.

Anhand der ersten Welle lässt sich auch die Preisstabilität im Lichte von Unwägbarkeiten prüfen. Unter der Annahme, dass sich die Massen für Treibstoffmodule und Wohnmodule verdoppeln, ergeben sich Kosten entsprechend der nächsten Tabelle. Es zeigt sich, dass auch diese sehr konservative Annahme lediglich zu Mehrkosten von etwa 26 % führen würde. Die Kostenschätzung ist also hinreichend stabil.

## Flüge der ersten Welle
## Vergleich der Treibstoffkosten

| | | LH2 [M$] | UDMH [M$] |
|---|---|---|---|
| Flug 1 | Wohnmodule und 3 Siedler | 1.366 | 1.803 |
| Flug 2 | Wohnmodule und 3 Siedler | 1.252 | 1.690 |
| Flug 3 | ISS-2 und 3 Siedler | 1.500 | 2.100 |
| Flug 4 | Reaktormodul und Versorgung | 3.591 | 4.034 |
| Flug 5 | Treibstoff und Material | 979 | 1.407 |
| Flug 6 | Generatormodul und Treibstoff | 2.664 | 3.217 |
| | Summe | 11.352 | 14.251 |

## Kostenschätzung bei verdoppelter
## Treibstofftankmasse (Start von LEO)

| | | LH2 [M$] | UDMH [M$] |
|---|---|---|---|
| Flug 1 | Wohnmodule und 3 Siedler | 1.881 | 2.994 |
| Flug 2 | Wohnmodule und 3 Siedler | 1.768 | 2.880 |
| Flug 3 | ISS-2 und 3 Siedler | 2.055 | 3.589 |
| Flug 4 | Reaktormodul und Versorgung | 3.999 | 5.124 |
| Flug 5 | Treibstoff und Material | 1.409 | 2.407 |
| Flug 6 | Generatormodul und Treibstoff | 3.212 | 4.549 |
| | Summe | 14.324 | 21.543 |

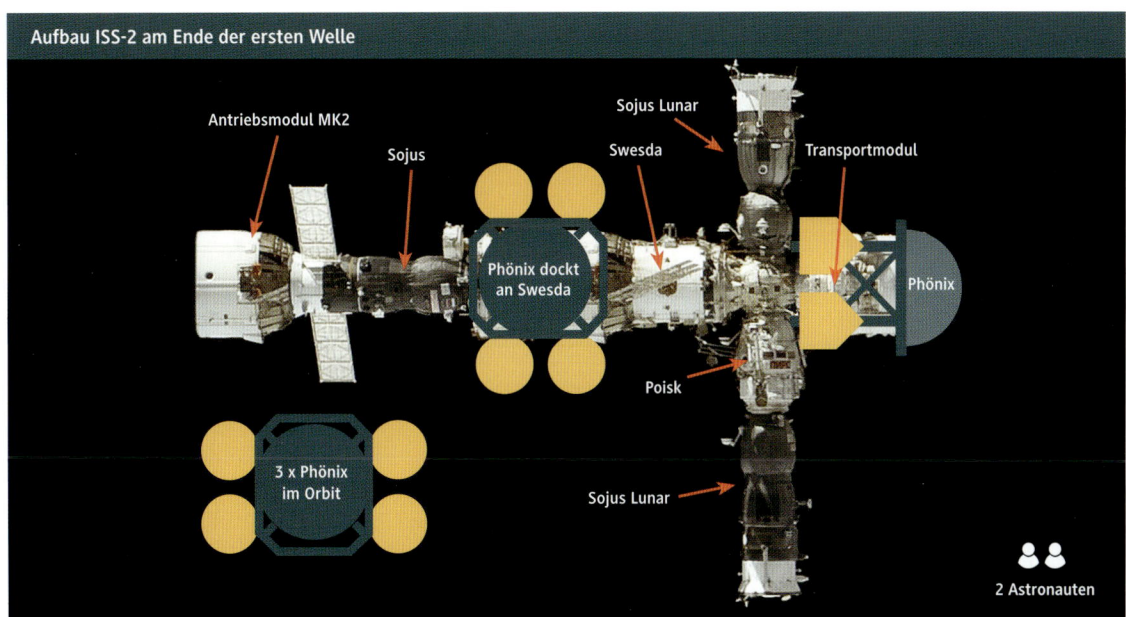

**Aufbau ISS-2 am Ende der ersten Welle**

Antriebsmodul MK2

Sojus

Sojus Lunar

Swesda

Transportmodul

Phönix dockt an Swesda

Phönix

Poisk

3 x Phönix im Orbit

Sojus Lunar

2 Astronauten

# KOLONIEBAU

## WELLE 2

Mit der zweiten Welle an Siedlern beginnen der eigentliche Bau und die Bevölkerung der Siedlung. Auch diese Welle wird ein Jahr dauern, während dem drei Flüge zum Mond stattfinden.

### FLUG 1

Die zweite Welle startet mit zwei Bergleuten und einem Astronauten. Zur Akklimatisierung haben sich die drei schon etwas auf der ISS-1 aufgehalten, ehe sie von dort mit einem Sojus Lunar zum Mondraumschiff fliegen und sich mit mehr Phönix-Treibstoff, mehr Bergbaumaterial und Rationen für zwölf Personen und 90 Tage auf den Weg machen.

In der Mondumlaufbahn dockt Sojus Lunar an der ISS-2. Das bereits an der Station angedockte Frachtmodul wird bis auf Abfälle entladen und vom Phönix auf die Parkbahn gebracht. Eines der neuen Frachtmodule wird stattdessen an der ISS-2 angedockt. Es enthält 0,9 t Vorräte und 2,4 t Materialien für die Stations-, Phönix- und Explorer-Wartung. Die anderen drei Frachtmodule werden von einem Phönix-Zug mit 4,5 t Vorräten und 5,4 t Materialien zur Mondsiedlung geflogen.

Die abgesetzten Module werden von den Siedlern in die Nähe von Wohnmodul 2 gerollt, dort getrennt, umgekippt und mit Gangelementen an das Wohnmodul angeschlossen. Nach einem Druckausgleich werden dann die Türen zu den Frachtmodulen geöffnet und entladen. Der Phönix-Zug kehrt ohne Module in die Umlaufbahn zurück. Das angelieferte Material besteht aus weiteren Bergbauwerkzeugen, Tür- und Fensterelementen, Lebenserhaltungsgeräten für die neu geschaffenen Räume sowie Kabeln und Rohren zum Anschluss an das Generatormoduls.

Auf der ISS-2 wird Material für die Mondreisenden vom Frachtmodul in den Explorer umgeladen, für ein Gesamtgewicht des Explorers von 4 t. Der neu angekommene Astronaut verbleibt in der ISS-2, alle anderen fliegen zur Mondoberfläche. Dort tauscht ein Astronaut von der Raumstation mit einem anderen den Platz. Auf diese Weise muss eine einzelne Person nicht zu lange der Schwerelosigkeit und Strahlung auf der ISS-2 ausgesetzt sein. Mit dem Explorer kehrt die Ablösung zur ISS-2 zurück, womit die Besatzung wieder zwei Personen beträgt. Zurück in der Mondumlaufbahn werden die leeren Treibstofftanks mithilfe der Phönixe auf die Parkbahn gebracht.

Auf der Mondoberfläche arbeiten jetzt vier Bergleute am Ausbau der Siedlung. Im Schichtbetrieb treiben die Bergleute den Tunnel voran. Gemeinsam bewegen sie 8 m³ Gestein pro Tag. Plant man einen Tunnelquerschnitt von 1,4 m auf 2,2 m, ergibt sich ein Vortrieb von etwa 2,6 m pro Tag. Nach sechs Monaten Bauzeit wäre ein Volumen von 1.440 m³ freigelegt. Auf die Grundfläche umgerechnet sind

## Raumschiffkonfiguration Welle 2, Flug 1

| | Raumschiffkonfiguration | Masse (t) | Material (M$) | LEO (M$) |
|---|---|---|---|---|
| 1 | Antriebsmodul (MK1) | 4 | 20 | 16 |
| 4 | Treibstoff für Phönix | 38,3 | 0 | 153,2 |
| 1080 | Tagesrationen | 5,4 | 0,27 | 21,6 |
| 1 | Sojus Lunar | 4,77 | 45 | 45 |
| 3 | Crewmitglieder | 0,75 | 0 | 0 |
| | Ballast | 1 | 0 | 4 |
| 4 | Transportmodul | 2,8 | 40 | 11,2 |
| | Material | 7,8 | 78 | 31,2 |
| | **Summe** | **64,82** | **183,27** | **282,20** |

| | LH2/LOX | UDMH/N202 |
|---|---|---|
| Anzahl Tanks | 14,0 | 20,0 |
| Masse Tanks [t] | 14,0 | 20,0 |
| Masse Treibstoff [t] | 152,0 | 253,6 |
| Material Tank [M$] | 280,0 | 400,0 |
| Transport zu LEO [M$] | 510,7 | 941,0 |
| Missonskosten [M$] | 1.256,2 | 1.806,5 |

dies 655 m².

Für den Anfang bietet sich die folgende schematische Basisgeometrie an:

Wohnräume werden entlang der Felskante angelegt, um mit Fensterelementen die Möglichkeit auf Sonnenlichtnutzung zu schaffen. Technikräume und andere Räume, die kein Sonnenlicht benötigen, werden tiefer im Berg untergebracht. Jeder Raum wird mit einem Türelement gesichert, um im Notfall keinen Druck zu verlieren. Auch die Gänge werden in regelmäßigen Abständen durch Türelemente gesichert. Im Besonderen wird der Bereich, in dem die Bergleute arbeiten, von dem Bereich getrennt, der bereits bewohnt ist.

**Der Bauablauf in der zweiten Welle könnte so aussehen:**

- **Vorarbeit durch die Bergmänner in der ersten Welle:** Luftschleuse und drei private Zimmer
- **Nach drei Wochen:** Viertes und fünftes Zimmer fertig, auch die letzten Siedler können in den Berg einziehen.
- **Nach sechs Wochen:** Gemeinschaftsraum und Küche fertig.
- **Nach sechs Monaten:** Lager und Badezimmer fertig, insgesamt über 820 m² Wohnfläche erstellt.

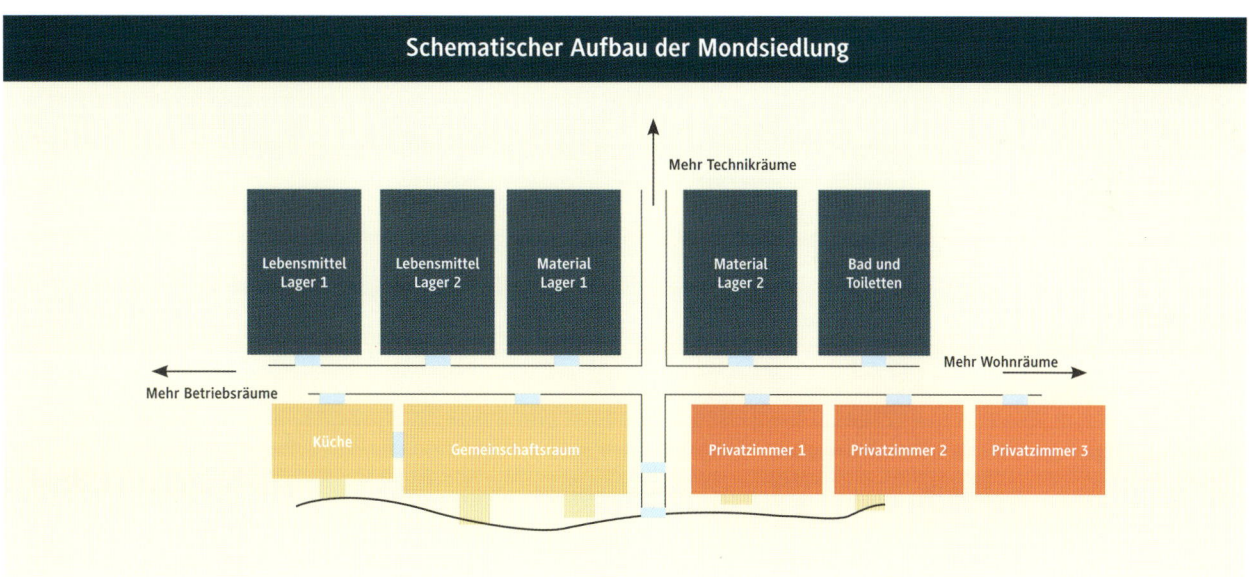

**Schematischer Aufbau der Mondsiedlung**

# FLUG 2

Mit dem zweiten Flug der zweiten Welle werden mehr Material und Versorgungsgüter für weitere 180 Tage angeliefert. Der Flug erfolgt unbemannt. Ein Transportmodul wird an der ISS-2 gedockt, die anderen vier mit einem Phönix-Zug zur Oberfläche gebracht. Insgesamt verbleiben 1,5 t Material an der ISS-2 und 4,2 t Material erreichen die Siedlung. Diese Materiallieferung dient primär dem Stationsausbau und ersetzt eventuell beschädigtes Werkzeug.

# FLUG 3

Der dritte und letzte Flug dieser Welle findet irgendwann vor dem 270. Tag der Welle bemannt statt. Er ist beispielhaft als Rettungsmission ausgelegt. Im Normalfall würden zwei Astronauten und ein Steinmetz zum Mond reisen, der Steinmetz verbleibt auf der Oberfläche, die beiden Astronauten lösen zwei Kollegen ab, die zur Erde zurückkehren. Für den Fall eines medizinischen Notfalls, beispielsweise eines erkrankten Bergmanns, der nur auf der Erde

## Raumschiffkonfiguration Welle 2, Flug 2

| | Raumschiffkonfiguration | Masse (t) | Material (M$) | LEO (M$) |
|---|---|---|---|---|
| 1 | Antriebsmodul (MK1) | 4 | 20 | 16 |
| 4 | Treibstoff für Phönix | 35,2 | 0 | 140,8 |
| 2160 | Tagesrationen | 10,8 | 0,54 | 43,2 |
| | Ballast | 1 | 0 | 4 |
| 5 | Transportmodul | 3,5 | 50 | 14 |
| | Material | 5,7 | 57 | 22,8 |
| | Summe | 60,20 | 127,54 | 240,80 |

| | LH2/LOX | UDMH/N202 |
|---|---|---|
| Anzahl Tanks | 13,0 | 19,0 |
| Masse Tanks [t] | 13,0 | 19,0 |
| Masse Treibstoff [t] | 140,8 | 235,1 |
| Material Tank [M$] | 260,0 | 380,0 |
| Transport zu LEO [M$] | 474,3 | 875,6 |
| Missonskosten [M$] | 1.102,6 | 1.624,0 |

## Raumschiffkonfiguration Welle 2, Flug 3

| | Raumschiffkonfiguration | Masse (t) | Material (M$) | LEO (M$) |
|---|---|---|---|---|
| 1 | Antriebsmodul (MK2) | 10 | 20 | 40 |
| 3 | Treibstoff für Phönix | 29,5 | 0 | 118 |
| 1170 | Tagesrationen | 5,85 | 0,2925 | 23,4 |
| 1 | Sojus | 7,22 | 45 | 45 |
| 3 | Crewmitglieder | 0,75 | 0 | 0 |
| | Ballast | 1 | 0 | 4 |
| 2 | Transportmodul | 2 | 20 | 8 |
| | Material | 1,65 | 16,5 | 6,6 |
| | Summe | 57,97 | 101,79 | 245,00 |

| | LH2/LOX | UDMH/N202 |
|---|---|---|
| Anzahl Tanks | 12,0 | 18,0 |
| Masse Tanks [t] | 12,0 | 18,0 |
| Masse Treibstoff [t] | 131,2 | 222,0 |
| Material Tank [M$] | 240,0 | 360,0 |
| Transport zu LEO [M$] | 454,7 | 842,0 |
| Missonskosten [M$] | 1.041,4 | 1.548,80 |

behandelt werden kann, kann einer der Astronauten durch einen anderen Bergmann ersetzt werden.

Im Mondorbit finden die Routinemanöver statt. Sojus und ein Frachtmodul docken an der ISS-2. Dort werden 0,9 t Vorräte entladen. Anschließend werden die beiden Frachtmodule mit Vorräten für weitere 90 Tage und 1,65 t Material zur Mondoberfläche gebracht. Die beiden ISS-2-Crewmitglieder und der Steinmetz fliegen mit der Explorer-Phönix-Kombination zur Mondoberfläche. Astronauten und Steinmetz bleiben in der Basis. Zwei der bisherigen Basisastronauten (bzw. im Notfall ein verletzter Siedler) kehren zur Raumstation zurück, von dort treten sie mit dem Sojus-Raumschiff, angetrieben durch die MK2-Antriebsektion, den Heimweg an.

Lässt man sich bis zum dritten Flug beispielsweise sechs Monate Zeit, so gelingt den Bergleuten die Erweiterung der Siedlung um 650 m³. Der neu geschaffene Raum wird in Unterkünfte für die Siedler der dritten Welle investiert und in die Schaffung von Industrieräumen. Je nach zukünftiger Verwendung wird für diese Räume eine Lage im Berginneren, in der Nähe einer Außenwand auf der Sonnenseite, Schattenseite oder sogar im Freien angelegt.

Zum Ende der zweiten Welle hat die Mondkolonisierung folgenden Status erreicht:

### Mondausbau beim Ende der zweiten Welle

| Mondbasis | | ISS-2 | | Parkbahn | |
|---|---|---|---|---|---|
| Wohnmodule | 2 | Swesda | 1 | Antrieb MK1 | 8 |
| Frachtmodule | 1 | Poisk | 1 | Treibstoffmodule | 123* |
| Luftschleusen | 1 | Sojus Lunar | 1 | Frachtmodul | 1 |
| Frachtmodule | 3 | Antrieb MK2 | 1 | | |
| Türelemente | 1 | Sojus | 3 | | |
| Gangelemente | 4 | Frachtmodul | 1 | * Verwendung von LH2 vom LEO | |
| Reaktormodul | 1 | Phönix | 5 | | |
| Generatormodul | 1 | Explorer | 1 | | |
| Freigelegte Fläche | 1.470 m² | Astronauten | 2 | | |
| Einwohnerzahl** | 11 | | | | |

** 3 Astronauten, 1 Reaktoringenieur, 1 Geologe, 4 Bergmänner, 1 Mediziner, 1 Steinmetz,

Die folgende Tabelle zeigt die Kostenübersicht für die drei Flüge der zweiten Welle:

### Flüge der zwweiten Welle – Vergleich der Treibstoffkosten

| | | LH2 [M$] | UDMH [M$] |
|---|---|---|---|
| Flug 1 | Material, Vorräte und 3 Siedler | 1.256 | 1.806 |
| Flug 2 | Material und Vorräte | 1.103 | 1.624 |
| Flug 3 | Material, Vorräte und 1 Siedler | 1.041 | 1.549 |
| | **Summe** | **3.400** | **4.979** |

Verglichen mit dem ersten Jahr der Mondbesiedlung sind die Kosten der zweiten Welle wegen der wegfallenden Entwicklungskosten für ein Reaktor- und Generatormodul deutlich geringer. Insgesamt elf Personen arbeiten ein Jahr am Bau der Station in das Mondgestein. Noch werden alle Versorgungsgüter von der Erde angeliefert. Insgesamt sind auf diese Weise 18,45 t Vorräte und 11,25 t Material auf den Mond gebracht worden. Zu Vorräten zählen Lebensmittel und Verbrauchsgüter wie Kleidung und Toilettenpapier. Keines der Verbrauchsmaterialien verschwindet durch seine Benutzung, sondern wird lediglich in eine andere Form umgewandelt. Im Falle von Lebensmitteln in Biomasse. Alles, was auf dem Mond eingeführt wird, bereichert die Siedlung und kann zu geeigneter Zeit Verwendung finden.

# ERWEITERUNG DER KOLONIE

## WELLE 3

Ziel der Kolonieerweiterung ist es, ein hohes Maß an Unabhängigkeit von der Erde zu erreichen. Dafür werden im Verlauf eines Jahres im Wesentlichen zwei Prozesse etabliert: Nahrungsmittelherstellung und Metall-Sauerstoff-Gewinnung. Die lokale Produktion von Nahrungsmitteln liegt nahe. Durch einen Flug von der Erde wird alles Zubehör zur Errichtung von Gärten zur Versorgung von 16 Personen angeliefert. In Ermangelung besserer Zahlen wird ein Bedarf von 1 t Material pro zu versorgender Person angesetzt. Das Material wird von zwei Gärtnern und einem Astronauten begleitet.

### FLUG 1

Mit dem ersten Flug der dritten Welle werden Versorgungsgüter für 90 Tage mitgeführt. Nach Ankunft in der Mondumlaufbahn docken Sojus Lunar und ein Transportmodul an der ISS-2. Aus dem Transportmodul werden 0,9 t Versorgungsgüter für die Astronauten der Raumstation ausgeladen sowie 1,22 t Material für Wartung von Station und Mondlandefähren. Anschließend transportiert ein frisch betankter Phönix den Sojus Orbiter mit den beiden Gärtnern und einem Astronauten an Bord sowie das teilweise entladene Frachtmodul mit 1,18 t Gartenmaterial zum Mond. Nach seiner Rückkehr in die Umlaufbahn startet ein Phönix-Zug mit den verbliebenen drei Containern zur Oberfläche. Darin enthalten: 6,3 t Vorräte und

3,6 t Material für den Gartenbau. Auf dem Mond werden die neuen Frachtmodule anstelle eines leeren angedockt, das leere Modul wird zur Seite gerollt. Die Gärtner beginnen mit dem Einrichten des Treibhausbereichs. Nach dem Verbau von 4,78 t Material wird die Nahrungsversorgung der 14 Siedler zu 34 % aus eigenem Anbau gedeckt.

## FLUG 2

Der zweite Flug der Welle erfolgt unbemannt, es werden weitere Vorräte und Materialien angeflogen. Nach Ankunft im Mondorbit wird zuerst ein Frachtmodul mit der ISS-2 gedockt und 0,9 t Versorgungsgüter entladen. Anschließend werden alle fünf Frachtmodule mit Gartenmaterial durch einen Phönix-Zug zur Oberfläche gebracht, der Reihe nach entladen und zum Aufbau des Mondgartens verwendet.

### Raumschiffkonfiguration Welle 3, Flug 1

| | Raumschiffkonfiguration | Masse (t) | Material (M$) | LEO (M$) | | | LH2/LOX | UDMH/N202 |
|---|---|---|---|---|---|---|---|---|
| 1 | Antriebsmodul (MK1) | 4 | 20 | 16 | | Anzahl Tanks | 14,0 | 20,0 |
| 4 | Treibstoff für Phönix | 38,3 | 0 | 153,2 | | Masse Tanks [t] | 14,0 | 20,0 |
| 1440 | Tagesrationen | 7,2 | 0,36 | 28,8 | | Masse Treibstoff [t] | 152,0 | 253,6 |
| 1 | Sojus Lunar | 4,77 | 45 | 45 | | Material Tank [M$] | 280,0 | 400,0 |
| 3 | Crewmitglieder | 0,75 | 0 | 0 | | Transport zu LEO [M$] | 510,7 | 941,0 |
| | Ballast | 1 | 0 | 4 | | Missonskosten [M$] | 1.238,3 | 1.788,6 |
| 4 | Transportmodul | 2,8 | 40 | 11,2 | | | | |
| | Material | 6 | 60 | 24 | | | | |
| | **Summe** | **64,82** | **165,36** | **282,20** | | | | |

### Raumschiffkonfiguration Welle 3, Flug 2

| | Raumschiffkonfiguration | Masse (t) | Material (M$) | LEO (M$) | | | LH2/LOX | UDMH/N$_2$O$_2$ |
|---|---|---|---|---|---|---|---|---|
| 1 | Antriebsmodul (MK1) | 4 | 20 | 16 | | Anzahl Tanks | 16,0 | 22,0 |
| 5 | Treibstoff für Phönix | 44 | 0 | 176 | | Masse Tanks [t] | 16,0 | 22,0 |
| 1440 | Tagesrationen | 7,2 | 0,36 | 28,8 | | Masse Treibstoff [t] | 166,6 | 276,1 |
| | Ballast | 1 | 0 | 4 | | Material Tank [M$] | 320,0 | 440,0 |
| 5 | Transportmodul | 3,5 | 50 | 14 | | Transport zu LEO [M$] | 554,3 | 1.016,5 |
| | Material | 10,2 | 102 | 40,8 | | Missonskosten [M$] | 1.326,3 | 1.908,4 |
| | **Summe** | **69,90** | **172,36** | **279,60** | | | | |

## FLUG 3

Auch der dritte Flug ist ein unbemannter Versorgungsflug. Für die Astronauten der ISS-2 werden 1,8 t Versorgungsgüter für die nächsten 180 Tage angeliefert. Bevor das neue Frachtmodul an der ISS-2 dockt, wird das Alte vollständig entladen, mit Abfällen beladen und auf die Parkbahn gebracht. Zusätzlich zu Versorgungsgütern enthält das neue Transportmodul 1,5 t Material für die Wartung. Zur Mondoberfläche werden nur noch 6,3 t Versorgungsgüter geschickt, eine Reduzierung um 50 % pro Mann/Tag, da Nahrungsmittel jetzt weitgehend selbst hergestellt werden können. Die 3,6 t Material dienen dem Garten- und Stationsausbau. Nach Fertigstellung ist der Garten zur Versorgung von 16 Personen in der Lage.

Insgesamt ist die dritte Welle wie die beiden ersten Wellen ebenfalls über den Zeitraum von einem Jahr geplant. In dieser Zeit könnten die Bergleute die Station um weitere 1300 m² vergrößern. Da die Bergleute auch den Steinmetz unterstützen sollen, wird nur eine Erweiterung von 1000 m² in der dritten Welle angenommen. Primärziel der Erweiterung ist das Vorbereiten von Räumen für die Industrieanlagen der nächsten Welle. Jeder der beiden unbemannten Flüge könnte gegen Mehrkosten auch bemannt ausgeführt werden, falls die Rettung von Kranken oder Verletzten notwendig wäre.

### Raumschiffkonfiguration Welle 3, Flug 3

| | Raumschiffkonfiguration | Masse (t) | Material (M$) | LEO (M$) | | | LH2/LOX | UDMH/N$_2$O$_2$ |
|---|---|---|---|---|---|---|---|---|
| 1 | Antriebsmodul (MK1) | 4 | 20 | 16 | Anzahl Tanks | | 11,0 | 16,0 |
| 3 | Treibstoff für Phönix | 29,5 | 0 | 118 | Masse Tanks [t] | | 11,0 | 16,0 |
| 1620 | Tagesrationen | 8,1 | 0,405 | 32,4 | Masse Treibstoff [t] | | 120,2 | 201,2 |
| | Ballast | 1 | 0 | 4 | Material Tank [M$] | | 220,0 | 320,0 |
| 4 | Transportmodul | 4 | 40 | 16 | Transport zu LEO [M$] | | 406,7 | 750,7 |
| | Material | 5,1 | 51 | 20,4 | Missonskosten [M$] | | 944,9 | 1.388,9 |
| | **Summe** | **51,70** | **111,41** | **206,80** | | | | |

Zum Ende der dritten Welle ist die Mondbesiedlung
wie folgt fortgeschritten:

## Status Mondausbau beim Ende der dritten Welle

| Mondbasis | | ISS-2 | | Parkbahn | |
|---|---|---|---|---|---|
| Wohnmodule | 2 | Swesda | 1 | Antrieb MK1 | 11 |
| Frachtmodule | 20 | Poisk | 1 | Treibstoffmodule | 123* |
| Luftschleusen | 1 | Sojus Lunar | 1 | Frachtmodul | 2 |
| Sojus Orbiter | 3 | Antrieb MK2 | 1 | | |
| Gangelemente | 4 | Sojus | 3 | | |
| Reaktormodul | 1 | Frachtmodul | 1 | * Verwendung von LH2 vom LEO | |
| Generatormodul | 1 | Phönix | 5 | | |
| Freigelegte Fläche | 2.470 m² | Explorer | 1 | | |
| Einwohner** | 14 | Astronauten | 2 | | |
| Versorgungslimit | 16 | | | | |

** 4 Astronauten, 1 Reaktoringenieur, 1 Geologe, 4 Bergmänner, 1 Mediziner, 1 Steinmetz, 2 Gärtner

## Flüge der dritten Welle – Vergleich der Treibstoffkosten

| Übersicht Flüge der dritten Welle | | LH2 [M$] | UDMH [M$] |
|---|---|---|---|
| Flug 1 | Material, Vorräte und 3 Siedler | 1.238 | 1.789 |
| Flug 2 | Material und Vorräte | 1.326 | 1.908 |
| Flug 3 | Material und Vorräte | 945 | 1.389 |
| | Summe | 3.509 | 5.086 |

# PRODUKTIONSBEGINN

## WELLE 4

Die vierte Welle ist der entscheidende Schritt in der Emanzipierung der Mondsiedlung. Es werden die nötigen Produktionsanlagen angeliefert, um Mondgestein und im Besonderen Regolith verarbeiten zu können. Wäre es bisher noch möglich gewesen, die Station irgendwie mit Solarstrom zu versorgen, entfällt diese Option nun durch den gesteigerten Energiebedarf der Produktionsanlagen.

### GEWINNUNG VON ALUMINIUM

Die erste Produktionskette, die etabliert werden sollte, ist $Al_2O_3$ zu Aluminium und Sauerstoff. Die Gewinnung von Titan wäre ein sehr interessantes Zubrot und sollte spätestens bei der nächsten Erweiterung der Siedlung erwogen werden. Eisen ist wegen seiner magnetischen Eigenschaften möglicherweise relativ einfach zu isolieren und zu gewinnen. Für den Anfang liegt der Fokus jedoch auf der Aluminiumgewinnung.

## Neuentwicklung: REGOLITHPROZESSOR

Mondregolith enthält unter anderem Silizium-, Aluminium-, Eisen- und Titanoxid. Um daraus die einzelnen Metalle sowie Sauerstoff zu gewinnen, muss der Regolith verarbeitet werden – mithilfe einer neu entwickelten Maschine: dem Regolithprozessor. Wie dieser funktionieren könnte, wird im Folgenden erklärt.

Mondgestein, z. B. aus dem bei der Erweiterung der Station abgebauten Material, wird zerkleinert, entsprechend der Elemente sortiert und eingeschmolzen. Dabei entstehen das gewünschte Metall und Sauerstoff. Zum Trennen der Elemente gibt es zahlreiche Verfahren: Trennung aufgrund

eines Phasenübergangs bei unterschiedlichen Temperaturen, Trennung durch unterschiedliche Löslichkeit, Trennung aufgrund von Magnetismus, Trennung aufgrund unterschiedlicher Dichte.

Ein einfaches Beispiel für die Trennung nach einem Phasenübergang ist das Schmelzen. Erhitzt man die zu sortierende Masse langsam zu immer höheren Temperaturen, verflüssigen die Inhalte entsprechend ihres Schmelzpunktes und laufen aus dem Gemisch heraus. Im günstigsten Fall erzeugt man gleichzeitig eine Umgebung, in der Metall und Sauerstoff getrennt werden, sodass das reine Metall ausfließen kann.

Die häufigsten Elemente auf dem Mond und ihre Schmelzpunkte sind:

| Verbindung | Schmelzpunkt Metall | Schmelzpunkt Oxid |
|---|---|---|
| $Al_2O_3$ | 933,47 K (660,32 °C) | 2.050 °C |
| $SiO_2$ | 1.683 K (1410 °C) | 1.713 °C |
| $Fe_2O_3$ | 1.811 K (1538 °C) | 1.565 °C |
| CaO | 1.115 K (842 °C) | 2.570 – 2.580 °C |
| MgO | 923 K (650 °C) | 2.852 °C |
| $TiO_2$ | 1.941 K (1668 °C) | 1.855 °C |

Der gewonnene Sauerstoff wird überwiegend im Mondschatten verflüssigt und eingelagert. Etwa 1,5 kg pro Tag und Person werden zum Ausgleich des von Menschen verbrauchten Sauerstoffs verwendet. Auf diese Weise entfällt die Notwendigkeit, kontinuierlich $CO_2$ zu Sauerstoff aufzuspalten. Sauerstoff, für den es keine Aufbewahrungsmöglichkeit gibt, kann notfalls an einem schattigen Ort als Sauerstoffsee gelagert werden oder an die kaum vorhandene Mondatmosphäre abgegeben werden.

Gewonnenes Aluminium wird überwiegend zur Herstellung von folgendem Halbzeug verwendet:

1. Aluminiumpulver zur Verwendung im Al/LOX-Monotreibstoff,

2. Aluminiumkabel zum Ausbau der Stromversorgung,
3. Aluminiumrohre zum Ausbau der Wasserversorgung und Herstellung von einfachen Rohrkonstruktionen, z. B. Gerüsten oder Stützen,
4. Aluminiumbleche,
5. Aluminiumblöcke, um komplizierte Strukturen aus dem Vollen zu fräsen.

Eine Maschine, die Aluminium zu Pulver verarbeitet, erscheint wenig kompliziert und wird mit 1 t Masse angesetzt. Kabel bestehen aus Mantel und Kern. Während der Kern auf dem Mond hergestellt werden kann, wird Mantelmaterial von der Erde zu importieren sein. Hier werden vermutlich Maschinen für etwa 2 t benötigt: eine zum Ziehen des Alumi-

---

Es ist also theoretisch vorstellbar, die Elemente nach ihrem Schmelzpunkt zu sortieren. In der Praxis sind jedoch aufwendigere Verfahren notwendig bzw. effizientere. Damit ein Regolithprozessor auf dem Mond funktionieren kann, ist es entscheidend, keine auf dem Mond nicht vorhandenen Elemente zu verbrauchen. Alle für die Prozessführung wichtigen Hilfsmittel wie Säuren oder Basen müssen im Rahmen des Prozesses vollständig zurückgewonnen werden und dürfen nicht verbraucht werden. Im Idealfall werden die Metalle durch Zuführung von elektrischer Energie gewonnen, wie bei der Gewinnung von Aluminium, Calcium und Magnesium mithilfe der Schmelzflusselektrolyse.

**Ein Regolithprozessor auf dem Mond kann auch einige Vorteile nutzen:** Ein Vakuum ist extrem einfach zu erreichen und kann unbegrenzt aufrechterhalten werden. Für einen Prozessablauf unter Vakuumbedingungen muss folglich keine aufwendige Technologie eingesetzt werden. Da man allerdings den Sauerstoff behalten möchte, ist ein abgeschlossenes Volumen, aus dem der Sauerstoff nicht entweichen kann, wohl unvermeidbar.

Tiefe Temperaturen gibt es auf dem Mond ebenfalls gratis. Temperaturen im Schatten reichen zur Verflüssigung von Sauerstoff aus.

Entwicklung, Konstruktion und Bau des Regolithprozessors ist zweifellos eine der größten Herausforderungen der Mondbesiedlung, liegt allerdings technisch im Bereich des Machbaren. Für jedes der beschriebenen Elemente sind mehrere Herstellungsverfahren bekannt, die Aufgabe liegt darin, eine Kombination zu finden, die auf dem Mond funktioniert.

niums auf die gewünschte Drahtstärke und eine zum Aufbringen der Isolierung. Falls ein Verseilen notwendig ist, kann dies auch von Hand gemacht werden. Zum Walzen in Bleche und anschließenden Zuschnitt werden Maschinen für 3 t angenommen. Möglicherweise lässt sich hier Masse einsparen, in dem die Walzen an sich hohl zum Mond geliefert werden und erst dort mit einer Aluminiumlegierung ausgegossen werden. Bei allen Maschinen kann dadurch Gewicht gespart werden, dass Vollteile als Hohlteile ausgeführt werden und erst auf dem Mond mit Aluminium gefüllt werden. Außerdem kann auf Verkleidung verzichtet und diese auf dem Mond hergestellt werden.

Sämtliche Maschinen werden als kommerzielles Produkt gekauft, gegebenenfalls wie beschrieben modifiziert, so weit wie möglich auseinander gebaut und die Einzelteile in Schaumstoff gebettet in einem Transportmodul untergebracht. Jedes Transportmodul wird auf 4 t Gesamtmasse optimiert, davon entfallen 0,7 t auf das Modul, 0,6 t auf den enthaltenen Schaumstoff und 2,4 t auf das transportierte Werkzeug. Neben den oben genannten Maschinen werden noch 2,1 t weiteres Werkzeug veranschlagt. Daraus ergeben sich in der Summe drei Transportmodule mit Werkzeug, Maschinen und 1,8 t Schaumstoff für die Herstellung von Aluminium-Halbzeug. Eine genaue Auflistung von Material,

## Fortsetzung Neuentwicklung: REGOLITHPROZESSOR

### Stark vereinfacht könnte eine Prozesskette so aussehen:

**1** Regolith wird zu feinem Staub zermahlen.

**2** Eisenoxid wird magnetisch abgetrennt. Falls gewünscht, kann das Oxid später mit elementarem Aluminium, z. B. über das Thermitverfahren, in Eisen umgewandelt werden. Allerdings besteht für Eisen eher weniger Verwendung, dieser Schritt ist daher optional.

**3** $Al_2O_3$ wird aus dem Verbund herausgelöst, das Lösungsmittel wird durch Destillation entfernt und wieder gewonnen.

**4** In einem für den Mond optimierten Verfahren, z. B. durch Schmelzflusselektrolyse, werden Aluminium und Sauerstoff getrennt.

**5** Gasförmiger Sauerstoff wird durch einen Kondensator in den Mondschatten geleitet, wo er verflüssigt und in Speichertanks abfließt.

**8** CaO, also gebrannter Kalk, kann herausgelöst und nach Destillation des Lösungsmittels in seiner Form weiterverwendet werden. Kalk könnte im Stationsbau zur Herstellung von fortgeschrittenen Baustoffen wie Kalkmörtel, Kalkputz oder Kalkfarbe dienen und in der Basisgärtnerei als Kalkdünger.

**7** Amorphes $SiO_2$ kann z. B. durch eine wässrige, erwärmte Base gelöst werden. Siliziumoxid kommt für die Herstellung von Glas infrage.

**Sollen noch weitere Elemente aus dem Regolith gewonnen werden, könnte die Prozesskette wie folgt fortgesetzt werden:**

**6** Flüssiges Aluminium wird abgesaugt oder ablaufen gelassen und in verschiedene Formen gegossen.

**9** MgO kann ebenfalls abgetrennt und anschließend für die Glasherstellung und als hochtemperaturbeständige Beschichtung verwendet oder nach einem modifizierten Schmelzflusselektrolyseverfahren in die Metallform umgewandelt werden.

**10** Die Gewinnung von Titan hat einigen Charme und ist daher nach Aluminium am interessantesten. Nach der Abtrennung von $TiO_2$ kann Titan entweder durch einen abgewandelten Kroll-Prozess, bei dem das für den Prozess benötigte Chlor und Magnesium am Prozessende auch wieder als Chlor und Magnesium vorliegen, oder durch das Van-arkel-de-Boer-Verfahren gewonnen werden.

Maschinen und Werkzeug für den Mond findet sich in der Tabelle „Maschinen und Werkzeuge für den Mond" auf S. 182.

Das Aluminium-Halbzeug soll anschließend weiter verarbeitet werden. Im Wesentlichen sind hier verschiedene Bohrmaschinen, Drehbank, Walze, Schleifmaschine und CNC-Fräse nötig. Für die kleineren Maschinen werden in der Summe 2,5 t veranschlagt, für die CNC-Fräse 5 t. Um Aluminium und später auch Titan schweißen zu können, wird ein Elektronenstrahlschweißgerät beschafft. Anders als auf der Erde kommt der Nachteil des Elektronenstrahlschweißens, Vakuum zu benötigen, auf dem Mond nicht sehr zum Tragen: Vakuum ist auf dem Mond im Überschuss vorhanden. In einem belüfteten Raum wird ein handelsüblicher Schweißroboter mit einem Elektronenstrahlschweißgerät aufgestellt. Roboter mit Fixiertisch wiegen etwa 1,6 t. Abgesehen davon, dass beim Elektronenstrahlschweißen nahezu jedes Metall mit jedem verbunden werden kann und es auch ohne Schweißdraht möglich ist, verbraucht es vor allem kein Gas.

Der Energiebedarf für die Aluminiumherstellung im Schmelzelektrolyseverfahren beträgt auf der Erde 12,9 kWh bis 17,7 kWh pro kg gewonnenem Aluminium. Wenn der Prozess auf dem Mond 50 % des schlechtesten irdischen Wirkungsgrades erreicht, sind 35,5 kWh erforderlich. Bei einer verfügbaren Leistung von 1 MW ergibt sich eine Produktion von 678 kg Aluminium und 603 kg Sauerstoff pro Tag. Damit können täglich 1.281 kg Treibstoff produziert werden. Bei 20 % $Al_2O_3$-Anteil im Regolith liegt der tägliche Regolithbedarf bei 6,4 t bzw. etwa 4,3 m³. Bei einer täglichen Abbaurate von 8 m³ durch die Bergleute können maximal 2,38 t Treibstoff bzw. 1.261 kg Rohaluminium hergestellt werden.

Beim Titan liegt der Energiebedarf für die Herstellung auf der Erde bei 30 bis 40 kWh pro gewonnenes kg Titan. Nimmt man konservativ auf dem Mond den halben Wirkungsgrad an, können mit 1 MW Leistung 300 kg Titan und 200 kg Sauerstoff erzeugt werden. Bei einem Titanoxidgehalt von 12 % im Regolith werden 4,17 t Rohmaterial benötigt. Berücksichtigt man die tägliche Abbaurate von vier Bergleuten, ergibt sich eine maximale Titanproduktion von 863 kg pro Tag, bei einem Leistungsbedarf von 2,9 MW. Insgesamt ergeben sich für einen auf Titan, Aluminium und Sauerstoff ausgelegten Regolithprozessor folgende Kenngrößen:

| Eckdaten Aluminiumkette | |
|---|---|
| Benötigter Regolith | 8 m³ (12 t) |
| Benötigte Leistung | 1,86 MWe |
| Aluminium-Produktion | 1.261 kg/Tag |
| $O_2$-Produktion | 1.122 kg/Tag |
| Max. Treibstoffproduktion | 2.383 kg/Tag |

| Eckdaten Titankette | |
|---|---|
| Benötigter Regolith | 8 m³ (12 t) |
| Benötigte Leistung | 2,9 MWe |
| Titan-Produktion | 863 kg/Tag |
| $O_2$ Produktion | 575 kg/Tag |

Die Anlage kann direkt in den Berg gebaut werden. Dabei können alle drei Dimensionen ausgenutzt werden, um den Prozessfluss zu berücksichtigen. Auf diese Art können eventuell Pumpen vermieden werden. Anders als Reaktor und Generatormodul benötigt der Regolithprozessor keinen Druckbehälter und kann daher durchaus in Einzelteilen, die erst vor Ort aufzubauen sind, geliefert werden.

## Maschinen und Werkzeuge für den Mond

| Material | Masse | Material | Masse |
|---|---|---|---|
| Regolithprozessor Modul 1 | 20 t | 3 Frachtmodule für Halbzeug | 2,1 t |
| Regolithprozessor Modul 2 | 20 t | Schaumstoff | 4,2 t |
| Regolithprozessor Modul 3 | 20 t | 4 Frachtmodule Endverarbeitung | 2,8 t |
| Metallpulverisierungsmaschine | 1 t | Drehbank, Bohrmaschine, Walzen, etc. | 2,5 t |
| Maschinen zur Kabelfertigung | 2 t | Schweißroboter | 1,6 t |
| Walzen und Zuschneidemaschine | 3 t | CNC Fräse | 5 t |
| Grobmechanik-Werkzeuge | 2,1 t | Feinmechanik-Werkzeug | 1,7 t |
| | | **Gesamt** | **88 t** |

Neben den oben genannten Maschinen werden noch 1,7 t Werkzeuge verschifft. Damit ergibt sich hier ein Bedarf an vier Frachtmodulen mit 9,6 t Werkzeugen und Maschinen und 2,4 t Schaumstoff für ein Gesamtgewicht von 16 t inklusive Frachtmodulgewicht. Im Rahmen der vierten Welle soll damit das Material zum Mond verlegt werden, was man in der linken Tabelle erkennt.

Da alles Material mehr oder weniger gleichzeitig gebraucht wird, bietet es sich an, die Flüge der vierten Welle zum Mond enger zusammenzulegen und alle drei Monate einen Flug auszuführen. Für

## Fortsetzung Neuentwicklung: REGOLITHPROZESSOR

### Aufbau eines Regolithprozessors

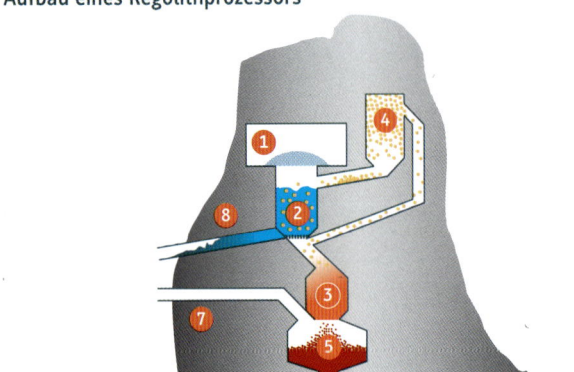

❶ Hier wird das von den Bergleuten abgebaute Gestein zermahlen und in den darunter liegenden Raum ❷ eingefüllt. Die Öffnung wird anschließend mit einem Deckel verschlossen. Der Inhalt wird erhitzt, um im Regolith in geringen Mengen enthaltenen Wasserstoff und Stickstoff freizusetzen. Nachdem die auf dem Mond seltenen Gase gewonnen wurden, wird Lösungsmittel aus dem Reservoir ❹ mit dem Regolith in ❷ vermischt. Lediglich $Al_2O_3$ löst sich und wird zusammen mit dem Lösungsmittel in die Kammer ❸ gespült. Feste Bestandteile der anderen Elemente werden durch ein Sieb in ❷ zurückgehalten. In ❸ wird das Lösungsmittel verdampft. Der Dampf steigt in ❹ auf, wo das Lösungsmittel wieder kondensiert und für den nächsten Zyklus bereitsteht. Es verbleibt $Al_2O_3$-Pulver. Die Klappe unter ❸ wird nun geöffnet, das Pulver fällt in die Elektrolysekammer ❺ .Sauerstoff entsteht am oberen Ende der Kammer und wird von dort nach draußen geleitet ❼ ,wo er in den Treibstofftanks kondensiert. Durch die Bedienung des neuen Geräts werden außerdem neue Siedler benötigt: Ein Prozessingenieur soll an der Installation des Regolithprozessors mitwirken, die Ausführung leiten, das Gerät in Betrieb nehmen, später die Produktion leiten und optimieren. Unterstützt wird er dabei von zwei Technikern, die die notwendigen handwerklichen Kenntnisse mitbringen, um die Maschine zu errichten und zu betreiben. Für die spätere Produktions- und die anfängliche Aufbauphase wird außerdem ein Metallarbeiter gebraucht, der sich mit der Handhabung von flüssigem Aluminium, Formgießen und Ähnlichem auskennt. Für die Halbzeugherstellung, den Betrieb der Feinme-

chanikwerkstätte und den Schweißroboter kommen für den Anfang noch drei Mechaniker hinzu, von denen zumindest einer über Erfahrung im Schweißen und in der Kabelherstellung verfügt.

Abgerundet wird die Erweiterung der Crew durch vier Astronauten als Universaltechniker. Damit wird die Einwohnerzahl auf 26 Personen steigen, womit auch eine Erhöhung des Versorgungslimits notwendig ist. Die benötigten Transporte werden auf acht Flüge, über zwei Jahre, aufgeteilt. Die Flüge finden alle 90 Tage statt, abwechselnd ein bemannter und ein unbemannter Flug.

einen Trichter am unteren Ende läuft das geschmolzene Aluminium in einen darunter liegenden Verarbeitungsbereich ❻ ,wo es in verschiedene Formen gegossen werden kann. ❷ könnte von verschiedenen Lösungsmitteltanks versorgt werden, um unterschiedliche Elemente aus dem Regolith herauszulösen. Diese könnten anschließend über andere Prozesswege, also weitere Kammern vom Typ ❸ , verarbeitet werden. Regolithreste werden am Ende über die Rutsche ❽ aus dem Berg befördert.

**Der Regolithprozessor ist das Herzstück der Industrialisierung des Mondes.** Obwohl lediglich bekannte Technologien verwendet werden, ist eine Prozessanpassung unerlässlich. Da diese Anpassung erfordert, dass alle im Prozess verwendeten Hilfsstoffe am Anfang und am Ende des Prozesses in gleicher Form vorliegen, kann die Entwicklung des Regolithprozessors auch zur Verbesserung irdischer Prozesse führen.

Der Materialbedarf für den Regolithprozessor wird auf 60 t veranschlagt, die in drei Proton-tauglichen Druckbehältern zum Mond transportiert werden können. Für Erweiterungen auf weitere Elemente werden 40 t pro Element angenommen.
Gelingt neben der Aluminiumgewinnung auch die von Magnesium und/oder Silizium, lassen sich verschiedene Aluminiumlegierungen größerer Härte herstellen. Besonders Al-Mg-Legierungen können von Interesse sein.

**KOSTEN:**
Die Entwicklungskosten des Regolithprozessors werden auf 5 Mrd. USD geschätzt. Der Preis erscheint konservativ, wenn man bedenkt, dass für die Entwicklung des von der verwendeten Technologie und Komplexität deutlich anspruchsvolleren Fusionsreaktors ITER im französischen Cdarache etwa 7 Mrd. USD veranschlagt wurden.

## FLUG 1

Begleitet von einem Astronauten werden im ersten Flug der Prozessingenieur und ein Prozesstechniker zum Mond geflogen. Nach der Ankunft im Mondorbit docken die Neuankömmlinge mit der Sojus Lunar an der ISS-2. Ein Phönix betankt sich mit dem angelieferten Treibstoff und bringt eines der Frachtmodule zur Raumstation. 1,8 t Vorräte, genug um die ISS-2 Crew 180 Tage zu versorgen, und 0,32 t Ersatzteile werden aus dem Frachtmodul ausgeladen. Das teilentladene Modul mit 1,18 t Vorräten wird zusammen mit dem Sojus Orbiter, dem Prozessingenieur, dem Prozesstechniker und einem der bisher auf der Raumstation stationierten Astronauten zur Mondoberfläche gebracht. Ein zweiter Phönix bringt ein weiteres Frachtmodul mit 2,3 t Vorräten und 1 t Gartenmaterial zur Oberfläche. Das Versorgungslimit steigt auf 17 Personen und hält mit der Zahl der Siedler Schritt.

Beide Phönixe kehren zur Umlaufbahn zurück. Die leeren Treibstofftanks und das benutzte Antriebsmodul werden auf eine Parkbahn gebracht. Das erste Regolithprozessormodul verbleibt auf dem Orbit in Stationsnähe. Auf dem Mond inspiziert der Prozessingenieur die bisher geleisteten Vorarbeiten der Bergleute und des Steinmetzes. In den nächsten drei Monaten werden die Vorarbeiten fertiggestellt. Der Techniker richtet mit dem bisher angelieferten Werkzeug eine Werkstatt ein. Falls das Recycling von Frachtmodulen für den Regolithprozessorbau notwendig ist, werden diese jetzt demontiert und ebenfalls vorbereitet.

## FLUG 2

Mit dem zweiten Flug kommt der Treibstoff für den Phönix Zug. Ein Verbund von fünf Phönixen fliegt die ersten Bauteile für den Regolithprozessor zur Oberfläche. Ein Zug mit zwei Phönixen bringt schließlich das vom ersten Flug noch in der Umlaufbahn befindliche Material zur Oberfläche. Die Siedler beginnen unter der Leitung des Prozessingenieurs mit dem Aufbau der Anlage.

## FLUG 3

Drei Monate später bringt der dritte Flug einen weiteren Prozesstechniker und den ersten Mechaniker, begleitet von einem Astronauten, Materialien, Vorräten und dem zweiten Modul mit Bauteilen für den Prozessor. Die Vorräte für Siedler und ISS-2 Astronauten werden um 180 Tagesrationen auf jetzt 360 Tage aufgestockt. Auf der ISS-2 verbleiben darüber hinaus 0,32 t Materialen für die Wartung. Ein Container wird mit dem Sojus Orbiter und den drei Siedlern zur Oberfläche gebracht, ein weiterer in einem separaten Phönix-Flug. Insgesamt werden 4 t Materialien für die Erweiterung des Gartens angeliefert. Der Mechaniker und der Techniker beginnen damit, am Regolithprozessor zu bauen.

## FLUG 4

Mit dem vierten Flug an Tag 270 der Welle wird der Treibstoff für den Transport des Prozessormoduls und der im Orbit verbliebenen Transportmodule angeliefert.

## Raumschiffkonfiguration Welle 4, Flug 1

| Raumschiffkonfiguration | | Masse (t) | Material (M$) | LEO (M$) |
| --- | --- | --- | --- | --- |
| 1 | Antriebsmodul (MK1) | 4 | 20 | 16 |
| 2 | Treibstoff für Phönix | 17,6 | 0 | 70,4 |
| 3420 | Tagesrationen | 6,39 | 0,3195 | 25,56 |
| 1 | Sojus Lunar | 4,77 | 45 | 45 |
| 3 | Crewmitglieder | 0,75 | 0 | 0 |
| | Ballast | 1 | 0 | 4 |
| 1 | Regolithprozessor 1 | 20 | 2000 | 80 |
| 4 | Transportmodul | 2,8 | 40 | 11,2 |
| | Material | 6,81 | 68,1 | 27,24 |
| | **Summe** | **64,12** | **2.173,42** | **279,40** |

| | LH2/LOX | UDMH/$N_2O_2$ |
| --- | --- | --- |
| Anzahl Tanks | 12,0 | 20,0 |
| Masse Tanks [t] | 12,0 | 20,0 |
| Masse Treibstoff [t] | 130,0 | 230,5 |
| Material Tank [M$] | 240,0 | 400,0 |
| Transport zu LEO [M$] | 497,8 | 931,7 |
| Missonskosten [M$] | 3.190,6 | 3.784,5 |

## Raumschiffkonfiguration Welle 4, Flug 2

| Raumschiffkonfiguration | | Masse (t) | Material (M$) | LEO (M$) |
| --- | --- | --- | --- | --- |
| 1 | Antriebsmodul (MK1) | 4 | 20 | 16 |
| 7 | Treibstoff für Phönix | 61,6 | 0 | 246,4 |
| | Ballast | 1 | 0 | 4 |
| | **Summe** | **66,60** | **20,00** | **266,40** |

| | LH2/LOX | UDMH/$N_2O_2$ |
| --- | --- | --- |
| Anzahl Tanks | 17,0 | 21,0 |
| Masse Tanks [t] | 17,0 | 21,0 |
| Masse Treibstoff [t] | 178,4 | 282,8 |
| Material Tank [M$] | 340,0 | 420,0 |
| Transport zu LEO [M$] | 535,2 | 968,7 |
| Missonskosten [M$] | 1.161,6 | 1.675,1 |

## Raumschiffkonfiguration Welle 4, Flug 3

| Raumschiffkonfiguration | | Masse (t) | Material (M$) | LEO (M$) |
| --- | --- | --- | --- | --- |
| 1 | Antriebsmodul (MK1) | 4 | 20 | 16 |
| 2 | Treibstoff für Phönix | 17,6 | 0 | 70,4 |
| 3960 | Tagesrationen | 7,2 | 0,36 | 28,8 |
| 1 | Sojus Lunar | 4,77 | 45 | 45 |
| 3 | Crewmitglieder | 0,75 | 0 | 0 |
| | Ballast | 1 | 0 | 4 |
| 1 | Regolithprozessor 2 | 20 | 2000 | 80 |
| 4 | Transportmodul | 2,8 | 40 | 11,2 |
| | Material | 6 | 60 | 24 |
| | **Summe** | **64,12** | **2.165,36** | **279,40** |

| | LH2/LOX | UDMH/$N_2O_2$ |
| --- | --- | --- |
| Anzahl Tanks | 12,0 | 20,0 |
| Masse Tanks [t] | 12,0 | 20,0 |
| Masse Treibstoff [t] | 130,0 | 230,5 |
| Material Tank [M$] | 240,0 | 400,0 |
| Transport zu LEO [M$] | 497,8 | 931,7 |
| Missonskosten [M$] | 3.182,6 | 3.776,5 |

## Raumschiffkonfiguration Welle 4, Flug 4 (wie bei Flug 2 – siehe oben)

## Raumschiffkonfiguration Welle 4, Flug 5

| Raumschiffkonfiguration | | Masse (t) | Material (M$) | LEO (M$) |
|---|---|---|---|---|
| 1 | Antriebsmodul (MK1) | 4 | 20 | 16 |
| 3 | Treibstoff für Phönix | 26,4 | 0 | 150,6 |
| 4500 | Tagesrationen | 8,01 | 0,4005 | 32,04 |
| 1 | Sojus Lunar | 4,77 | 45 | 45 |
| 3 | Crewmitglieder | 0,75 | 0 | 0 |
| | Ballast | 1 | 0 | 4 |
| 1 | Regolithprozessor 3 | 20 | 1500 | 80 |
| 4 | Transportmodul | 2,8 | 40 | 11,2 |
| | Material | 5,19 | 51,9 | 20,76 |
| | **Summe** | **72,92** | **1.657,30** | **314,60** |

| | LH2/LOX | UDMH/N$_2$O$_2$ |
|---|---|---|
| Anzahl Tanks | 15,0 | 23,0 |
| Masse Tanks [t] | 15,0 | 23,0 |
| Masse Treibstoff [t] | 154,3 | 268,5 |
| Material Tank [M$] | 300,0 | 460,0 |
| Transport zu LEO [M$] | 571,5 | 1.060,6 |
| Missonskosten [M$] | 2.843,4 | 3.492,5 |

## Raumschiffkonfiguration Welle 4, Flug 6

| Raumschiffkonfiguration | | Masse (t) | Material (M$) | LEO (M$) |
|---|---|---|---|---|
| 1 | Antriebsmodul (MK2) | 4 | 20 | 16 |
| 6 | Treibstoff für Phönix | 52,8 | 0 | 211,2 |
| | Ballast | 1 | 0 | 4 |
| | **Summe** | **57,80** | **20,00** | **231,20** |

| | LH2/LOX | UDMH/N$_2$O$_2$ |
|---|---|---|
| Anzahl Tanks | 15,0 | 18,0 |
| Masse Tanks [t] | 15,0 | 18,0 |
| Masse Treibstoff [t] | 154,2 | 244,7 |
| Material Tank [M$] | 300,0 | 360,0 |
| Transport zu LEO [M$] | 465,5 | 839,8 |
| Missonskosten [M$] | 1.016,7 | 1.451,0 |

## Raumschiffkonfiguration Welle 4, Flug 7

| Raumschiffkonfiguration | | Masse (t) | Material (M$) | LEO (M$) |
|---|---|---|---|---|
| 1 | Antriebsmodul (MK1) | 4 | 20 | 16 |
| 5 | Treibstoff für Phönix | 44 | 0 | 176 |
| 2520 | Tagesrationen | 4,41 | 0,2205 | 17,64 |
| 1 | Sojus Lunar | 4,77 | 45 | 45 |
| 3 | Crewmitglieder | 0,75 | 0 | 0 |
| | Ballast | 1 | 0 | 4 |
| 5 | Transportmodul | 3,5 | 50 | 14 |
| | Material | 12,09 | 120,9 | 48,36 |
| | **Summe** | **74,92** | **236,12** | **321,00** |

| | LH2/LOX | UDMH/N$_2$O$_2$ |
|---|---|---|
| Anzahl Tanks | 16,0 | 23,0 |
| Masse Tanks [t] | 16,0 | 23,0 |
| Masse Treibstoff [t] | 174,7 | 291,5 |
| Material Tank [M$] | 320,0 | 460,0 |
| Transport zu LEO [M$] | 586,7 | 1.081,9 |
| Missonskosten [M$] | 1.463,9 | 2.099,0 |

## Raumschiffkonfiguration Welle 4, Flug 8

| Raumschiffkonfiguration | | Masse (t) | Material (M$) | LEO (M$) |
|---|---|---|---|---|
| 1 | Antriebsmodul (MK1) | 4 | 20 | 16 |
| 5 | Treibstoff für Phönix | 44 | 0 | 176 |
| 2 520 | Tagesrationen | 4,41 | 0,2205 | 17,64 |
| | Ballast | 1 | 0 | 4 |
| 6 | Transportmodul | 4,2 | 60 | 16,8 |
| | Material | 15,39 | 153,9 | 61,56 |
| | **Summe** | **73,00** | **234,12** | **292,00** |

| | LH2/LOX | UDMH/N$_2$O$_2$ |
|---|---|---|
| Anzahl Tanks | 16,0 | 23,0 |
| Masse Tanks [t] | 16,0 | 23,0 |
| Masse Treibstoff [t] | 172,0 | 286,4 |
| Material Tank [M$] | 320,0 | 460,0 |
| Transport zu LEO [M$] | 576,1 | 1.061,7 |
| Missonskosten [M$] | 1.422,2 | 2.047,8 |

## FLUG 5

Der fünfte Flug bringt das letzte Regolithprozessormodul, 2 t Material für den Garten, 0,32 t Materialien für die ISS-2 und 2,87 t Material für die Mondbasis mit. Die Siedler werden um einen weiteren Prozesstechniker und einen weiteren Mechaniker ergänzt, die in Begleitung eines Astronauten anreisen.

Nach der Ankunft in der Umlaufbahn werden zwei Frachtmodule für den Mond auf die Oberfläche geflogen. Auf dem Mond werden 2 t Gartenmaterial aus den Frachtmodulen ausgeladen. Ein weiteres verbleibt in der Umlaufbahn bis zum nächsten Flug. Aus dem dritten, für die Oberfläche bestimmten Frachtmodul werden zuerst 0,32 t Material für die ISS-2 und 1,8 t Vorräte für die Raumstation ausgeladen, die Vorräte reichen damit bis Monat 18 der Welle. Die Siedler docken an der ISS-2. 1,18 t Versorgungsgüter werden auf den Explorer umgeladen, ehe dieser mit den Siedlern zum Mond fliegt. Auf dem Mond unterstützen die Neuankömmlinge den Aufbau des Regolithprozessors.

## FLUG 6

Mit dem sechsten Flug wird der Treibstoff für die Landung der letzten Prozessorteile geschickt. Ein Phönix-Zug fliegt Prozessormodul 3 zum Mond, während das aus dem vorherigen Flug verbliebene Frachtmodul mit einem einzelnen Phönix zur Oberfläche gebracht wird.

## FLUG 7

Mit Flug 7 treffen der vierte Astronaut, ein Metallarbeiter und ein weiterer Mechaniker ein. Für die ISS-2 werden 1,22 t Material und 0,90 t Versorgungsgüter ausgeladen. Damit ist die Versorgung für weitere 90 Tage sichergestellt. Die restliche Fracht, darunter 3 t Gartenmaterial, wird zur Oberfläche gebracht. Die Arbeiten am Regolithprozessor werden vollendet.

## FLUG 8

In Monat 21 der vierten Welle erreicht der achte Flug den Mond. Nach seiner Ankunft werden die fünf Frachtmodule mit Werkzeug, Maschinen und Versorgungsgütern auf dem Mond gelandet. Ein Frachtmodul versorgt die ISS-2 mit 2,4 t Material und 0,9 t Versorgungsgüter. Siedler sowie Astronauten auf der Station sind damit bis zum Ende der Welle nach 24 Monaten versorgt.

Mit dem fertigen Regolithprozessor ist die Siedlung nun in der Lage, selbst Sauerstoff, Treibstoff und Aluminium zu produzieren. Am Ende der Welle ist der Basisausbau wie auf der nächsten Seite gezeigt fortgeschritten.

Die Erweiterung konzentriert sich schwerpunktmäßig auf den Regolithprozessor und Quartiere für die neuen Siedler. Der Aufwuchs an Fläche ist daher geringer als in den Vorjahren.

## Flüge der vierten Welle – Vergleich der Treibstoff Kosten

| | | LH2 [M$] | UDMH [M$] |
|---|---|---|---|
| Flug 1 | Regolithprozessor und 3 Siedler | 3.191 | 3.785 |
| Flug 2 | Treibstoff | 1.162 | 1.675 |
| Flug 3 | Regolithprozessor und 3 Siedler | 3.183 | 3.776 |
| Flug 4 | Treibstoff | 1.162 | 1.675 |
| Flug 5 | Regolithprozessor und 3 Siedler | 2.843 | 3.493 |
| Flug 6 | Treibstoff | 1.083 | 1.603 |
| Flug 7 | Material und Siedler | 1.464 | 2.099 |
| Flug 8 | Mehr Material | 1.422 | 2.048 |
| **Summe** | | **12.623** | **16.006** |

## Aufbau der Mondbasis am Ende von Welle 4

| Mondbasis | | ISS-2 | | Parkbahn | |
|---|---|---|---|---|---|
| Wohnmodule | 2 | Swesda | 1 | Antrieb MK1 | 19 |
| Frachtmodule | 42 | Poisk | 1 | Treibstoffmodule | 243* |
| Luftschleusen | 1 | Sojus Lunar | 1 | Frachtmodul | 3 |
| Sojus Orbiter | 7 | Antrieb MK2 | 1 | | |
| Gangelemente | 4 | Sojus | 3 | | |
| Reaktormodul | 1 | Frachtmodul | 1 | * Verwendung von LH2 vom LEO | |
| Generatormodul | 1 | Phönix | 5 | | |
| Freigelegte Fläche | 3.000 m² | Explorer | 1 | | |
| Einwohner ** | 26 | Astronauten | 2 | | |
| Versorgungslimit | 28 | | | | |

** 8 Astronauten, 1 Reaktoringenieur, 1 Geologe, 4 Bergmänner, 1 Mediziner, 1 Steinmetz, 2 Gärtner, 1 Prozessingenieur, 3 Prozesstechniker, 3 Menchaniker, 1 Metallarbeiter

## Kosten für den Aufbau der Mondsiedlung

| Welle | Zweck | Siedler | Flüge | Dauer [Jahre] | Kosten [M$] |
|---|---|---|---|---|---|
| 1 | Vorbereitungsphase | 7 | 6 | 1 | 11.352 |
| 2 | Koloniebau | 4 | 3 | 1 | 3.400 |
| 3 | Erweiterung | 3 | 3 | 1 | 3.509 |
| 4 | Produktionsbeginn | 12 | 8 | 2 | 12.623 |
| **Summe** | | **26** | **20** | **5** | **30.884** |

Für insgesamt 12,6 Mrd. USD wird die Mondsiedlung um den Regolithprozessor erweitert. Mit den acht Flügen gelingt es, die geforderten 28 t Werkzeug und Material um 1,9 t zu übertreffen.

# ZUSAMMENFASSUNG

Es wurde gezeigt, wie mit vorhandener Technologie eine Basis auf dem Mond gebaut werden kann. Mit insgesamt 20 Flügen wurde eine Basis errichtet, die 28 Personen mit Lebensmitteln versorgen kann und in der Lage ist, 2,4 t Treibstoff pro Tag zu produzieren. Die Kosten für Material und Starts sind in der nächsten Tabelle zusammengefasst. In der Summe ergeben sich Gesamtkosten von etwas unter 31 Mrd. USD. Selbst wenn man auf den Betrag einen Risikofaktor von 20 % addiert, um Unwägbarkeiten zu kompensieren, und einen Faktor 3 für Planung, Vorbereitung, Management und Betreuung sowie für die Ineffizienz in internationalen Projekten aufschlägt, würden sich lediglich Gesamtkosten von 111 Mrd. USD ergeben. Günstiger als das Apollo-Programm (150 Mrd. USD), das Space-Shuttle-Programm (200 Mrd. USD) und die ISS (150 Mrd. USD). Die Leistungsfähigkeit der Mondbasis ist ungleich höher. Bereits nach dem ersten Flug der ersten Welle ist eine bewohnbare Basis auf dem Mond etabliert. Wer bereits an dieser Stelle zufrieden ist, kann eine Mondbasis inklusive der obigen Aufschläge auf den Schätzpreis für unter 5 Mrd. USD haben. Hinzu kommen noch bis zu 8,4 Mrd. USD für die Erkundungsflüge.

# VERSORGUNG DER SIEDLUNG

Trotz aller erreichten Selbstständigkeit wird ein gewisses Maß an Versorgungsflügen zum Mond notwendig sein. Auch wenn sich die Siedlung selbstständig mit Treibstoff, Nahrung, Wasser, Luft und Energie versorgen kann, gibt es dennoch einige Materialien, die auf dem Mond nur sehr spärlich vorhanden sind: Wasserstoff, Kohlenstoff und Stickstoff.

Außerdem kann die Anlieferung von Legierungsbestandteilen wie Vanadium oder Kupfer hilfreich sein, um vor Ort bessere Titan- und Aluminiumlegierungen herzustellen. Zusätzlich wird der Mond bei komplexeren Systemen wie Computern und anderen Elektrogeräten sehr lange Zeit auf Zulieferungen von der Erde angewiesen sein. Auch Kleidung, Hygieneartikel und andere Verbrauchsgüter werden nicht vollständig durch lokale Produktion zu erzeugen sein. Die Frage ist nun, wie man diese Versorgungsflüge am effizientesten gestaltet. Bereits für den Stationsaufbau wurden mehr als 2.000 t Treibstoff für Starts zum Mond in die Umlaufbahn gebracht. Die damit verbundenen Transportkosten liegen bei etwa 8 Mrd. USD.

## VON DER ERDE ZUM NIEDRIGEN MONDORBIT

Schon in Vorbereitung auf die Gründungsphase wäre es wirtschaftlich interessant, wenn es eine Transportlösung gäbe, die mit weniger Treibstoffstarts von der Erde auskommt. Die vielversprechendsten Kandidaten sind elektrische Antriebe wie das VASIMR-Triebwerk. Der Strom für den Betrieb eines elektrischen Triebwerks kann über Solarzellen oder aus einem Kernreaktor gewonnen werden. Vergleicht man die spezifische Energie von Wasserstoff von 1,2 MJ/kg mit dem von Uran unter Kraftwerksbedingungen von 3,8 Millionen MJ/kg, erkennt man, dass lediglich 537 g Uran notwendig sind, um dieselbe Energie freizusetzen wie aus 2.000 t LH2/LOX-Treibstoff. Auf den ersten Blick erscheint Kernkraft damit als eine sehr geeignete Energiequelle.

Zusätzlich zur Energie wird für Triebwerke wie VASIMR noch ein Ausstoßgas verwendet. Hier kommen ausschließlich die Edelgase zum Einsatz:

**Vergleich verschiedener Edelgase**

| Gas | Masse [g/mol] | Preis [$/kg] | Preis im Orbit [M$/t] | 1./2. Ionisation [kJ/mol] |
|---|---|---|---|---|
| Helium | 4 | 52 | 3,952 | 2372,3/5250,5 |
| Neon | 20,2 | 330 | 4,23 | 2080,7/3952,3 |
| Argon | 39,9 | 5 | 3,905 | 1520,6/2665,8 |
| Krypton | 83,8 | 330 | 4,23 | 1350,8/2350,4 |
| Xenon | 131,3 | 1200 | 5,1 | 1170,4/2046,4 |

Beim Vergleich der Treibstoffe fällt zwar auf, dass das von VASIMR verwendete Argon das preisgünstigste Element ist, allerdings hat es gegenüber Xenon den Nachteil der höheren Ionisationsenergie, womit der Energiebedarf zum Ausstoß des Gases höher wird. Ionisationsenergie ist die Energie, die notwendig ist, um einem Atom ein Elektron – zumeist das äußerste

– zu entfernen und es damit in ein positiv geladenes Ion zu verwandeln. Da bereits ein weltraumtauglicher Reaktor entwickelt wurde, bietet es sich an, die beiden Komponenten zu einem leistungsfähigen Mondzug zu kombinieren. Wirft man einen zweiten Blick auf die mit dem Einsatz eines Kernkraftwerks im Weltraum verbundenen Herausforderungen, so stellt man fest, dass es drei Punkte gibt, die besondere Aufmerksamkeit verlangen: Hohes Minimalgewicht: Dieses ergibt sich daraus, dass ein Reaktor erst ab einer gewissen Leistung in der Lage ist, eine akzeptable Energiedichte zu erreichen. Der für die Mondkolonisierung entwickelte Reaktor liegt mit 40 t und 250 W/kg im Bereich dessen, was realistisch erreicht werden kann.

Hohes Zusatzgewicht durch Abschirmung: Sowohl Menschen als auch Elektronik reagieren negativ auf Gamma- und Neutronenstrahlung. Zwar lässt sich Letztere noch verhältnismäßig leicht abschirmen, bei Gammastrahlung helfen allerdings nur noch zwei Dinge: Abstand und viel Abschirmung. Durch 1.000 m Abstand lässt sich die Strahlenbelastung mit relativ niedrigem Gewichtszuwachs deutlich reduzieren. So würde ein 10-MW-Reaktor in unmittelbarer Nähe (1 m Abstand) eine Strahlendosis von 1,4 MSv/h verursachen. In 1.000 m Entfernung sind es nur noch 1,4 Sv/h. Wünschenswert für den Personentransport sind 6 μSv/h, während Material wahrscheinlich auch bei 0,4 Sv/h noch funktionsfähig ist. Selbst wenn man den Mondzug nur für Materialtransport einsetzen möchte, was sich aufgrund der langen Flugzeit anbietet, dann sind immer noch etwa 25 t Blei und andere Materialien als Abschirmung nötig. Dabei ist allerdings lediglich der Vorwärtssektor abgeschirmt. Triebwerke müssen strahlenhart ausgelegt sein.

Thermische Leistung muss abgestrahlt werden: Größtes Problem ist die Abwärme. Ein 10-MWel-Reaktor erzeugt thermisch etwa 30 MW, womit 20 MW Verlustleistung entsorgt werden müssen. Während bei einer Mondsiedlung die Abwärme zum Heizen verwendet werden kann, muss sie im Weltraum über Radiatoren entsorgt werden. Bei einem technisch noch zu erreichenden Emissionsgrad von 0,5 können durch 1 m$^2$ Radiatorfläche bei einer Betriebstemperatur von 300 °C etwa 3 kW Leistung abgestrahlt werden. Erhöht man die Betriebstemperatur auf 600 °C, erreicht man bereits 16,5 kW. Gleichzeitig ist allerdings eine Seite des Radiators zur Sonne gewandt, womit wieder Energie zugeführt wird. Netto sind 16 kW/m$^2$ für einen Radiator sehr großzügig angenommen. Um 20 MW abzuführen, sind daher mindestens 1.250 m$^2$ Radiatorfläche notwendig. Unterstellt man für einen Radiator ein ähnliches Gewicht wie für eine Solarzelle (125 kg/m$^2$), ergibt sich ein Radiatorgewicht von 156 t. Insgesamt steht unterm Strich für die nukleare Energiegewinnung im Weltraum eine Masse von 231 t für 10 MWel, 43 W/kg – das ist immer noch mehr als dreimal so effizient wie die effizienteste, 2013 auf dem Markt erhältliche Solarzelle.

Die nachstehende Tabelle vergleicht die Flugzeiten von der Erde zum Mond für verschiedene Konfigurationen und berücksichtigt neben der nuklearen

## Antriebe im Vergleich

| Energiequelle | Masse [t] | Nutzlast [t] | Leistung [MWe] | Triebwerke | Reisezeit zum Mond [Tagen] | Treifstoff [t] |
|---|---|---|---|---|---|---|
| Nuklear | 236 | 0 | 10 | 32 | 148 | 42 |
| Nuklear | 236 | 100 | 10 | 32 | 211 | 60 |
| Nuklear | 236 | 200 | 10 | 32 | 275 | 78 |
| Solar | 25 | 0 | 0.3 | 1 | 504 | 4,5 |
| Solar | 50 | 0 | 0.6 | 2 | 504 | 9 |
| Solar | 225 | 0 | 3 | 10 | 504 | 45 |
| Solar | 25 | 10 | 0.3 | 1 | 705 | 6,2 |
| Solar | 25 | 20 | 0.3 | 1 | 907 | 8 |
| Solar | 50 | 20 | 0.6 | 2 | 705 | 12,5 |
| Solar | 225 | 100 | 3 | 10 | 705 | 62 |
| Chemisch | 15 | 58 | N/A | 1 | 3 | 102 |

Reisedauer und Treibstoffbedarf, um 100 t Fracht zum Mond zu bringen

Lösung auch Solarkonfigurationen mit verschiedener Leistung. Dabei wird deutlich, dass keine der Optionen wirklich überzeugt:

**Ein nukleargetriebener Mondzug** kann pro Jahr 100 t Fracht zum Mond bringen (davon allerdings 42 t Treibstoff für die Rückreise, netto also nur 58 t), benötigt dafür aber auch 102 t Treibstoff (Hinflug mit 100 t Nutzlast verbraucht 60 t Treibstoff, Rückflug mit 0 t Nutzlast verbraucht 42 t Treibstoff). Insgesamt ist der Nuklearzug dann 359 Tage (Hinflug: 211 + Rückflug: 148) unterwegs. Zum Vergleich: **Ein chemisches Triebwerk**, wie es derzeit in Raketen zum Einsatz kommt, benötigt für 58 t Nutzlast zum Mond 102 t Treibstoff. Die Flugzeit beträgt lediglich zwei bis drei Tage. Ein Rückflug ist hier nicht sinnvoll, da die Kosten für die Rückführung des Triebwerks den Wert des Triebwerks deutlich übersteigen würden. Es erscheint angesichts der kurzen Flugzeit des chemischen Triebwerks wenig wirtschaftlich, einen Reaktor für diesen Zweck zu verwenden.

**Auch die Solartechnik** schneidet nicht besser ab. Von 100 t Fracht, die zum Mond befördert werden sollen, sind 45 t Treibstoff für den Rückflug. Bei einer vergleichbaren Gesamtmasse von 225 t (Nuklearzug: 236 t) benötigt der Solarzug für den Rundflug drei Jahre und vier Monate (705 Tage hin und 705 Tage zurück). Für den Hinflug mit 100 t Nutzlast verbraucht er 62 t Treibstoff, für den Rückflug mit 0 t Nutzlast 45 t Treibstoff, sodass insgesamt 107 t Treibstoff für den Rundflug benötigt werden. Flugzeit und Treibstoffmehrverbrauch disqualifizieren auch diese Option. Vorstellbar ist eher, eine Nutzlast von 5,5 t in der Variante mit nur einem Triebwerk zum Mond zu bringen. Der Rundflug dauert hier ebenfalls 40 Monate. Beim Einsatz von fünf Solarzügen würde jedoch alle acht Monate ein Versorgungszug am Mond ankommen. Für jeden Versorgungsflug müssten nur ca. 15 t Material und Treibstoff in die Umlaufbahn gebracht werden. Das ist zwar geringer als die Startmasse der Nutzlast, die für die ISS-Versorgungsflüge verwendet wird, die Startkosten bleiben aber gleich.

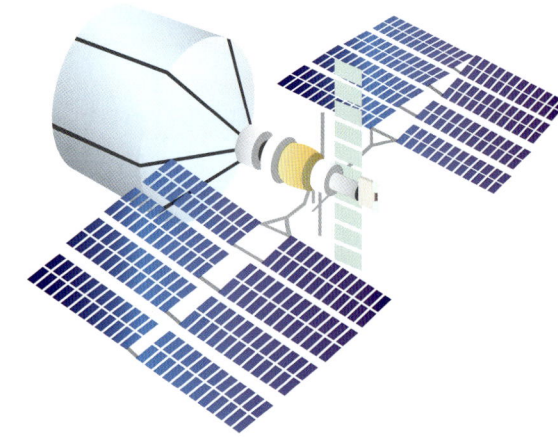

## HERKÖMMLICHER ANTRIEB MIT TREIBSTOFF

Alternativ zu diesen neuen Technologien bleibt die Option, jedes Versorgungsschiff mit einem Raketenstart direkt von der Erde auf Kurs zu bringen. Am Mond angekommen, sollte dieses LSV (Lunar Supply Vehicle) noch etwa 8 t wiegen, um mit den Zuladungsmöglichkeiten des Phönix gut zu harmonieren. Im Detail zeigt sich, um 7,7 t vom LEO zum niedrigen Mondorbit (LLO) zu transportieren, sind 13,2 t LH2/LOX-Treibstoff erforderlich, das Startgewicht des LSV beträgt damit 20,9 t und ist vollständig kompatibel zur Zuladung der Raketen Ariane V (21 t), Proton-M (21,6 t) und Delta IV (22,95 t). Mit nur einem Raketenstart können auf diese Weise 7,7 t in wenigen Tagen zum LLO transportiert werden. Mit aktueller Technologie ist die konventionelle Versorgung einer Mondbasis also auch die kosteneffizienteste. Dies wird sich erst ändern, wenn die Leistungsdichte von Solarzellen gesteigert wird.

# Neuentwicklung: SOLARZUG

Ein Solarzug besteht aus drei Komponenten: einem VA-SIMR-Triebwerk, Solarsegeln mit etwa 300 kW Leistung sowie der Nutzlast, die Treibstofftanks enthält. Die Nutzlast ist eine Kapsel, die aus Frachtraum und Treibstofftank besteht. In der Erdumlaufbahn wird sie durch ein Sojus-Raumschiff eingefangen und so zum Dockingmanöver mit der Antriebssektion bewegt. Einmal gedockt, ist der Solarzug komplett und macht sich auf seine 40-monatige Reise. Kosten: Entwicklungskosten werden sich wahrscheinlich an den Kosten des europäischen ATV (Automated Transfer Vehicle bzw. automatisches Transferfahrzeug) und der in USA gefertigten Solarmodule der ISS orientieren und bei etwa 1,2 Mrd. USD liegen.

| Der Solarzug im Überblick | |
|---|---|
| Leermasse | 25 t |
| Masse zum LLO | 5,5 t |
| Startmasse im LEO | 41,2 t |
| Rundreisedauer | 40 Monate |
| Treibstoffverbrauch | 10,7 t |
| Transportkosten LLO | 11,5 Mio USD/t |

# Neuentwicklung: LUNAR SUPPLY VEHICLE (LSV)

Die Alternative zum Solarzug ist das LSV. Ausgehend von den für die Mondreisen bereits entwickelten Antriebs-, Tank- und Frachtmodulen könnte man einen Hybriden herstellen, der die Funktionen der drei Module vereint und dabei Masse spart. Die einfache Kombination der drei Module würde zu einer Masse von 6 t im Leerzustand führen. Eine gewisse Umgestaltung ist auch bei dieser Lösung nicht zu vermeiden, da der Tank nur 11 t fasst, allerdings 13,2 t für den Flug notwendig sind. Bei einer Umgestaltung kann auch darauf geachtet werden, dass das LSV selbst überwiegend aus den auf dem Mond nicht vorhandenen Materialien gefertigt ist, die nach der Landung von den Siedlern durch Demontage des Raumschiffes genutzt werden können. Dabei können durchaus Abstriche für den Transport der frei konfigurierbaren Nutzlast gemacht werden. Die Möglichkeit an ISS-1 und ISS-2 andocken zu können, wäre ein wünschenswerter Bonus. Eine Alternative zur kompletten Neuentwicklung kann die Änderung eines bestehenden Versorgungsraumschiffes der ISS sein. Von den vier Möglichkeiten Progress, ATV, HTV und Dragon erfüllen lediglich Dragon (4,2 t) und Progress (4,92 t) die Anforderung von weniger als 7,7 t Leergewicht. Am einfachsten umzubauen ist die Dragon-Kapsel. Hier sind der Druckbereich für die Fracht und die Antriebssektion gut trennbar. Eine Neuentwicklung der Antriebssektion mit vergrößertem Treibstofftank reicht aus, um die Kapsel bis zum Mond zu tragen. An der Kapsel selbst ist vorzugsweise auch noch das Andocksystem zu ändern, um mit dem Russischen Swesda-Modul der ISS-2 koppeln zu können.

| Das LSV im Überblick | |
|---|---|
| Leermasse | 4,7 t |
| Masse zum LLO | 7,7 t |
| Startmasse im LEO | 20,9 t |
| Rundreisedauer | 3 Tage |
| Treibstoffverbrauch | 13,2 t |
| Transportkosten LLO | 11,0 Mio USD/t |

**KOSTEN:**
Eine Neuentwicklung wird vermutlich 1,5 Mrd. USD kosten, während eine Änderung des Dragons mit möglicherweise 600 Mio. USD erreichbar scheint. Aus technischer Sicht ist die Neuentwicklung aufgrund der höheren Nutzlast durch Design des Raumschiffes selbst als solche zu bevorzugen.

Der direkte Vergleich der beiden Transportkonzepte Solarzug und LSV zeigt, dass der Solarzug viel langsamer und etwas teurer ist. Es bedarf also noch einer Verbesserung der spezifischen Energie von Solarzellen, ehe diese Variante wirtschaftlich interessant wird. Startpreise sind mit Protonkosten gerechnet, können also bei der Verwendung von anderen Raketen höher ausfallen.

# VOM LLO ZUM MOND

Unabhängig davon, ob die Versorgungsgüter über einen Solarzug oder das LSV angeliefert werden, befinden sie sich nach der Ankunft zunächst im Mondorbit. Dort kann die Fracht mit dem Phönix eingefangen und zur Raumstation gebracht werden. Aus Gewichtsgründen sollte man weder in den Solarzug noch in das LSV die Möglichkeit zum automatischen Koppeln mit der Raumstation einbauen.

## MIT DEM PHÖNIX

Von der ISS-2 muss die Fracht zum Mond gebracht werden. Wie bereits in den vorangehenden Kapiteln beschrieben, kann der Phönix diese Aufgabe übernehmen. Umgerüstet auf die Verbrennung von Al/LOX-Monotreibstoff kann die Mondfähre von der Mondsiedlung versorgt werden, womit wenig gegen diese Art der Versorgung spricht.

## FALLEN LASSEN

Womöglich geht es sogar noch einfacher. Die auf dem Mond benötigten Versorgungsgüter sind primär Elemente, die es auf dem Mond nicht gibt, wie Stickstoff, Wasserstoff, Kohlenstoff, Vanadium. Es spielt keine Rolle, in welcher Form sie auf dem Mond ankommen. Kohlenstoff und Wasserstoff wird man am besten als langkettige Kohlenwasserstoffe (z. B. Plastik) transportieren, Stickstoff und mehr Wasserstoff findet man im Harnstoff ($CH_4N_2O$) in fester Form. Vanadium als Metall ist ebenfalls ein Feststoff. Diese und andere Feststoffe könnte man auf den Mond fallen lassen. Anders als auf der Erde gibt es auf dem Mond keine Atmosphäre, in der sie verglühen könnten. Ohne Sauerstoff in der Atmosphäre wird es auch nicht zu einer Verbrennung des Materials kommen. Die einzige Gefahr besteht beim Aufprall. Zu rechnen ist mit: Verformung, Fragmentierung und möglicherweise einer Zustandsänderung durch Schmelzen oder Verdampfen. Lediglich Verdampfen reduziert die Materialmenge.

Auf dem wahrscheinlichen LLO der ISS-2 beträgt die Bahngeschwindigkeit 1.633 m/s. Lässt man ein Objekt mit einer Masse von 1 t ungebremst auf die Mondoberfläche stürzen, wird eine Energie von 1,3 GJ oder 319 kg TNT-Äquivalent freigesetzt. Um den Schaden zu minimieren, empfiehlt sich ein möglichst flacher Einfallswinkel beim Aufprall. So flach, dass die beim Aufprall frei werdende Energie im Rahmen der Verformungsarbeit, die an der Fracht geleistet wird, absorbiert werden kann. Bei einem Einfallswinkel von 0,2° müssen nur noch

4,7 MJ absorbiert werden. Leistet man eine Hälfte der Verformungsarbeit am Boden, bleibt für die Fracht noch 2,35 MJ übrig. Zum Vergleich: Bei einem Formel-1-Boliden, der mit 300 km/h gegen eine Mauer rast, absorbiert die Karosserie 2,25 MJ. Durch geschickte Ingenieurleistung kann der Einfallswinkel weiter vergrößert werden. Ziel ist es, die Aufprallenergie Schritt für Schritt abzubauen, in dem die Fracht wie ein Gummiball über den Mondboden hüpft, bis sie zum Stillstand kommt. Die dabei zurückgelegte Strecke wird etwa 1.000 km bis 2.000 km betragen. Am Landeort könnten die Mondsied-

ler die Überreste der Fracht einsammeln und mit einem verbesserten Mondfahrzeug zur Siedlung transportieren. Die Entwicklung eines geeigneten Mondfahrzeugs wurde von der NASA bereits begonnen. Der Lunar Electric Rover hat eine Zuladung von 1 t. Die Weiterentwicklung wurde unter Präsident Obama gestoppt.

Das Absetzen von Fracht mit dem Phönix ist zweifellos mit dem Phönix einfacher umzusetzen. Mit etwas Entwicklungsarbeit bietet die Absturzlösung allerdings die Möglichkeit, Waren ganz ohne Treibstoffverbrauch anzuliefern.

## Lunar Electric Rover

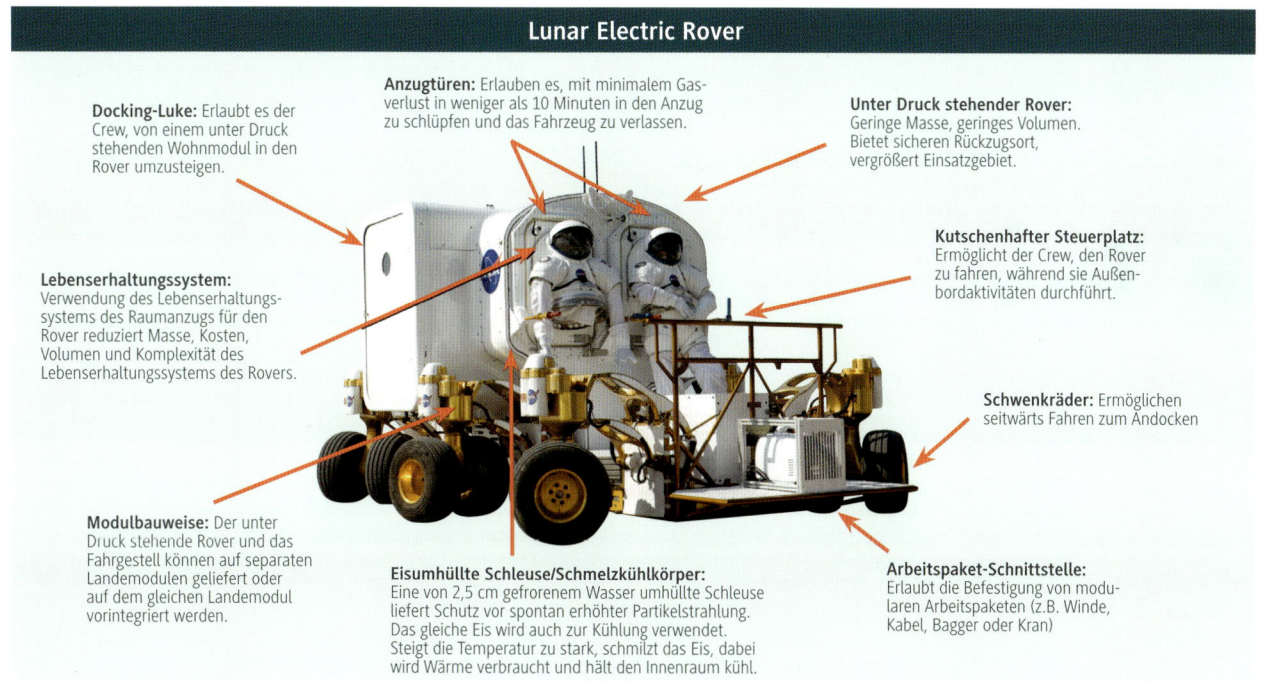

**Docking-Luke:** Erlaubt es der Crew, von einem unter Druck stehenden Wohnmodul in den Rover umzusteigen.

**Anzugtüren:** Erlauben es, mit minimalem Gasverlust in weniger als 10 Minuten in den Anzug zu schlüpfen und das Fahrzeug zu verlassen.

**Unter Druck stehender Rover:** Geringe Masse, geringes Volumen. Bietet sicheren Rückzugsort, vergrößert Einsatzgebiet.

**Kutschenhafter Steuerplatz:** Ermöglicht der Crew, den Rover zu fahren, während sie Außenbordaktivitäten durchführt.

**Lebenserhaltungssystem:** Verwendung des Lebenserhaltungssystems des Raumanzugs für den Rover reduziert Masse, Kosten, Volumen und Komplexität des Lebenserhaltungssystems des Rovers.

**Schwenkräder:** Ermöglichen seitwärts Fahren zum Andocken

**Modulbauweise:** Der unter Druck stehende Rover und das Fahrgestell können auf separaten Landemodulen geliefert oder auf dem gleichen Landemodul vorintegriert werden.

**Eisumhüllte Schleuse/Schmelzkühlkörper:** Eine von 2,5 cm gefrorenem Wasser umhüllte Schleuse liefert Schutz vor spontan erhöhter Partikelstrahlung. Das gleiche Eis wird auch zur Kühlung verwendet. Steigt die Temperatur zu stark, schmilzt das Eis, dabei wird Wärme verbraucht und hält den Innenraum kühl.

**Arbeitspaket-Schnittstelle:** Erlaubt die Befestigung von modularen Arbeitspaketen (z.B. Winde, Kabel, Bagger oder Kran)

# VERSORGUNGSKREISLÄUFE

Vieles von dem, was auf der Erde als selbstverständlich betrachtet wird, muss man sich auf dem Mond erst mühsam erarbeiten. Dazu zählen drei entscheidende Kreisläufe: Sauerstoff, Wasser und Nahrung.

## SAUERSTOFFKREISLAUF

Der Mensch benötigt Sauerstoff zum Atmen und wandelt ihn kontinuierlich in $CO_2$ um. Auf der Erde setzen Pflanzen das Kohlendioxid mit Wasser und Sonnenlicht durch Photosynthese in Sauerstoff um. Auf dem Mond werden nicht ausreichend Pflanzen für diesen Prozess zur Verfügung stehen. Anfangs wird verbrauchter Sauerstoff durch Elektrolyse von Kohlendioxid wieder gewonnen werden müssen. Nach der Herstellung des Regolithprozessors wird Sauerstoff aus Mondgestein gewonnen, womit die Aufarbeitung von $CO_2$ entfällt.

## WASSERKREISLAUF

Durch Essen und Trinken nimmt der Mensch Flüssigkeit auf, scheidet sie durch Urin, Schwitzen und Atmen wieder aus. In der Luft befindliches Wasser wird über Klimaanlagen zurückgewonnen und bleibt dem Kreislauf erhalten. Wasser aus dem Urin wird durch Destillation bzw. Filtration recycelt. Entsprechende Anlagen werden von Anfang an Teil der Besiedlung sein. Sobald die Siedlung über ein Abwassersystem verfügt, kann das Recycling zentralisiert werden.

## NAHRUNGSKREISLAUF

Von allen lebenswichtigen Kreisläufen am schwierigsten zu realisieren ist der Nahrungskreislauf. Fäkalien sollen kompostiert werden und in die Nahrungsmittelerzeugung als Düngemittel einfließen. Möglicherweise ist dieser Prozess nicht vollständig als Kreislauf umsetzbar. Trotzdem sollte auf dem Mond zur Verarbeitung von Fäkalien eine Verwertungsanlage errichtet werden. Als Nebenprodukt der Verwertung wird Faulgas entstehen, womit auf dem Mond auch ein brennbares Gas zur Verfügung steht.

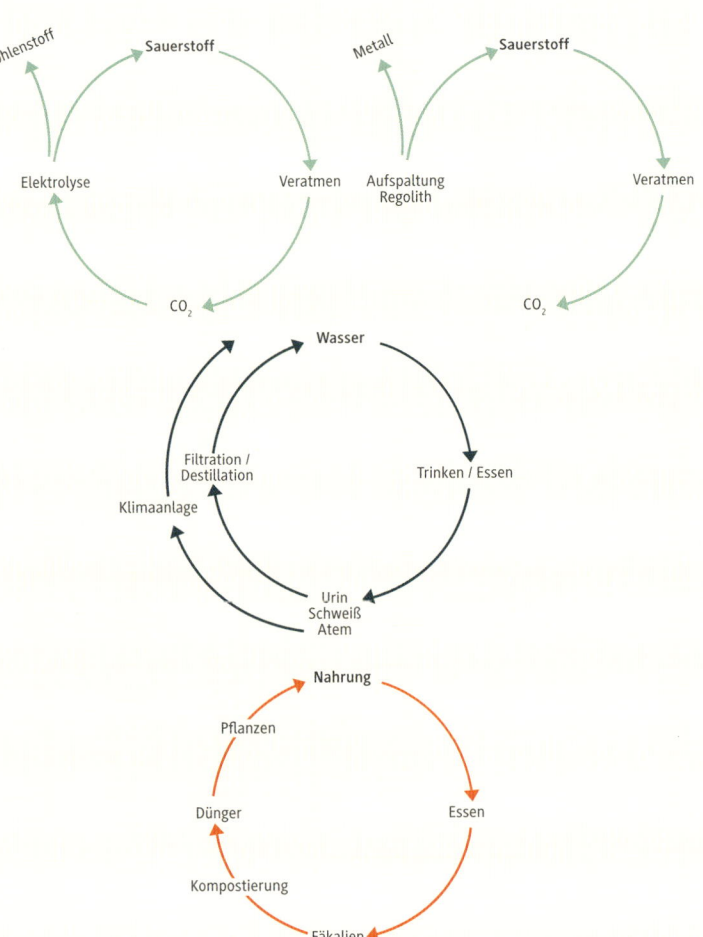

# BEISPIELSIEDLUNGEN

In diesem Abschnitt wird das zuvor nur allgemein vorgestellte Siedlungskonzept am Beispiel von drei Standortkandidaten näher erläutert.

## MALAPERT-SIEDLUNG

Als Beispiel für eine Mondbasis am Südpol wird eine Siedlung am Malapert-Berg vorgestellt. Der Berg erhält den Vorzug gegenüber dem ebenfalls viel diskutierten Shackleton-Krater, da dort lediglich eine Siedlung am Kraterrand vorstellbar ist, wie in der der nebenstehenden, schematischen Darstellung der NASA gezeigt.

Landung und Starts am Kraterhang sind genauso wie der Stationsbau deutlich komplizierter als auf einer ebenen Fläche. Größter vermeintlicher Vorteil des Shackleton-Kraters sind vermutete Wasserstoffvorkommen. Falls es im ewigen Schatten des Südpols noch förderungswürdige Mengen an Wasserstoff gibt, stehen die Wahrscheinlichkeiten jedoch in jeder Schattenregion gleich gut. Damit wäre dieser Lagevorteil nicht auf den Shackleton-Krater begrenzt, sondern auch auf die Schattenseite vom Malapert-Berg zutreffend. Da

es sich bei den Wasserstoffvorkommen nicht um erwiesene Tatsachen handelt, werden sie im Folgenden nicht berücksichtigt.

**NASA-Vorschlag für eine Siedlung im Shackleton-Krater**

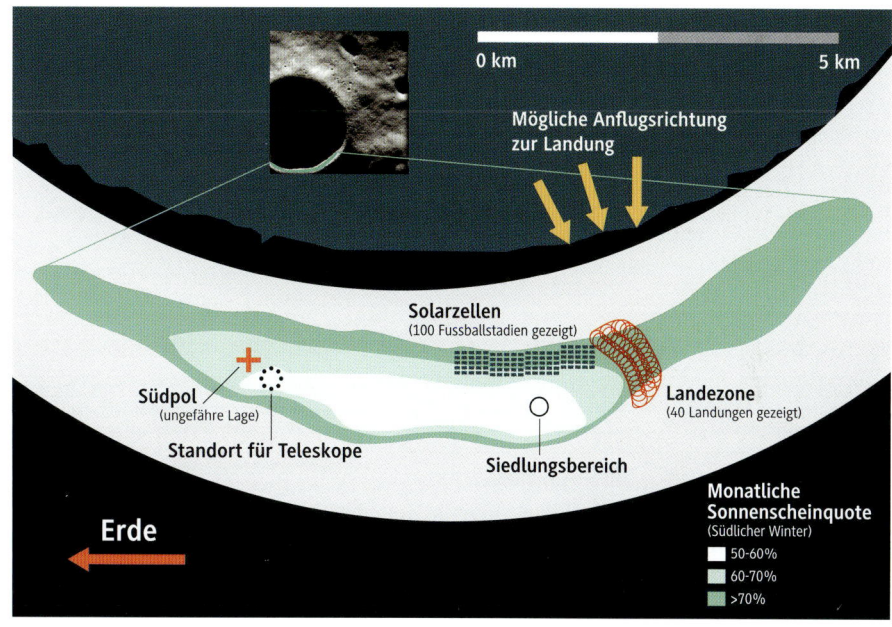

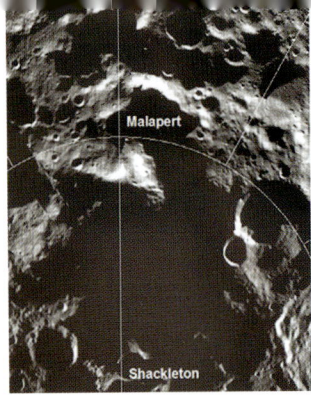

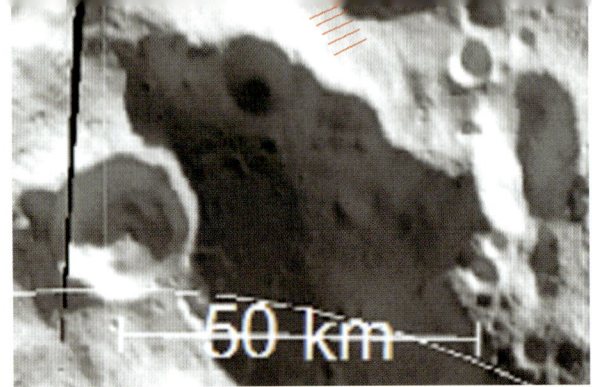

Die beiden nebeneinandergestellten Bilder der Südpolregion zeigen Malapert und die umliegenden Krater. Auf dem linken Foto sind typische Licht-Schatten-Verhältnisse in der Region zu sehen, das rechte Foto – von der Raumsonde Diviner aufgenommen – zeigt eine Infrarotaufnahme der Region, auf der auch die im Schatten liegenden Bereiche zu erkennen sind. Aus der Infrarotaufnahme lässt sich auf die Oberflächentemperaturen schließen; diese variieren von –248 °C (schwarz) bis 27 °C (weiß). Auf der Sonnenseite betragen die Temperaturen etwa 27 °C, auf der Schattenseite liegen sie zwischen –173 °C und –73 °C. Innerhalb des kleinen Kraters in der Südflanke fallen die Temperaturen auf etwa –223 °C. Bedingt durch das verfügbare Sonnenlicht und die moderaten Temperaturen bietet sich die Nordseite des Berges für eine Siedlungsgründung an. Das Gebiet nördlich der Bergflanke ist flach und gut für eine Landung geeignet. Der ausgewählte Lande- und Siedlungsort ist im nächsten Bild schraffiert.

Der Vorteil des schraffierten Bereichs liegt im geringen Abstand zum Krater an der Südseite des Berges. Es liegen hier nur etwa 8 km Luftlinie zwischen dem Stationseingang und der „Gefrierkammer". Einen Ort

mit Temperaturen unter -185 °C in Siedlungsnähe zu haben, ist für die problemlose Lagerung von flüssigem Sauerstoff (LOX) von Vorteil. Der Siedlungsbau am Malapert kann im Wesentlichen so ablaufen, wie im allgemeinen Teil beschrieben. Vor der Ankunft des Kernreaktors bietet es sich an, zwei Nischen in die Flanke des Berges zu graben: Die erste nimmt das Reaktormodul auf. Die am Mondboden begonnene Siedlung wird bis zur Anlieferung des Reaktors mit Solarstrom versorgt. Nachdem die Bergleute die Nischen für Reaktormodul und Generatormodul fertiggestellt haben, werden die beiden Module von der Erde eingeflogen. Der Abstand der beiden Module wird so gewählt, dass am Standort des Generatormoduls ausreichend Abschirmung von der erwarteten Reaktorstrahlung vorhanden ist. Während die Bergleute graben, errichtet der Astronaut eine Sendeanlage auf dem Gipfel des Berges, die mit Richtfunk zur Mondsiedlung angebunden wird. Auf diese Art kann unabhängig von Satelliten im Mondorbit eine leistungsfähige Funkverbindung hergestellt werden. Solarzellen versorgen die Funkanlage das ganze Jahr mit Strom. Nahe dem Generatormodul wird der Eingang in den Berg gegraben. Wohnräume werden an der Sonnenseite erstellt. Am Fuß des Berges gibt es möglicherweise keinen durchgehenden Sonnenschein, dies stellt kein Problem dar. Dank des Kernreaktors ist Solarstrom nicht für die Stationsversorgung notwendig. Wird ein Betrieb der Siedlung mit Solarstrom anstatt mit Kernkraft gewünscht, müssen die Solarzellen im Bereich ewigen Lichts höher am Gipfel installiert werden und entsprechende Stromkabel zum Stationseingang verlegt werden.

Im Rahmen der Tunnelbauarbeiten im Berg ist es wahrscheinlich vorteilhaft, relativ schnell höher gelegene Stockwerke zu errichten. Auf diese Weise kann ungewünschtes Bergmaterial von einer Luftschleuse aus einen Abhang hinuntergeschüttet werden. Ein mühsames Entladen der Loren entfällt. Ist der Regolithprozessor fertiggestellt und die Treibstoffproduktion angelaufen, bietet sich der Krater an der Südseite als Lagerplatz an. Tankmodule aus dem Orbit können von Phönix-Mondfähren dort abgestellt werden. Bis die Station eine gewisse Eigenständigkeit erreicht hat, dürfte es einfacher sein, die Tanks auf der Sonnenseite zu füllen und dann auf die Schattenseite zur Lagerung zu verlegen. Hat die Station ein ausreichendes Maß an Produktionskapazität erreicht, kann durch eine Tunnelbohrmaschine ein 10 bis 20 cm durchmessender Tunnel von der Siedlung zum Krater gegraben werden. In dem Tunnel lassen sich Rohrleitungen zum direkten Transport von Sauerstoff verlegen.

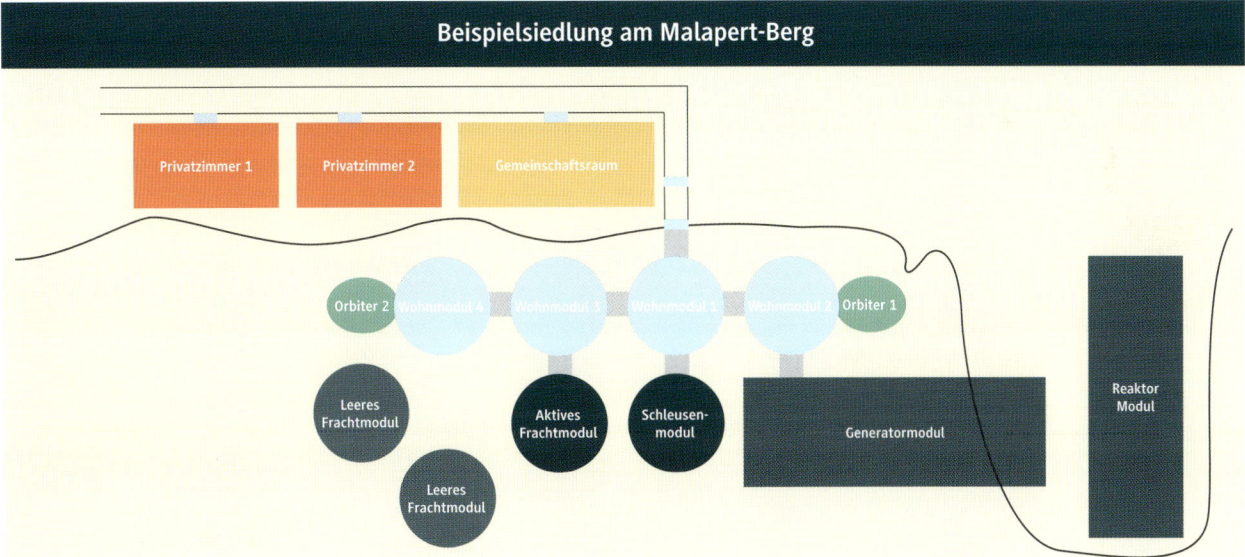

Durch Absetzen einer vorgefertigten Decke mit dem Phönix ist es außerdem vorstellbar, um den Reaktor nachträglich eine vollständige Abschirmung aus Mondgestein zu errichten. Die Grafik auf Seite 199 zeigt die Anfänge einer Mondbasis unter Malapert-Bedingungen.

Durch das Mondgestein abgeschirmt, befindet sich der Reaktor isoliert am rechten Rand. Der Generator wird in Stationsnähe aufgestellt. Versorgungsleitungen zwischen Reaktor und Generator werden durch das Mondgestein in nicht-direkter Linie verlegt. Die Basis besteht zunächst aus drei Frachtmodulen, vier Wohnmodulen, eine Luftschleuse und zwei gedockten Sojus Orbitern. Der Generator ist direkt mit einem Wohnmodul verbunden, um einen Außeneinsatz bei der Bedienung des Generators zu vermeiden. Als Änderung beim Siedlungsbau im Berginneren, gegenüber dem im allgemeinen Teil gezeigten Layout, wird die Siedlung hier strikt vom Reaktor weg entwickelt. Eventuell bieten sich ab einer gewissen Siedlungsgröße auch weitere Ausgänge zur Oberfläche an. Größte Änderung im Vergleich zum allgemeinen Teil ist der Ausbau der Basis nach oben in die Bereiche ewigen Lichts.

Zusammenfassend lässt sich festhalten, dass sich Malapert auch bei weiterer Betrachtung als sehr geeigneter Standort für eine Mondsiedlung präsentiert. Als einziger der hier im Detail betrachteten Kandidaten bietet er die Möglichkeit, mit Solarenergie versorgt zu werden. Darüber hinaus lassen die Gegebenheiten es zu, einen Kernreaktor sicher zu platzieren. Die Chance zur direkten Kommunikation mit der Erde und die Hoffnung auf

Wasserstoff machen Malapert zu einem hervorragenden Siedlungskandidaten. Mit einer Ausdehnung von 50 km auf 8 km ist der Berg bei Weitem groß genug, um auch eine wachsende Siedlung aufzunehmen. Im Schatten der Südwand kann flüssiger Sauerstoff gelagert werden, ohne Energie für die Kühlung aufwenden zu müssen. Eine Siedlung an und im Malapert ist bei heutigem Wissensstand eine realistische Option. Unattraktiv wird der Berg nur, wenn Gesteinsuntersuchungen keine ausreichende Tragfähigkeit attestieren.

## SIEDLUNG IN DER MARE-TRANQUILLITATIS-GRUBE

Am Beispiel der Grube im Mare Tranquillitatis wird gezeigt, wie die Besiedlung einer Grube mit zugehöriger Lavaröhre aussehen kann. Der Hauptvorteil der Grube gegenüber einer Siedlung an der Oberfläche liegt im Strahlenschutz, der durch das Dach der Lavaröhre bereitgestellt wird. Eine Containersiedlung, bei der die Siedler in großem Umfang in den mitgebrachten Wohntanks leben, ist in einer Lavaröhre vorstellbar. Da bereits gezeigt wurde, dass eine beliebig große Siedlung durch Aushöhlen von Bergmassiven machbar ist, verliert eine Containersiedlung jedoch ihren Charme. Aufwind kann dieses Konzept erfahren, wenn die Untersuchung aller Standortkandidaten keinen zeigt, der über ein tragfähiges Bergmassiv verfügt. Spätestens die Lavaröhre sollte jedoch über tragfähiges Gestein verfügen, da das hohe Alter der Röhre und ihre Existenz nicht anders zu erklären sind. Als unmittelbare

Konsequenz daraus kann in einer Lavaröhre eine Siedlung in den Fels gebaut werden.

Das Gestein der Lavaröhre ist aller Wahrscheinlichkeit nach ein Basalt. Basalte sind ausgesprochen tragfähig, witterungsresistent und stabil. Letzteres macht ihre Bearbeitung unangenehm und wird für ein langsameres Vorankommen sorgen. Ein leicht zu bearbeitender Tuffstein, wie bei der unterirdischen Stadt im türkischen Cappadoccia, ist hier nicht zu erwarten, allerdings auch nicht ausgeschlossen.

Der Vorteil, von gesundheitsschädlicher Strahlung verschont zu bleiben, kommt mit dem Nachteil, kein Sonnenlicht zu haben. Zwar gibt es auf der Oberfläche während des Mondtages Sonne, die Oberfläche ist allerdings mehr als 40 m entfernt. Das Graben von Lichtschächten in die Röhre ist zwar theoretisch vorstellbar, wird aber durch den lockeren Regolith erschwert, der kontinuierlich in den Lichtschacht nachrutschen würde. Wenn überhaupt sind Lichtschächte erst im fortgeschrittenen Stadium der Siedlung zu erwarten.

Da keine der Gruben über kontinuierliches Sonnenlicht verfügt, führt an der Kernkraft nur ein sehr teurer Weg vorbei, der wirtschaftlich nicht zu empfehlen ist. Der mitgenommene Reaktor soll genau wie am Malapert so platziert werden, dass die natürlichen Barrieren die Siedler vor der Strahlung schützen. Im Falle einer Grube gibt es dafür drei Möglichkeiten: an der Oberfläche, in der Lavaröhre abgeschirmt hinter einem bereits vorhandenen Geröllhaufen oder in einer in die Wand der Lavaröhre gestemmten Nische.

Letzteres wäre zwar die beste Möglichkeit, ist allerdings nur mit großem Aufwand umsetzbar. Das Reaktormodul wiegt 20 t. Anders als auf der Oberfläche kann es nicht vom Phönix in die Wandnische gehoben werden und muss daher mit einem separat anzufliegenden Schwerlasttransporter dorthin manövriert werden. Bei Platzierung an der Oberfläche sind zwar die Siedler gut vor der Reaktorstrahlung geschützt, das Generatormodul kann jedoch nicht allzu weit entfernt stehen und muss daher auch auf der Oberfläche platziert werden, womit es vom Reaktor verstrahlt wird. Die große Entfernung von Reaktor und Generatormodul erfordert zudem lange Leitungen bis zur Siedlung. Eine Nutzung der Abwärme zum Heizen ist dadurch bis zur Undurchführbarkeit erschwert. Auch diese Platzierungsoption ist damit für eine Siedlung, die mit so wenig Aufwand wie möglich errichtet werden soll, nicht geeignet.

Als letzte Option bleibt, eine natürliche Barriere im Tunnel zu nutzen, über die der Phönix hinweg fliegen kann, um so den Reaktor auf der anderen Seite abzusetzen. Bei dieser Lösung ist man stark vom Zufall abhängig. Eine derartige Barriere kann im Tunnel existieren, muss aber nicht. Um vom Tunnel an die Oberfläche zu gelangen, ist ein Flaschenzug oder ein anderer Aufzug notwendig. Andernfalls müsste für jeden Besuch der Oberfläche auf den Phönix zurückgegriffen werden – das wäre in der Zeit vor der Fertigstellung der Treibstoffproduktion teuer.

Für eine Siedlung in einer Grube mit zugehöriger Lavaröhre ergibt sich damit in der Anfangszeit folgendes Bild:

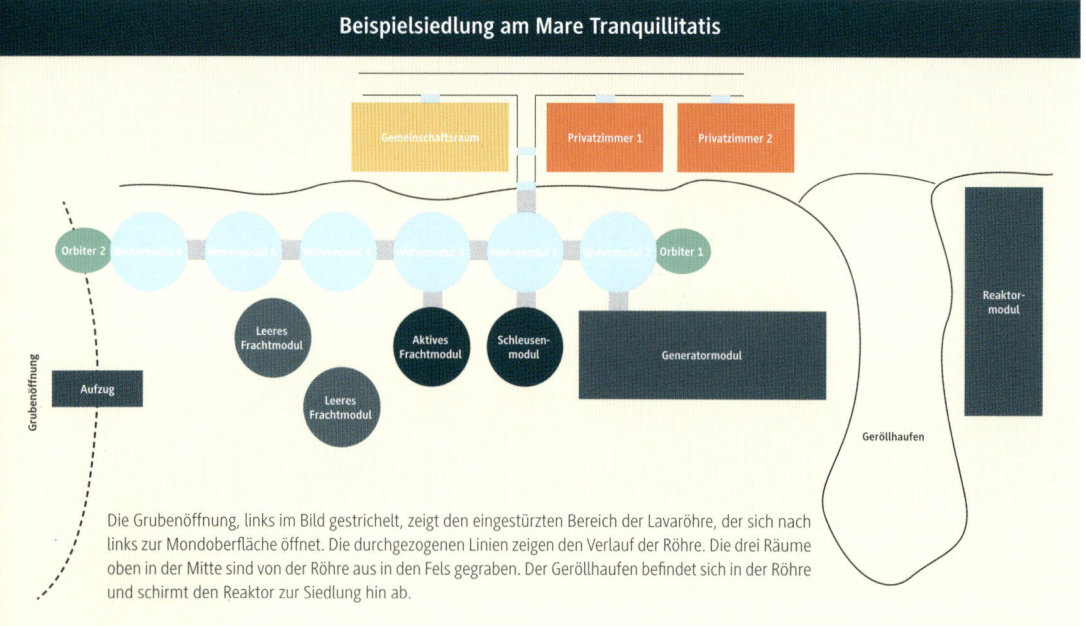

**Beispielsiedlung am Mare Tranquillitatis**

Die Grubenöffnung, links im Bild gestrichelt, zeigt den eingestürzten Bereich der Lavaröhre, der sich nach links zur Mondoberfläche öffnet. Die durchgezogenen Linien zeigen den Verlauf der Röhre. Die drei Räume oben in der Mitte sind von der Röhre aus in den Fels gegraben. Der Geröllhaufen befindet sich in der Röhre und schirmt den Reaktor zur Siedlung hin ab.

Module sind ein Frachtmodul als Luftschleuse, drei weitere Frachtmodule sowie zwei zurückgelassene Orbiter. An der Oberfläche befindet sich am Grubenrand der Aufzug. Wie beim allgemeinen Stationsaufbau beschrieben wird von Wohnmodul 1 aus in den Fels gegraben. Die Stoßrichtung ist in diesem Fall in Richtung Grubenöffnung, um einen kleinen Bereich zu haben, auf den eventuell Sonnenlicht fällt. Der Teil der Lavaröhre hinter dem Reaktor ist wegen der Strahlung nicht mehr verwendbar, es sei denn es gelingt, am Reaktor vorbei einen Tunnel zu graben. Da die Siedlung in den Fels und in die andere Richtung genügend Wachstumspotenzial haben wird, ist es nur ein kleiner Nachteil, hinter dem Reaktor nichts bauen zu können. Durch die Lage in einer Röhre bietet sich von der Siedlung aus keine direkte Sicht auf die Erde oder den Himmel. Eine Kommunikation zur Erde ist daher nur über mehrere Relay-Stationen möglich. Die erste kann mit einem Kabel an die Station angebunden werden und befindet sich am Boden der Grube. Von dort wird auf einen von mehreren Relay-Satelliten im Mondorbit gefunkt. Dieser gibt die Signale direkt oder über einen weiteren Satelliten zur Erde weiter.

Beim Aufbau der Station wurden bereits die Vorzüge der Röhre berücksichtigt und zwei weitere Wohnmodule gegenüber dem im allgemeinen Teil vorgestellten Konzept hinzugefügt. Die Wohnmodule sind bevorzugt auf der reaktorabgewandten Seite angebracht. Eine Ausnahme bildet Wohnmodul 2, mit dem ein direkter Zugang zum Generatormodul hergestellt wird, sodass die Notwendigkeit für Außeneinsätze von Anfang an entfällt. Die anderen

Von allen Siedlungskandidaten ist eine Grube am aufwendigsten zur Erde zu verbinden. Ist die Station einmal etabliert, sind die Wachstumsaussichten gut. Das Basaltfeld zieht sich über viele 100 km hin und kann beliebig unterhöhlt werden. Da die Röhren weit unter der Oberfläche sind, scheint es auch möglich, dass Stockwerke nach oben errichtet werden. Die oberen Stockwerke können später auch mit Oberlichtern ausgerüstet werden.

Zusammenfassend betrachtet ist die Lavaröhre nur ein Siedlungsort zweiter oder dritter Wahl. Dauerhafte menschliche Siedlungen in Lavaröhren auf der Erde sind nicht bekannt, obwohl es auch dort solche Röhren gibt. Die Nachteile überwiegen. Eine Lavaröhre wird nur dann attraktiv, wenn sich kein oberirdischer Siedlungsort mit tragfähigem Fels findet und eine Lavaröhre vorhanden ist, die eine geeignete Platzierung für den Reaktor bietet. Die Gesteinshärte in der Lavaröhre wird allerdings vermutlich nur einen langsamen Stationsbau ermöglichen, womit mehr Wohnmodule eingeflogen werden müssen. Dies und die Notwendigkeit für den Aufzug machen die Röhrenlösung teurer als im allgemeinen Teil vorgestellt wurde. Sehr von Vorteil ist zwar das große Wachstumspotenzial, das eine Röhre für die Station bietet. Dieser Vorteil wird jedoch erst dann zum Tragen kommen, wenn viele tausend Siedler auf dem Mond leben, zahlt sich am Anfang also nicht aus. Unterm Strich ist die Lavaröhre eine Rückfalllösung.

# DOLLOND E

Die Siedlung im Krater Dollond E wird stellvertretend für eine Reihe von möglichen Kratern und Siedlungsgebieten mit starkem Magnetfeld beschrieben. Krater haben den Vorteil, in einem sonst flachen Gebiet eine Wand zu bieten, in welche die Mondsiedlung gebaut werden kann. Problematisch an Kraterwänden können die im Vergleich zum umliegenden Gestein veränderten Materialeigenschaften sein. Bei der Auswahl eines Kraters wird dieser Umstand berücksichtigt. Im Folgenden wird daher von einem durchweg tragfähigen Gestein ausgegangen. Im Falle einer Kratersiedlung beginnt der Siedlungsbau im Inneren des Kraters. Die ersten Wohntankmodule werden in der Nähe der Kraterwand an der zuvor ausgewählten Stelle abgesetzt. Eine Seite des Kraters wird außer bei senkrechtem Sonnenstand einen Schatten in den Krater werfen. Sofern es im Schatten keinen anderen Standortvorteil gibt, bietet es sich an, den Siedlungsbau in der Region zu beginnen, die mehrheitlich in der Sonne liegt. Dadurch werden konstante und akzeptable Temperaturen erreicht. Als Siedlungsort bietet sich der schraffierte Bereich an:

Krater Dollond E mit Standortvorschlag

Aus der Perspektive ist auf dem Foto nicht zweifelsfrei zu erkennen, ob der schraffierte Teil den Kraterboden darstellt und damit flaches Terrain oder ob er bereits eine unvorteilhafte Steigung aufweist. In diesem Kapitel wird ein für den Stationsbau akzeptables Gefälle unterstellt. Ebenfalls schwer ist es, eine Aussage über die Kratertiefe zu machen. Nimmt man Mondkrater mit ähnlichem Durchmesser zum Maßstab wie Banting (Durchmesser 5 km, Tiefe 1,1 km), Bobillier (Durchmesser 6,5 km, Tiefe 1,2 km), Bruce (Durchmesser 6,7 km, Tiefe 1,3 km) oder Deseilligny (Durchmesser 6,6 km, Tiefe 1,2 km), dürfte Dollond E 1,1 bis 1,2 km tief sein.

Erste Priorität für die Siedlung stellt auch hier ein sicherer Standort für den Reaktor dar. Verschiedene Möglichkeiten kommen in Betracht.

**Option 1:** Der Reaktor könnte am oberen Kraterrand, etwas außerhalb des Kraters abgestellt werden. Damit dies funktioniert, müsste der Generator ebenfalls am oberen Rand, allerdings auf der Innenseite abgestellt werden. Letzteres würde eine Art Plateau in der Kraterwand erfordern. Auch die Siedlung müsste anschließend relativ weit oben in der Wand begonnen werden, um die Leitungslängen gering zu halten. Beides sind eher unbequeme und unwahrscheinliche Möglichkeiten.

**Option 2:** Ähnlich der Lösung am Malapert könnte eine Wölbung der Kraterwand nach außen ausgenutzt werden. Da Kraterwände jedoch tendenziell eher nach innen gewölbt sind, darf diese Variante als unwahrscheinlich eingestuft werden.

**Option 3:** Als dritte Variante würde sich eine natürliche Barriere anbieten, wie sie in der Lavaröhre

benötigt wird. Auf offenem Raum ist diese Lösung allerdings nicht so vorteilhaft, da der Reaktor damit immer noch in viele Himmelsrichtungen strahlen kann und nur in Richtung der Siedlung abgeschirmt ist.

Am wahrscheinlichsten ist es, dass über eine ausgedehnte Bergbautätigkeit ein Unterstand geschaffen werden muss. An geeigneter Stelle wird die Kraterwand von oben her ausgehöhlt mit dem Ziel, eine 5 m tiefe Grube zu schaffen. In diese Grube wird der Reaktor herabgelassen. Später kann die Grube für einen Rundum-Strahlenschutz abgedeckt werden. Anschließend werden Generatormodul und Wohntanks in der Nähe abgeladen. Eine beispielhafte Dollond-E-Siedlung ist auf der nächsten Seite gezeigt.

Abgesehen von der Platzierung des Reaktors ist der Aufbau dem im allgemeinen Teil beschriebenen sehr ähnlich. Es gibt vier Wohnmodule, drei Transportmodule und eine Luftschleuse. Über eines der Wohnmodule erfolgt der Zugang zum Generator. Der Innenausbau in der Kraterwand ist nicht gezeigt, dafür ist der Reaktor hinter dem Rand des Kraters dargestellt. Diese Platzierung ist eine Alternative zur Platzierung in der Felswand, wie bei der Malapert Siedlung. In der Summe ist der Stationsbau im Krater wegen des Reaktors zwar nicht ganz so angenehm wie am Malapert, mit akzeptablem Mehraufwand allerdings möglich. Kontinuierliche Schattenplätze sind im Dollond E vermutlich nicht vorhanden, weshalb zur Lagerung von LOX weitere Vorkehrungen wie aktive Kühlung oder Abschattung getroffen werden müssen. Wachstumspotenzial ist auch beim Dollond E, der mit 6 km Durchmesser ein relativ kleiner Krater ist, durchaus vorhanden. Aus Siedlungsperspektive ist bereits der Krater selbst groß, das Gesteinsmassiv, in dem sich der Krater befindet, riesig. Wegen des in der Descartes-Region starken Mondmagnetfelds ist eine Stationserweiterung auf dem Kraterboden kein Problem. Genau wie in der Lavaröhre ermöglicht dieser Strahlenschutz das Aufstellen weiterer Wohnmodule. Sind einmal Technologien etabliert, Mauersteine aus Mondstein herzustellen und gemauerte Wände luftdicht zu versiegeln, ist es sogar vorstellbar, eine erdähnliche Siedlung mit verschiedenen Häusern auf dem Mondboden zu errichten. Strahlenschutz liefert das Magnetfeld, Verbindungen zwischen den Häusern könnten über Tunnel erfolgen. Auf diese Weise könnte im Descartes-Massiv eine weiträumige Mondsiedlung an der Oberfläche entstehen. Eine solche Siedlung könnte das verfügbare Sonnenlicht weitaus besser nutzen als eine unterirdische. Das Siedlungsmodell wäre auch deutlich erdähnlicher. Dies kann ein nicht zu unterschätzender psychologischer Vorteil sein. Die Kommunikation zur Erde ist von Dollond E über einen Satelliten als Relay-Station dauerhaft möglich.

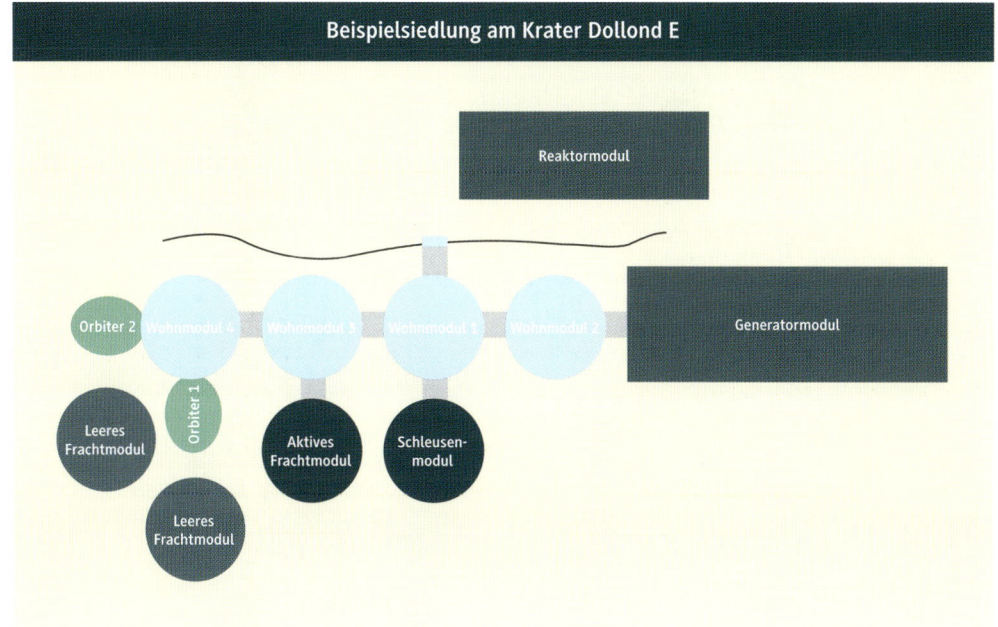

**Beispielsiedlung am Krater Dollond E**

Reaktormodul

Orbiter 2 | Wohnmodul 4 | Wohnmodul 3 | Wohnmodul 1 | Wohnmodul 2

Generatormodul

Leeres Frachtmodul

Orbiter 1

Aktives Frachtmodul

Schleusenmodul

Leeres Frachtmodul

# ZUSAMMENFASSUNG

Abschließend bleibt festzuhalten, dass sich die Standorte Dollond E und Malapert bei der Detailbetrachtung als aussichtsreiche Kandidaten für eine Mondsiedlung zeigen, mit einem individuellen Satz an Vor- und Nachteilen. Die Mare-Tranquillitatis-Grube ist im Vergleich nur zweite Wahl.

## Vor- und Nachteile der einzelnen Standorte

| Malapert | | Mare Tranquillitatis | | Dolland E | |
|---|---|---|---|---|---|
| Vorteile | Nachteile | Vorteile | Nachteile | Vorteile | Nachteile |
| Strahlenschutz durch Bergmassiv | | Strahlenschutz durch Röhrendecke | | Strahlenschutz durch Restmagnetfeld | Restmagnetisierung evtl. nicht ausreichend |
| Tragfähiges Gestein | Tragkraft nicht bestätigt | Sicher tragfähiges Gestein | Gestein vermutlich schwer zu bearbeiten | Tragfähiges Gestein | Tragkraft nicht bestätigt, wechselnde Gesteinsqualität. |
| Exzellente Abschirmungsmöglichkeiten für Kernreaktor | | | Abschirmungsmöglichkeiten etwas vom Zufall abhängig | Gute Reaktorabschirmung mit Mehraufwand möglich | |
| Wachstumspotential im Bergmassiv | | Wachstumspotential in Basaltfeld und für Containersiedlung | | Wachstumspotential in den Kraterrand und als Siedlung aus Mondgestein an der Oberfläche | |
| Garantierter LOX-Lagerplatz | | Wahrscheinlicher LOX-Lagerplatz | | | LOX-Lager nur mit Mehraufwand möglich |
| Dauerhaftes Sonnenlicht zumindest im oberen Bereich | | | Kein Sonnenlicht | Sonnenlicht am Mondtag | Lange Mondnächte |
| Solarstrom, Kernkraft | | Kernkraft | | Kernkraft | |
| Direkte Kommunikation zur Erde | | | Kommunikation über zwei Relays | | Kommunikation über ein Relay |
| Guter Zugang zur Mondoberfläche | | | Zugang nur über Aufzug | Guter Zugang zur Mondoberfläche | |
| Chance auf Wasservorkommen | | | Keine Chance auf Wasservorkommen | | Keine Chance auf Wasservorkommen |
| Bergsiedlung | | Containersiedlung, Bergsiedlung | | Containersiedlung, Bergsiedlung, Häusersiedlung | |

# WACHSTUMSPHASE

In der Wachstumsphase verändert sich das Gesicht der Mondbasis von einer wissenschaftlich motivierten Station hin zu einer mit stärkerem Siedlungscharakter. Die wichtigste Zutat in dieser Phase sind: mehr Menschen.

## BEVÖLKERUNGSWACHSTUM

### TRANSPORTKOSTEN

Um den Traum von mehr Menschen auf dem Mond zu realisieren, müssen die Transportkosten reduziert werden. Der größte Kostentreiber ist der Transport von der Erde zur ISS. Das russische Raumschiff Sojus stellt derzeit die einzige Option dar. Für 90 Mio. USD gelangen damit drei Personen in den Weltraum – 30 Mio. USD pro Person. Ziemlich genau die Summe, die auch die bisherigen Weltraumtouristen berappen mussten. In naher Zukunft wird SpaceX eine Alternative zu Sojus anbieten. Die Raumkapsel Dragon wird sieben Personen in den Weltraum befördern können, zusammen mit einer Nutzlast von 6,2 t. Das Dragon-Raumschiff selbst wiegt ohne Treibstoff und Nutzlast 4,2 t und kann 1,1 t Treibstoff mitführen. Insgesamt also 11,5 t. Die aktuellen Startkosten für die Falcon 9 betragen 60 Mio. USD. Hinzu kommen noch die Kosten für das Dragon-Raumschiff, die auf 50 Mio. USD geschätzt werden können. Zusammen also etwas weniger als 16 Mio. USD pro Passagier.

Gleichzeitig stehen pro Passagier 887 kg für Versorgungsgüter wie Stickstoff oder Harnstoff, persönliche Gegenstände und Eigengewicht zur Verfügung. Dies ist weniger Masse, als bisher pro Person zum Mond gebracht wurde. Mit dem Regolithprozessor in Betrieb kann auf dem Mond Material hergestellt werden. Damit reduziert sich der Lieferbedarf für die Gärtnerei auf insgesamt 3.500 kg bzw. 500 kg pro Passagier. Weitere 210 kg pro Passagier entfallen auf Harnstoff zur Produktion von 90 m³ Atemluft und auf 140 Liter Wasser. Die übrigen 177 kg stehen für Eigengewicht, Raumanzug und persönliche Gegenstände zur Verfügung. Im LEO koppelt die Dragon-Kapsel mit Antriebelement und Treibstofftanks.

**Hier gibt es drei Möglichkeiten für die Weiterreise zum Mond:** Treibstoff vom Mond einfliegen, Treibstoff von der Erde verwenden oder Treibstoff überwiegend vom Mond verwenden und mit Wasserstoff von der Erde ergänzen (Hybridlösung). Die Tabelle auf der folgenden Seite zeigt konservative Abschätzungen des Treibstoffbedarfs für alle drei Varianten für den Transport von 10,4 t Nutzlast inklusive sieben Personen vom LEO zum niedrigen Mondorbit (LLO).

Die Falcon von SpaceX

# Von der Erde zum Mond

| Passagiertransport bei ausschließlicher Versorgung vom Mond | Passagiertransport bei ausschließlicher Versorgung von der Erde | Passagiertransport bei Versorgung vom Mond und Erde |
|---|---|---|
| **Treibstofftransport Mond – LLO**<br>Phönix, Tanks, 349t + 66 t Treibstoff<br>Al/LOX-Bedarf: 985 t | | **Treibstofftransport Mond – LLO**<br>Phönix, Tanks, 147 t + 26 t Treibstoff<br>Al/LOX-Bedarf: 985 t |
| **Treibstofftransport LLO - LEO**<br>Antriebsmodul, Tanks, 66 t Treibstoff<br>Al/LOX-Bedarf: 349 t | | **Treibstofftransport LLO - LEO**<br>Antriebsmodul, Tanks, 26 t Treibstoff<br>Al/LOX-Bedarf: 147 t |
| **Passagiertransport Erde - LEO**<br>Dragon, sieben Passagiere<br>Kosten [M$]: 60 (Start) + 50 (Material) | **Passagiertransport Erde - LEO**<br>Dragon, sieben Passagiere<br>Kosten [M$]: 60 (Start) + 50 (Material) | **Passagiertransport Erde - LEO**<br>Dragon, sieben Passagiere, 6 t LH2<br>Kosten [M$]: 60 (Start) + 50 (Material) |
| **Passagiertransport LEO - LLO**<br>Antriebsmodul, Dragon (10, 4t)<br>Al/LOX-Bedarf: 66 t | **Passagiertransport LEO - LLO**<br>Antriebsmodul, Tanks Dragon (10, 4t),<br>18 t LH2/LOX, LH2/LOX-Bedarf: 117 t<br>Kosten [M$]: 513 (Starts) + 220 (Material) | **Passagiertransport LEO - LLO**<br>Antriebsmodul, Dragon (10, 4t)<br>Al/LOX-Bedarf: 26 t LH2-Bedarf: 6 t |
| **Passagiertransport LLO - Mond**<br>Phönix, Dragon (10,4t)<br>Al/LOX-Bedarf: 45 t | **Passagiertransport LLO - Mond**<br>Phönix, Dragon (10, 4t)<br>Al/LOX-Bedarf: 18 t | **Passagiertransport LLO - Mond**<br>Phönix, Dragon (10, 4t)<br>Al/LOX-Bedarf: 45 t |
| **KOSTEN PRO PASSAGIER: 16 M$**<br>Al/LOX-Bedarf: 1445 t<br>Produktionstage auf dem Mond: 126 | **KOSTEN PRO PASSAGIER: 120 M$**<br>Al/LOX-Bedarf: 0 t<br>Produktionstage auf dem Mond: 0 | **KOSTEN PRO PASSAGIER: 23 M$**<br>Al/LOX-Bedarf: 630 t<br>Produktionstage auf dem Mond: 55 |

Treibstoffbedarf für den Hinflug zum Mond mit Dragon-Raumschiff und Start von der Erde mit Falcon 9 für 7 Personen

Bedingt durch den extremen Treibstoffbedarf **bei ausschließlicher Versorgung durch den Mond** disqualifiziert sich diese Option. Bei **ausschließlicher Versorgung von der Erde** müssen auf der Erde neue Tanks produziert werden, was die Missionskosten erhöht. Die Kosten steigen weiter, wenn Treibstoff für den Betrieb des Phönix mitgeführt werden muss. Eine Person auf diese Weise von der Erde zum Mond zu bringen, kostet in dieser Variante 120 Mio. USD.

Ein noch interessanteres Preis-/Leistungsverhältnis bietet die **Hybridlösung**. Hier werden mit reinem Al/LOX-Antrieb 26 t des Monotreibstoffs (Al/LOX) angeflogen, im LEO werden 6 t LH2 von der Erde ergänzt und anschließend gemeinsam verfeuert. Der Drei-Komponenten-Mix erreicht einen Spezifischen Impuls von 475 Sekunden, was den Flug zum Mond effizienter gestaltet. Verwendete Treibstofftanks werden überwiegend aus dem in vorangehenden Missionen im Mondorbit geparkten Tanks genommen. Lediglich für die LH2-Lieferung wird ein neuer Tank gefertigt.

Im Mondumlauf angekommen, wird die Dragon-Kapsel von einem Phönix-Zug gepackt und zum Mond geflogen. Dabei werden weitere 44 t Al/LOX verbraucht, womit der Bedarf auf 630 t für den Flug von sieben Siedlern von der Erde zum Mond steigt.

Eine Mission dieser Art bringt einen Menschen für Gesamtkosten von 23 Mio. USD auf den Mond. Bei 9 MWel elektrischer Leistung würde der Mond 55 Tage für die Produktion des Treibstoffs brauchen.

Betrachtet man die Kosten vom Standpunkt der Werterzeugung, zeigt sich ein Beitrag der Mondsiedlung zu einem bemannten Mondflug von der Erde von etwa 97 Mio. USD pro Person, wenn man die Variante mit rein irdischer Versorgung mit der Hybridvariante vergleicht. Hochgerechnet auf die sieben Mann Besatzung einer Kapsel sind das 679 Mio. USD. Bei maximaler Treibstoffproduktion kann die Mondsiedlung alle 55 Tage einen Flug unterstützen.

Auf ein Jahr gerechnet entspricht dies einer Wirtschaftsleistung von 4,5 Mrd. USD. Der nachhaltige Nutzen ist erreicht.

Vergleicht man die Kosten von 23 Mio. USD/Person mit den Kosten von 273 Mio. USD/Person, die im Kapitel „Flug zum Mond" für die Variante „Sofort zum Mond" berechnet wurden, zeigt sich deutlich, dass sich der nachhaltige Ansatz auszahlt. Selbst wenn die Betreibernationen Reisenden mehr als 23 Mio. USD in Rechnung stellen, hat die Reise zum Mond einen Preis erreicht, der bezahlbar ist: für die meisten Nationen, für wohlhabende Individuen und für Großkonzerne.

Da die Wachstumsphase mehrere Jahrzehnte in der Zukunft liegt, ist es nicht so unwahrscheinlich, dass mit der Falcon Heavy ein weiteres Startgerät zur Verfügung stellt. Basierend auf den angekündigten Leistungsdaten wird die Falcon Heavy etwa 18 t direkt von der Erde in den LLO bringen können. Das reicht bei Weitem aus, um den Dragon mit Passagieren und Versorgungsgütern direkt von der Erde zum Mond starten zu können.

Die Tabelle vergleicht erneut die Kosten für einen ausschließlich von der Erde versorgten Flug mit einer Hybridlösung aus Versorgung von Mond und Erde. Diesmal ist in der Hybridlösung der Einsatz von Al/LH2/LOX nicht nötig. In dieser Lösung betragen die Kosten für die Durchführung der Mission alleine von der Erde lediglich 61 Mio. USD. Unter Mithilfe der Mondsiedlung fallen die Kosten auf 24 Mio. USD pro Passagier. Bei maximaler Treibstoffproduktion kann die Mondsiedlung alle vier Tage einen Flug unterstützen. Bei jedem Flug spart die Mondsied-

## Von der Erde zum Mond mit Falcon Heavy

| Passagiertransport bei ausschließlicher Versorgung von der Erde | Passagiertransport bei Versorgung vom Mond und Erde |
| --- | --- |
| **Passagiertransport Erde - LLO** Dragon, sieben Passagiere, 18 t LH2/LOX Kosten [M$]: 339 (Start) + 90 (Material) | **Passagiertransport Erde - LLO** Dragon, sieben Passagiere Kosten [M$]: 115 (Start) + 50 (Material) |
| **Passagiertransport LLO - Mond** Phönix, Dragon (10, 4t) LH2/LOX-Bedarf: 18 t | **Passagiertransport LLO - Mond** Phönix, Dragon (10, 4t) Al/LOX-Bedarf: 45 t |
| **KOSTEN PRO PASSAGIER: 61 M$** Al/LOX-Bedarf: 0 t Produktionstage auf dem Mond: 0 | **KOSTEN PRO PASSAGIER: 24 M$** Al/LOX-Bedarf: 45 t Produktionstage auf dem Mond: 4 |

Treibstoffbedarf für den Hinflug zum Mond mit Dragon-Raumschiff und Start von der Erde mit Falcon Heavy für 7 Personen

lung Kosten in Höhe von 259 Mio. USD. Auf ein Jahr gerechnet entspricht dies einer Wirtschaftsleistung von 23,6 Mrd. USD. Wie viel Geld die Betreiber der Mondsiedlung tatsächlich für einen Flug verlangen werden, hängt von vielen Faktoren, unter anderem der Nachfrage, ab. Ein vernünftiger Wert erscheint 34 Mio. USD pro Passagier – Verfügbarkeit der Falcon Heavy vorausgesetzt. Eine Tonne auf dem Mond produzierter Treibstoff hätte damit einen Wert von 1,6 Mio. USD.

Wie viele Personen letztendlich jedes Jahr von der Erde zum Mond umsiedeln, ist schwer vorhersagbar. An Interessenten wird es sicher nicht mangeln, höchstens am Geld. Für ein Jahresbudget von 500 Mio. USD lassen sich beispielsweise mindestens 14 Personen umsiedeln. Es ist vorstellbar, wie sich eine komplette irdische Industrie um die Idee zum Mond auszuwandern entwickeln kann. Casting-Shows könnten jedes Jahr einen Mondreisenden statt Superstars, Talenten, Sängern oder Models suchen. Lotterien könnten als Hauptgewinn einen Hinflug zum Mond bieten. Privatpersonen und Regierungen könnten jedes Jahr eine gewisse Anzahl an Flügen zum Mond sponsern. Beteiligte Staaten könnten unter ihren Steuerzahlern Reisen zum Mond verlosen. Film- und Fernsehstudios könnten Sendungen vom Mond übertragen, vielleicht sogar regelmäßig Serien dort drehen.

Je mehr der Mond eine Siedlung für jedermann wird, umso größer wird auch jedermanns Interesse daran werden. Das Leben auf dem Mond ist ein Abenteuer und es sollte der Unterhaltungsbranche leicht fallen, daraus ein spannendes Format zu produzieren. Umso weiter die Industrialisierung des Mondes voranschreitet, desto interessanter wird es für Firmen, sich dort niederzulassen. Produktionsfirmen, vor allem im Raumfahrtbereich, werden Wege finden, aus niedriger Gravitation und Vakuum einen Standortvorteil zu ziehen und irdische Konkurrenten auszustechen.

## RUNDFLUG ERDE – MOND – ERDE

Die niedrigen Reisepreise werden auch Mondtouristen anlocken. Hierfür macht eine Dragon-Kapsel einfach einen Rundflug mit einem Zwischenstopp auf dem Mond. Im vorangegangen Abschnitt wurde bereits gezeigt, dass die Verwendung der Falcon Heavy als Trägerrakete, die einen Start direkt von der Erde zum Mondorbit erlaubt, die kostengünstigere Variante darstellt. Die folgende Tabelle vergleicht die Kosten der rein irdischen Missionsversorgung mit der Hybridvariante.

In dieser Variante kehrt das Dragon-Raumschiff mehr oder weniger intakt zur Erde zurück, womit lediglich eine Wartung benötigt wird, die auf 10 Mio. USD, 20% der Neukosten, veranschlagt werden kann. Im Vergleich zum One-Way-Flug zum Mond verschiebt sich bei der Rundreise die erbrachte Leistung noch mehr zum Mond. Treibstoff für Start und Landung auf dem Mond sowie den Rückflug zur Erde wird vom Mond hergestellt, während Startkosten von der Erde und Raumschiffkosten sinken. Für einen einzigen Rundflug erbringt die Mondsiedlung jetzt eine Leistung von 539 Mio. USD. Eine Leistung, die alle 19 Tage erbracht werden kann und sich damit im Jahr auf 10,3 Mrd. USD summiert. Stellt man eine Tonne Al/LOX weiterhin für 1,6 Mio. USD bereit, ergeben sich für einen Hin- und Rückflug zum Mond Kosten von 63 Mio. USD, etwas mehr als Touristen heute für einen Flug zur ISS zu bezahlen bereit sind.

### Mit Falcon Heavy von der Erde zum Mond und zurück

| Passagiertransport bei ausschließlicher Versorgung von der Erde | Passagiertransport bei Versorgung vom Mond und Erde |
|---|---|
| **Passagiertransport Erde - LLO** Dragon, sieben Passagiere, Kosten [M$]: 79 (Start) + 10 (Material) | **Passagiertransport Erde - LLO** Dragon, sieben Passagiere Kosten [M$]: 79 (Start) + 10 (Material) |
| **Treibstofftransport Erde - LLO** Tanks mit LH2/LOX: 13 t + 8 t + 19 t Kosten [M$]: 461 (Start) + 80 (Material) | **Passagiertransport LLO - Mond** Phönix, Dragon (7 t) Al/LOX-Bedarf: 30 t |
| **Passagiertransport LLO - Mond** Phönix, Dragon (7 t) LH2/LOX-Bedarf: 13 t | **Treibstofftransport Mond - LLO** Phönix, Tanks mit 51 t Al/LOX Al/LOX-Bedarf: 122 t |
| **Passagiertransport Mond - LLO** Phönix, Dragon (7 t) LH2/LOX-Bedarf: 8 t | **Passagiertransport Mond - LLO** Phönix, Dragon (7 t) Al/LOX-Bedarf: 15 t |
| **Passagiertransport LLO - Erde** Antriebsmodul, Dragon (7 t) LH2/LOX-Bedarf: 19 t | **Passagiertransport LLO - Erde** Antriebsmodul, Dragon (7 t) Al/LOX-Bedarf: 51 t |
| **KOSTEN PRO PASSAGIER: 90 M$** Al/LOX-Bedarf: 0 t Produktionstage auf dem Mond: 0 | **KOSTEN PRO PASSAGIER: 13 M$** Al/LOX-Bedarf: 218 t Produktionstage auf dem Mond: 19 |

# WER SIEDELT ZUERST UM?

Welche Berufe und Fertigkeiten die neuen Siedler mitbringen müssen, wird sich daran orientieren, welche Ausbaumaßnahmen als Erstes getroffen werden. Die Ausbaumaßnahmen wiederum werden vermutlich das Voranbringen der Industrialisierung zum Ziel haben. Es ist daher wahrscheinlich, dass weitere Metallarbeiter und Bergleute benötigt werden. Mit wachsender Bevölkerungszahl wird auch der Anteil der in der Landwirtschaft tätigen Siedler steigen müssen. Mehr und mehr Dienstleister werden ebenfalls gebraucht. Sobald der Grundstein für eine nachhaltige Siedlung gelegt ist, kann sich diese sehr dynamisch entwickeln. Priorität bei der Umsiedlung sollten allerdings eventuell vorhandene Kinder und Lebenspartner der bisherigen Siedler haben. Auch wenn es unwahrscheinlich ist, dass die ersten Siedler verheiratet sind und Kinder haben, ist es nicht ausgeschlossen. Die Zusammenführung dieser Familien nach Jahren der Trennung muss nach Abschluss der Gründungsphase höchste Priorität haben. Während der Zeit der Trennung können die auf der Erde verbliebenen Lebenspartner falls erforderlich eine Ausbildung erhalten, um anschließend auf dem Mond einen Beitrag leisten zu können. Generell sollte speziell in der Wachstumsphase darauf geachtet werden, für ein 50:50-Verhältnis unter den Geschlechtern zu sorgen. Auch wenn viele ohne Partner gekommen sind, sollte dies zum Wohle der Siedlung nicht so bleiben. Irgendwann wird der erste Mensch auf dem Mond geboren werden.

Die Tabelle zeigt die Bevölkerungszahl (Erwachsene/Kinder) nach einer zehnjährigen Wachstumsphase bei verschiedenen Budgets für die Umsiedlung und einer unterschiedlichen Zahl an Familiengründungen mit einem Kind pro Paar:

### So könnte die Mondsiedlung wachsen

| 1 Kind/Paar | 20% Familien | 40% Familien | 60% Familien | 80% Familien |
|---|---|---|---|---|
| 500 Mio. USD/a | 161/16 | 161/32 | 161/48 | 161/64 |
| 1 Mrd. USD/a | 301/30 | 301/60 | 301/90 | 301/120 |
| 3 Mrd. USD/a | 861/86 | 861/172 | 861/258 | 861/344 |
| 5 Mrd. USD/a | 1.421/142 | 1.421/284 | 1.421/426 | 1.421/568 |

Es wird gestartet mit 21 Siedlern, die aus den vorherigen Phasen bereits auf dem Mond sind. Dazu kommen 14 Erwachsene pro Jahr bei einem Budget von 500 Mio. USD, bei 1 Mrd. USD sind es 28 pro Jahr, bei 3 Mrd. USD 84 pro Jahr und bei 5 Mrd. USD siedeln pro Jahr 140 Personen um.

Man kann anhand der Tabelle leicht auf höhere Zahlen von Kindern pro Paar schließen. Gründen 40 % der Siedler eine Familie und haben im Schnitt drei Kinder, würden bei einem Umsiedlungsbudget von 1 Mrd. USD/Jahr nach zehn Jahren 301 Erwachsene und 180 Kinder auf dem Mond leben. Gelänge auf dem Mond eine gute Familienförderung mit 60 % Familien, wären im selben Szenario (drei Kinder/Paar) auch 270 Kinder vorstellbar. Setzt man letztgenanntes Szenario auf 20 Jahre fort, beträgt die Einwohnerzahl 1104, darunter 523 auf dem Mond geborene Menschen zwischen 0 und 20 Jahren (21 Siedler aus den ersten Phasen + 20 x 28 Erwachsene = 581 Erwachsene; davon 60 % Familien = 174 Familien à 3 Kinder = 523 Kinder). Zu diesem Zeitpunkt hätte der Mond eine gute Bevölkerungszahl und eine gute Altersstruktur erreicht und wäre weitgehend von Zuwanderung unabhängig.

# INDUSTRIELLES WACHSTUM

Am Ende der Gründungsphase steht es um die Industrialisierung des Mondes bereits ganz gut.

**Bergbau:** Der am weitesten ausgebaute Industriezweig ist der Bergbau. Durch Grabungen wird das Siedlungsgebiet erweitert und der Regolithprozessor mit Material versorgt, aus welchem Sauerstoff und Aluminium hergestellt werden. Es sind die nötigen Werkzeuge und Maschinen vor Ort, um aus dem Aluminium Kabel, Drähte, Seile, Bleche, Rohre und Blöcke zu fertigen. Aus den Blöcken können komplexe Werkstücke gefräst und aus den Blechen geschweißt werden. Mit von der Erde importierten Metallen lassen sich leistungsfähige Aluminiumlegierungen produzieren. Die drei vorhandenen Mechaniker stellen nach den Bergleuten die größte Gruppe.

**Ausbau der Siedlung:** Die erste Industrieleistung wird in den Ausbau der Siedlung investiert. Das Wasser- und Abwassersystem wird zentralisiert, Kabel für die Erweiterung der Siedlung vor Ort hergestellt. Ebenfalls wird eine Zentralheizung durch die thermische Energie des Reaktors etabliert, eventuell gelingt es sogar, die thermische Leistung des Reaktors für den Betrieb des Regolithprozessors zu verwenden. Neue Siedler, die in dieser Ausbauphase hinzustoßen, werden vermutlich Sanitär- und Elektroinstallateure sein. Auch weitere Metaller und Prozesstechniker, um den Regolithprozessor auf höchster Leistung zu betreiben, sowie zusätzliche Gärtner, um den gestiegenen Nahrungsmittelbedarf zu decken, dürften dazugehören. Wahrscheinlich ist außerdem die Ergänzung der Siedlung um weitere Steinmetze und Mediziner. Beim Ausbau der Quartiere wird mittelfristig die Bestrebung sein, das Äquivalent von 2-Zimmer-Wohnungen mit eigenem Badezimmer zu schaffen, mit der Option weitere Zimmer durch Grabungen hinzuzufügen. Größere Räume werden vermutlich durch Säulen unterbrochen sein, um das Gewicht des Berges abzufangen, Wände zwischen den Räumen werden aus demselben Grund sehr dick sein. Bei Luftschleusen wird man vermutlich noch auf den Import von der Erde angewiesen sein, einfache Türen können bereits vor Ort angefertigt werden.

**Textilien:** Nach Hühnern könnten Schafe als zweite Tierart von der Erde eingeführt werden. Sie liefern neben Milch und Fleisch vor allem eines: Wolle. Aus dieser ließen sich relativ einfach die ersten Textilien auf dem Mond fertigen – z. B. Decken, Vorhänge oder Teppiche, die eine von kaltem Stein geprägte Umgebung wohnlicher machen. Alternativ könnte man Baumwolle oder Hanf anbauen – was hier am kosteneffizientesten wäre, muss eine Detailstudie zeigen. Zu bedenken ist allerdings, dass Textilien von geringer Dichte sind, womit sie im Vergleich zu Metallen relativ kostengünstig von der Erde angeliefert werden könnten. Hochwertige Kunstfasern, speziell für Kleidung, werden auf dem Mond zudem auf lange Zeit nicht produzierbar sein.

**Eisen:** Als Alternative zur Herstellung von Textilien kann die Ressourcenproduktion aus Regolith verbessert werden. Auch hier gibt es eine Reihe von Möglichkeiten: Eisen wurde im Mondgestein in Konzentrationen von etwa 5 % bis 13 % gefunden. Durch seine magnetischen Eigenschaften ist es relativ leicht abzutrennen. Eisen und seine Legierungen werden in irdischen Prozessen allerdings mit Feuer geschmolzen. Da es auf dem Mond nicht

Schafe liefern Wolle - auch auf dem Mond?

viel Brennbares gibt, bietet sich die Eisenverarbeitung nicht an. Alle Prozesse müssten erst mühsam umgestellt werden. Kombiniert mit dem Umstand, das Eisen und Stahl wegen der höheren Dichte für Raumfahrtanwendungen weniger geeignet sind als Titan, scheint es für Eisen keine breite Verwendung zu geben.

**Titan:** Titan findet man vor allem im lunaren Flachland erheblich häufiger als auf der Erde. Im Mare Tranquilitatis wurden Konzentrationen von bis zu 12 % nachgewiesen, üblich sind jedoch um die 3 %. Gelingt es, den Regolithprozessor um eine Fertigungskette für Titan zu erweitern, wäre dies ein sehr großer Gewinn für die Mondbasis. Da eine ausreichende Titanmenge im Regolith von Standort zu Standort unterschiedlich sein kann, mag eine hohe Titankonzentration sogar den Ausschlag für einen Standort gegenüber anderen geben. Titan kann mit 6 % Aluminium und 4 % Vanadium legiert werden. Diese Legierung wird häufig in industriellen Anwendungen und in der Luftfahrt eingesetzt. Für diese Legierung müsste lediglich Vanadium von der Erde importiert werden. Mit einer Tonne importiertem Vanadium könnten 25 t hochwertige Titanlegierung hergestellt werden. Aus der Titanlegierung könnten Bleche und anderes Halbzeug gefertigt werden, welches in der Fertigung von Raumschiffteilen gebraucht wird. Die Fähigkeit, Titan herzustellen und zu verarbeiten, wird einer Mondsiedlung einen weiteren Wettbewerbsvorteil verschaffen und zur Herstellung von hochwertigen Bauteilen für die Raumfahrt beitragen. Darüber hinaus bietet sich Titan als Stahlersatz im Siedlungsbau an. Vor allem zur Herstellung von Werkzeugen, für die Aluminiumlegierungen zu weich sind, bieten sich Titanlegierungen an.

**Magnesium:** Für Siedlungen, die über keine ausbeutungswerten Titanvorkommen verfügen, oder falls der Titanabbau sich als technisch zu aufwendig erweist, bietet es sich an, Aluminium mit Magnesium zu legieren. Magnesium kommt auf dem Mond in Konzentrationen von 4 % bis 5 %

Titan bietet eine bemerkenswerte Festigkeit bei geringer Dichte.

vor. Die Magnesiumgewinnung ist der von Aluminium sehr ähnlich, womit sie wahrscheinlich den am einfachsten umsetzbaren Prozess darstellt. Aluminium-Magnesium-Legierungen haben eine sehr hohe Festigkeit und werden unter anderem im Schiffsbau, beim Brückenbau und beim Bau von Druckkesseln verwendet. Der typische Magnesiumanteil liegt bei weniger als 3 %. Es kann also bereits ausreichen, den für die Gewinnung von Aluminium optimierten Prozessor 3% seiner Betriebszeit Magnesium herstellen zu lassen.

Wird eine Magnesiumfertigung errichtet, kann das gewonnene Magnesium neben der Legierung von Aluminium auch selbst legiert bzw. in seinem reinen Zustand als Batterie verwendet werden. Die Möglichkeit zur Fertigung von Batterien auf dem Mond kann helfen, verstärkt auf Sonnenlicht zurückzugreifen, wenn es um den Ausbau der Energiegewinnung geht. Wie die Abwägung von Kernkraft gegenüber Solarenergie gezeigt hat, sind Speicherkapazitäten für Strom während der Mondnacht das größte Manko beim Solarstrom. Magnesiumbatterien können dazu beitragen, dieses Problem zu lösen.

Magnesium kann mit Aluminium, zumeist unter Zugabe von Zink, legiert werden. Typische Aluminiumanteile liegen zwischen 3 % und 13 %, Zinkanteile zwischen 0,5 % und 3 %. Viele Legierungen enthalten auch zwischen 0,1 % und 0,4 % Mangan. Damit lassen sich mit einer von der Erde importierten Tonne Zink und 200 kg Mangan bis zu 200 t Magnesiumlegierung herstellen. Mangan wurde auch auf dem Mond in sehr geringen Konzentrationen (0,05 % bis 1,0 %) im Mondgestein nachgewiesen. Der Import von der Erde erscheint bei den geringen benötigten Mengen jedoch einfacher. Magnesiumlegierungen haben die niedrigste Dichte von allen Metalllegierungen (1,8 g/cm³) und sind daher vor allem im Leichtbau populär. Obwohl weder Magnesium noch seine Legierungen sich mit der Zähigkeit von Titan messen können, erweitert die Verfügbarkeit von Magnesiumlegierungen das Repertoire der Mondsiedlung.

**Magnesiumoxid:** Auf dem Weg zur Magnesiumherstellung wird Magnesiumoxid isoliert. Das Oxid kann als Düngemittel und in der Glasherstellung (zusammen mit Siliziumoxid) zur Verwendung kommen. Möglicherweise ist es gerade die Verwendbarkeit als Dünger, die den Ausschlag gibt, eine Magnesiumfertigungskette zu etablieren.

**Silizium:** Mit einem Gewichtsanteil von um die 20 % ist Silizium nach Sauerstoff das häufigste Element auf dem Mond. Da die Etablierung einer Halbleiterindustrie auf dem Mond unwahrscheinlich erscheint, wird Silizium am ehesten als Siliziumoxid in der Glasherstellung Verwendung finden. Es ist möglich, ausschließlich mit Siliziumoxid ein sehr hartes, temperaturresistentes Glas mit geringem thermischen Ausdehnungskoeffizienten herzustellen. Das so erhaltene Glas ist lichtdurchlässig oder trüb. Klassisches Fensterglas benötigt weitere Zutaten: 14 % Natriumoxid, 2,5 % Magnesiumoxid, 10 % Kalziumoxid und 0,6 % Aluminiumoxid. Abgesehen von Natriumoxid sind alle anderen Oxide auf dem Mond in ausreichendem Umfang vorhanden. Auch Natriumoxid gibt es auf dem Mond, allerdings lediglich in Konzentrationen von 0,4 % bis etwa 1 %. Ein

Abbau in der Wachstumsphase erscheint finanziell nicht sinnvoll, da sich mit einer Tonne importiertem Natrium 1,35 t Natriumoxid und daraus wiederum 9,6 t Glas herstellen lassen. Wird die Herstellung von Glas auf dem Mond etabliert, können mittelfristig Fenstermodule lokal gefertigt werden – ein weiterer Schritt, um beim Stationsausbau unabhängiger zu werden. Auch bei der Fertigung von Raumschiffbauteilen sind Fenstermodule eine interessante Komponente.

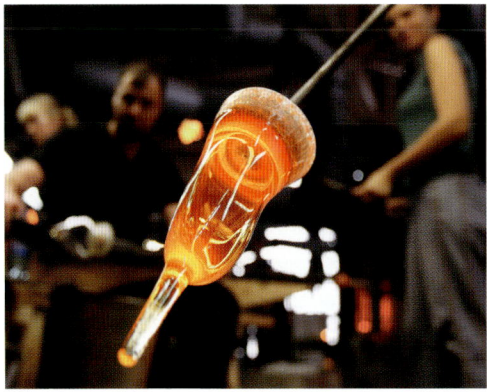

Glasbläser: ein Job für den Mond?

Für die Glasherstellung werden entsprechende Experten wie Glasbläser benötigt. Sie könnten auch zahlreiche Alltags- und Laborgegenstände herstellen. Wegen dieser breiten Anwendbarkeit und der vermeintlichen Einfachheit des Herstellungsprozesses könnte bereits relativ früh in die Glasherstellung eingestiegen werden. Die Gewinnung von elementarem Silizium erscheint nicht zwangsweise erforderlich, es

wird typischerweise aus dem Oxid durch Reduktion mit Magnesium (dabei wird Magnesium zu Magnesiumoxid (MgO)) gewonnen. Auch Prozesse, die ohne ein solches Opfermetall auskommen, sind vorstellbar, zurzeit aber nicht etabliert. Das entstandene MgO kann dem bestehenden Magnesiumprozess, der eine Voraussetzung für die Siliziumgewinnung wäre, wieder zugeführt werden.

Die interessanteste Anwendung von Silizium auf dem Mond ist wahrscheinlich die Herstellung von Solarzellen. Spitzenleistungen in der Solarzellenproduktion sind auf dem Mond nicht zu erwarten, es erscheint allerdings machbar, Solarzellen mit der halben irdischen Effizienz herzustellen. Aus etwa 1 t Silizium ließen sich Solarzellen mit 7 KW elektrischer Leistung herstellen. Bei einer täglichen Produktion von 1 t Solarzellen ergibt sich eine Jahresproduktion von ca. 2,5 MW. Langfristig wird es sich zwar immer auszahlen, den Energiebedarf der Mondbasis aus Eigenproduktion decken zu können, kurzfristig kann der Import von weiteren Reaktoren allerdings kostengünstiger sein als der Aufbau einer Solarindustrie. Silizium findet weitere Verwendung in der Herstellung von Silikonen. Da auch Silikone überwiegend Kohlenwasserstoffe enthalten, ist es auf lange Sicht vermutlich nicht attraktiv, die geringen auf dem Mond benötigten Mengen an Silikon dort aus importierten Kohlenwasserstoffen herzustellen.

**Kalk:** Kalziumoxid bzw. gebrannter Kalk ist auf dem Mond zu etwa 8 % bis 11 % vorhanden. Gebrannter Kalk in seiner natürlichen Form ist bereits sehr nützlich: Er kann in Kalkmörtel, Kalkputz oder Kalkfarbe verwendet werden. Kalkbasierte Baustoffe binden unter Verbrauch von $CO_2$ ab. Das für den Prozess benötigte Wasser wird während der Trocknung an die Luft abgegeben und nicht verbraucht. Bei der Umsetzung des von der Erde eingeführten Harnstoffs zu Wasser und Stickstoff wird auch Kohlendioxid in unbrauchbar großen Mengen frei, insgesamt 73 kg pro 100 kg Harnstoff. Mit 73 kg $CO_2$ wiederum lassen sich 93 kg gebrannter Kalk abbinden. Die Verwendung von Kalk als Werkstoff kann damit gleichzeitig einen Beitrag zum $CO_2$-Management in der Siedlung leisten. Wegen des Mangels an Kohlenstoff scheint Kalk als intensiver Baustoff nicht infrage zu kommen. Aus irdischer Sicht der interessanteste Baustoff unter Verwendung von gebranntem Kalk ist der Einsatz im Zement. Neben CaO (58 % bis 66 %) besteht Zement aus Siliziumoxid (18 % bis 26 %), Aluminiumoxid (4 % bis 10 %) und Eisenoxid (2 % bis 5 %). Alles Oxide, die auf dem Mond ausreichend vorhanden sind. Zement ist der auf der Erde am häufigsten verwendete Werkstoff überhaupt, mit einer Produktion von über 2,8 Mrd. t/Jahr. Es ist daher naheliegend, diesen Werkstoff auch auf dem Mond zu erschließen.

Zement ist beim Bau fast unersetzbar.

Größtes Problem beim Einsatz von Zement auf dem Mond ist, dass er Wasser zum Abbinden benötigt. Zwar wird der überwiegende Anteil durch Verdunsten wieder freigesetzt, auf 12 kg Zement werden jedoch 1 kg Wasser verbraucht. Mit 1 kg von der Erde importierten Wasserstoff lassen sich auf dem Mond 9 kg Wasser herstellen oder 108 kg Zement abbinden. Mit einer Tonne importiertem Wasserstoff kommt man also sehr weit.

In den vorangehenden Kapiteln wurde angeregt, Wasserstoff und Kohlenstoff in Form von Schaumstoff zu importieren. Um daraus 1 t Wasserstoff zu gewinnen, sind 7 t Schaumstoff erforderlich. Pro importierter Tonne Schaumstoff lassen sich also etwas über 15 t Zement abbinden. In der Summe bleibt die Verwendung von Zement abhängig von Wasserstoffimporten von der Erde. Da nur relativ wenig Wasserstoff verbraucht wird und Zement ein essenzieller Werkstoff ist, erscheint es eine gute Investition, Wasserstoff für diesen Zweck zu verwenden.

Das dritte Einsatzgebiet von gebranntem Kalk ist, genau wie bei Magnesiumoxid, Düngung. **Damit wurden die wesentlichen Optionen für das industrielle Wachstum aufgezeigt.** Wie bereits bei der Beschreibung des Regolithprozessors dargestellt, wird geschätzt, dass 40 t Material für jede volle Ausbaustufe erforderlich sind, 20 t, wenn nur das Oxid gewonnen werden soll.

Die Tabelle fasst die verfügbaren Ausbauoptionen zusammen:

In der Summe würden alle Ausbauoptionen etwa 22 Mrd. USD kosten und sollten über einen Zeitraum von 10 bis 20 Jahren auch umgesetzt werden. Von allen Materialien, die auf dem Mond gefertigt werden können, besteht an Treibstoff mittelfristig der größte Bedarf. Daher ist ein gewisser Anreiz vorhanden, die Kapazitäten auf diesem Gebiet auszubauen. Bisher war die Al/LOX-Produktion durch die Anzahl der Bergleute auf 2,383 t/Tag begrenzt. Erhöht man die Anzahl der Bergleute und geht in die Nähe des elektrischen Leistungslimits des Reaktors, ließen sich mit einem Einsatz von 9 MWel 11,5 t Treibstoff pro Tag erzeugen.

## Kosten für die Erweiterung der industriellen Produktion

| Ausbaustufe | Masse | Material Kosten | LEO zu LLO LH2/LOX | Startkosten | LLO zu Mond Al/LOX |
|---|---|---|---|---|---|
| Magnesium | 40 t | 3 Mrd. USD | 88 t | 550 Mio. USD | 218 t |
| Titan | 40 t | 5 Mrd. USD | 88 t | 550 Mio. USD | 218 t |
| Eisenoxid | 20 t | 1 Mrd. USD | 44 t | 275 Mio. USD | 109 t |
| Gebrannter Kalk | 20 t | 1 Mrd. USD | 44 t | 275 Mio. USD | 109 t |
| Siliziumoxid | 20 t | 1 Mrd. USD | 44 t | 275 Mio. USD | 109 t |
| Silizium | 20 t | 2 Mrd. USD | 44 t | 275 Mio. USD | 109 t |
| Solarfertigung | 20 t | 3 Mrd. USD | 44 t | 275 Mio. USD | 109 t |
| Glasfertigung | 20 t | 1 Mrd. USD | 44 t | 275 Mio. USD | 109 t |
| Zementfertigung | 20 t | 1 Mrd. USD | 44 t | 275 Mio. USD | 109 t |
| Summe | 220 t | 18 Mrd. USD | 572 | 3,6 Mrd. USD | 1417 t |

Ausbau des Regolithprozessors

# WISSENSCHAFTLICHES WACHSTUM

Ein Hauptgrund für die Etablierung der Mondbasis ist wissenschaftlicher Erkenntnisgewinn. Es wurden bereits viele Bereiche angesprochen, in denen neue Erkenntnisse gewonnen werden müssen, um die Mondsiedlung überhaupt erst möglich zu machen.

Die wichtigsten Erkenntnisse während der Gründungs- und Wachstumsphase werden sicher im Bereich der extraterrestrischen Landwirtschaft gewonnen. Bisher hat die Menschheit darin keine Erfahrung, weshalb auf diesem Gebiet sicher mit Rückschlägen zu rechnen ist, viele Erfolge werden allerdings auch aus Zufall entstehen. Für die nachhaltige Versorgung der Mondsiedlung und die spätere Expansion zu anderen Planeten und Monden ist es allerdings von essenzieller Bedeutung zu verstehen, was man zum Aufbau eines Nahrungsmittelkreislaufs benötigt und was die Besonderheiten der Landwirtschaft in niedriger Gravitation sind. Von diesem siedlungsspezifischen Erkenntnisgewinn abgesehen, ist die Erkundung des Mondes das erste Forschungsinteresse.

## MONDERKUNDUNG

Erkundung des Mondes bedeutet, ausgehend von der Siedlung zum Beispiel im Spiralmuster die Umgebung zu erforschen. Interessant ist dabei vor allem das Studium der Gesteinszusammensetzung. Ausschlaggebend hierfür sind zwei Gründe: Zum einen ist es nicht unwahrscheinlich, irgendwo im Umkreis

Erkundung des Mondes

um die Siedlung auf erhöhte Konzentrationen eines Elements zu stoßen, das auf dem Mond häufig ist. Dies kann sich später auszahlen, wenn der Abbau eines bestimmten Materials forciert werden soll.

Interessanter noch als diese lukrativen Vorräte zu finden ist es, Elemente zu entdecken, die man bisher auf dem Mond gar nicht oder nur in sehr geringen Mengen gefunden hat. Allem voran hat die Suche nach Wasserstoff, egal in welcher Form, natürlich Priorität. Ebenfalls sehr hilfreich wäre es, abbauwürdige Vorkommen von Kohlenstoff und Stickstoff zu entdecken. Zweifellos wird es genau wie auf der Erde auch lokale Häufungen von Kupfer oder auch Gold und anderen Edelmetallen geben. Die Entdeckung dieser Vorkommen wird für eine spätere Ausbeutung wichtig sein.

Um den Mond effizient zu erkunden, bedarf es eines geeigneten Fortbewegungsmittels. Die NASA-Variante, der Lunar Electric Rover (LER), wurde bereits im vorigen Kapitel kurz vorgestellt. Als komplette Neuentwicklung ist der LER ein gutes Beispiel, wofür dieses Buch nicht steht. Ein Mondauto sollte auf bestehender Technologie aufsetzen. Der größte und wahrscheinlich einzige Grund, warum ein herkömmliches Auto auf dem Mond nicht starten wird, liegt im allgegenwärtigen Vakuum. Schon ein Elektroauto hat dieses Problem nicht mehr. Elektrische Pick-ups gibt es bereits heute. Ein solches Fahrzeug würde auf dem Mond immerhin erfolgreich starten. Um länger im Betrieb zu bleiben, wird man noch etwas am Wärmemanagement und an anderer Stelle ändern müssen, um mit dem größeren Temperaturbereich auf dem Mond (–55 °C bis 130 °C statt –40 °C bis 70 °C auf der Erde) zurechtzukommen. Generell müsste ein geschickt modifiziertes Elektroauto auf dem Mond genauso einsetzbar sein, wie es 1963 ein VW-Käfer in der Antarktis war.

Elektrischer Pick-Up: auf dem Mond einsetzbar?

Als Bereifung empfiehlt sich eine vergrößerte Variante der bei Apollo verwendeten Reifen, um den Besonderheiten des Mondgesteins Rechnung zu tragen. An der Aufhängung sollte man ebenfalls etwas verändern, um die Geländetauglichkeit zu erhöhen. Größter Nachteil bei der Verwendung eines Serienfahrzeugs liegt in der fehlenden Druckkabine. Dieser Nachteil ist mit Raumanzügen kompensierbar. Die Apollo-Crews kamen im Lunar Rover auch ohne Druckkabine aus. Ausgestattet mit einem Lebenserhaltungssystem, Solarzellen und mehr Batterien kann die Reichweite erhöht werden. Ohne Luftreibung und bei nur 1/6 der irdischen Bodenreibung sollten die Herstellerangaben für Reichweite auf dem Mond auch ohne weitere Modifikationen zu überschreiten sein. Das Via eREV Serienmodell hat eine Masse von 2,5 t (beim LER sind es 3,0 t) und eine irdische Zuladung von 680 kg, die angegebene Höchstgeschwindigkeit beträgt 140 km/h (LER: 19 km/h). Auf dem Mond gelten natürlich andere Werte. Speziell die Zuladung würde mit etwa 4 t (LER: 1 t) so interessant werden, dass es vorstellbar ist, Regolith über größere Strecken zur Mondsiedlung zu fahren. Umbau und Erprobung des eREV-basierten Mondautos können mit Sicherheit unter den Kosten erreicht werden, die die NASA alleine 2010 in den LER investiert hat: 153 Mio. USD.

## TELESKOPE

Ein Argument für die Besiedlung des Mondes am Beginn dieses Buch war der Bau von Teleskopen. Von den vorgestellten Standorten drängt sich aus astronomischer Sicht der Südpol mit seinen ewigen Schatten auf. Malapert bietet hier das beste Gesamtpaket und wird daher im Folgenden etwas genauer betrachtet. Licht- und Temperaturverhältnisse an der Südseite des Malaperts sind optimal für Radioteleskope, optische Teleskope und Infrarotteleskope. Wie schon bei den Industrieanlagen wird auch bei der Konstruktion der Teleskope die auf dem Mond verfügbare Fertigungskapazität ausgenutzt. Nahezu alle grobmechanischen Bauteile wie Stützstrukturen oder Träger können auf dem Mond gefertigt werden. Außerdem können die meisten feinmechanischen Bauteile vermutlich ebenfalls lokal hergestellt werden. Im Fall der Teleskope müssen also überwiegend Spiegel, Elektronik und Spezialbauteile von der Erde eingeflogen werden. Andere Bauteile können ebenfalls importiert werden, um die Mondsiedlung zu entlasten. Die folgende Tabelle gibt einen Überblick über die geschätzten Kosten:

**Kosten für den Bau eines Teleskops auf dem Mond**

| Ausbaustufe | Masse | Material Kosten | LEO zu LLO LH2/ LOX | Startkosten | LLO zu Mond Al/LOX |
|---|---|---|---|---|---|
| Optisches Teleskop | 20 t | 1 Mrd. USD | 44 t | 275 Mio. USD | 109 t |
| Infrarotteleskop | 20 t | 1 Mrd. USD | 44 t | 275 Mio. USD | 109 t |
| Radioteleskop | 20 t | 1 Mrd. USD | 44 t | 275 Mio. USD | 109 t |
| Summe | 60 t | 3 Mrd. USD | 132 | 825 Mio. USD | 327 t |

Nicht alle Arten von Teleskopen müssen in der Wachstumsphase errichtet werden, zumindest eines wäre allerdings erstrebenswert. Dafür muss zunächst ein 8 bis 10 km langer Tunnel gebaut werden, der die Südseite des Malaperts mit der Siedlung an der Nordseite verbindet. Damit die Bauzeit für den Tunnel nicht zu lang wird, sollte er schmal ausgelegt werden. Bei einer Breite von 1,2 m und einer Höhe von 2 m müssen 24.000 m³ Fels bewegt werden

– das entspricht einer Arbeitsleistung von 12.000 Bergmanntagen. Entsprechend benötigen vier Bergleute etwa vier Jahre, um den Tunnel zu errichten. Da in der Wachstumsphase wahrscheinlich auch der Bedarf an Al/LOX steigt, das mithilfe des Regolithprozessors gewonnen wird, wäre eine Aufstockung der Bergleute von vier auf acht nicht nur für den Tunnelbau von Vorteil. Eine Erhöhung der Bauaktivität bedeutet gleichzeitig zusätzliches Gesteinsmaterial, das vom Prozessor verwertet werden kann. Ist der Tunnel erst einmal etabliert, können an der Südwand Räumlichkeiten für die Teleskope geschaffen werden. Außerdem gibt es jetzt einfachen Zugang zum LOX-Lager, womit Treibstofftanks nicht mehr über den Berg geflogen werden müssen. Der Tunnel nutzt somit Wissenschaft und Industrie. Durch den Einsatz handelsüblicher Golfwagen lässt sich die Reisezeit zwischen den beiden Enden verkürzen. Ein kleiner Wermutstropfen beim Tunnelbau ist der erhöhte Stickstoffbedarf, um ihn mit Atemluft zu füllen. Etwa 26 t müssen über vier Jahre von der Erde importiert werden. Sobald das erste Teleskop fertiggestellt ist, können wir uns auf noch tiefere Einblicke in das Universum freuen.

## ZEITPLAN

Wer nach den Sternen greifen will, muss sich hohe Ziele setzen. Die folgende Tabelle zeigt daher einen ambitionierten Zehnjahresplan für die Wachstumsphase. Der Plan ließe sich genauso gut in 15 oder 20 Jahren abwickeln.

Jedes Jahr finden vier Passagierflüge „Einweg" von der Erde zum Mond statt, mit denen jeweils sieben neue Siedler sowie Versorgungsgüter ankommen. Zudem gibt es vier reine Versorgungsflüge pro Jahr und einen Rundflug Mond-Erde-Mond, die hier mit 27 Mio. USD pro Person berücksichtigt werden.

Die Eckdaten gelten für alle Flüge der jeweiligen Kategorie:

| Kategorie | Masse | Kosten | Treibstoffbedarf |
|---|---|---|---|
| Passagierflug (pro Flug, insg. 40) | 10,4 t | 238 Mio. USD | 45 t Al/LOX |
| Versorgungsflug (pro Flug, insg. 40) | 7,7 t | 85 Mio. USD | 43 t Al/LOX |
| Rundflug Mond-Erde-Mond (pro Flug, insg. 10) | 7,0 t | 441 Mio. USD | 218 t Al/LOX |

Darüber hinaus sollen in den zehn Jahren folgende Siedlungsverbesserungen umgesetzt werden:

| | MASSE | KOSTEN | TREIBSTOFFBEDARF |
|---|---|---|---|
| **JAHR 1** | | | |
| Magnesium-Produktionskette: | 40 t | 3.550 Mio. USD | 218 t Al/LOX |
| **JAHR 2** | | | |
| Eisenoxid-Produktionskette: | 20 t | 1.275 Mio. USD | 109 t Al/LOX |
| Kalk-Produktionskette: | 20 t | 1.275 Mio. USD | 109 t Al/LOX |
| **JAHR 3** | | | |
| Siliziumoxid-Produktionskette: | 20 t | 1.275 Mio. USD | 109 t Al/LOX |
| Zementfertigung: | 20 t | 1.275 Mio. USD | 109 t Al/LOX |
| **JAHR 5** | | | |
| Silizium-Produktionskette: | 20 t | 2.275 Mio. USD | 109 t Al/LOX |
| Teleskop: | 20 t | 1.275 Mio. USD | 109 t Al/LOX |
| **JAHR 7** | | | |
| Titan-Produktionskette: | 40 t | 5.550 Mio. USD | 218 t Al/LOX |
| **JAHR 9** | | | |
| Glasfertigung: | 20 t | 1.275 Mio. USD | 109 t Al/LOX |
| Solarfertigung-Produktionskette: | 20 t | 3.275 Mio. USD | 109 t Al/LOX |
| **GESAMT** | **1034 t** | **37.810 Mio. USD** | **7.008 t Al/LOX** |
| | | (inkl. je 40 Passagier- und Versorgungsflüge sowie 10 Rundflüge) | |
| **PRO JAHR** | **103 t** | **3.781 Mio. USD** | **701 t Al/LOX** |

**Masse** = zum Mond transportierte Nutzlast, entweder in Form von Versorgungsgütern oder als Material für den Ausbau der Produktion
**Kosten** = auf der Erde anfallende Kosten für den Transport von Material und Menschen
**Al/LOX-Bedarf** = Treibstoffbedarf für den Transport von Material und Menschen, wird durch die Produktion auf dem Mond gedeckt

Bei vier Versorgungsflügen pro Jahr werden jährlich 30,8 t Versorgungsgüter zum Mond gebracht. Im Mittel sind dies nahezu 2 t Material pro Person und Jahr. Das meiste Material wird allerdings in Form der Raumschiffstruktur angeliefert, die von den Siedlern in ihre Bestandteile zerlegt und dann weiterverwertet wird. Nur etwa 120 t sind frei konfigurierbare Güter. Wie zuvor bereits dargelegt, werden 28 Personen pro Jahr umgesiedelt, für weitere sieben wird eine Rundreise eingeplant. Der Mond beteiligt sich an der Versorgung mit der Produktion von 701 t Al/LOX pro Jahr. Dies entspricht einer täglichen Produktion von 1,92 t, damit sind noch Reserven zum Limit vorhanden. Mit diesen Reserven kann unter anderem die ISS-2 vom Mond aus versorgt werden oder Erkundungsflüge mit Phönix und Explorer vorgenommen werden.

## KOSTEN DER WACHSTUMSPHASE

Die Tabelle auf der vorigen Seite gibt die Kosten für die Wachstumsphase mit 37,8 Mrd. USD an. Wie auch bei den vorherigen Phasen handelt es sich hierbei um einen Schätzwert. Da die Wachstumsphase weit in der Zukunft liegt, erscheint ein Korrekturfaktor von 1,4 – um Unwägbarkeiten und zu optimistische Schätzung zu kompensieren – angemessen. Damit ergibt sich ein Preis von 53 Mrd. USD, bei Durchführung durch die jeweils kosteneffizientesten Unternehmen. Da es sich bei der Mondbesiedlung um ein internationales Projekt handelt, wird ein weiterer Sicherheitsfaktor von 3 angewendet, um Kosten für Planung, Missionsbetreuung sowie unkluge politische Entscheidungen und ungeschickte Arbeitsaufteilung zu kompensieren. Die Gesamtkosten nach Berücksichtigung dieser Faktoren liegen jetzt bei 159 Mrd. USD bzw. 15,9 Mrd. USD pro Jahr.

Aus dem Beitrag der Mondproduktion zur Wachstumsphase von 701 t Al/LOX pro Jahr lässt sich erneut eine Wirtschaftsleistung bestimmen. Würde der Mond diesen Treibstoff nicht zur Verfügung stellen, müssten von der Erde aus 447 t LH2/LOX mitgeführt werden. In der Masse ist dies wegen des höheren spezifischen Impulses etwas weniger. Würde es keinen Regolithprozessor auf dem Mond zur Treibstoffgewinnung geben, wären die Startkosten auf der Erde um 6,1 Mrd. USD höher. Auf zehn Jahre umgerechnet sieht man, wie der Wirtschaftsleistung der Erde von 37,8 Mrd. USD nun eine Leistung der Mondsiedlung von 56 Mrd. USD gegenübersteht. Werden auf die 61 Mrd. USD die gleichen Korrekturfaktoren wie oben angewendet, erhöht sich die Wirtschaftsleistung sogar auf 256 Mrd. USD. bzw. 25,6 Mrd. USD pro Jahr. Die Mondsiedlung trägt damit die Kosten für ihr eigenes Wachstum zu etwa 62 %.

# LEISTUNGSPHASE

Mit dem Erreichen der Leistungsphase überschreitet die Industrieproduktion der Mondsiedlung den für Eigenbedarf, Stationsbetrieb und Stationserweiterung notwendigen Umfang. Von jetzt an können Güter produziert werden, deren Verwendungszweck außerhalb der Mondsiedlung liegt.

**Diese Güter lassen sich für folgendes nutzen:**

1. Gründung einer weiteren Mondsiedlung
2. Produktion von Material für die Erde
3. Produktion von Material für den Erdorbit
4. Produktion von Material für den Mondorbit
5. Produktion von Komponenten für eine Marsmission

## 1. GRÜNDUNG EINER WEITEREN MONDSIEDLUNG

In den 15 bis 25 Jahren, die bis zum Erreichen der Leistungsphase vergangen sind, wurde der Mond von Siedlern weitreichend erkundet. Eventuell wurden Orte gefunden, die sich für eine weitere Siedlung eignen. Der Aufbau einer neuen Siedlung wäre vom Mond aus erheblich einfacher als von der Erde aus. Mit dem Phönix kann Material von der bestehenden Siedlung eingeflogen werden. Einige Materialien wie Reaktor, Generator oder Bauteile für den Regolithprozessor müssen zwar nach wie vor von der Erde angeliefert werden, allerdings in weit geringerem Umfang. Die Gründungskosten für die zweite und folgende Mondsiedlungen dürften weniger als die Hälfte der Kosten betragen, die für die erste Siedlung angefallen sind.

Der wahrscheinlichste Grund für die Gründung einer zweiten Siedlung ist die Entdeckung eines interessanten Mineralvorkommens. Der Ausbau einer solchen Bergbausiedlung ist voraussichtlich weniger umfangreich als die Errichtung der ersten Siedlung. Um Transportkosten einzusparen, wird das Material direkt vor Ort verarbeitet, bis das reine Metall gewonnen wurde. Unter dem Kosten-Nutzen-Aspekt dürfte Gold der perfekte Fund sein. Zum einen ist es wertvoll, zum anderen kommt es in elementarer Form vor und muss somit nicht erst aus einem Erz gewonnen werden. Andere Metalle sind ebenfalls interessant, die Tabelle gibt einen Überblick mit ungefähren Preisen und führt auch das Gas Helium-3 auf, dessen Vorkommen auf dem Mond immer wieder Spekulationen über die Lukrativität des lunaren Bergbaus anheizt:

### Wertvolle Rohstoffe

| Element | Preis | Element | Preis |
|---|---|---|---|
| Gold | 42 Mio. USD/t | Platin | 46 Mio. USD/t |
| Palladium | 24 Mio. USD/t | Rhodium | 32 Mio. USD/t |
| Iridium | 29 Mio. USD/t | Helium-3 | 1.500 Mio. USD/t |

## 2. PRODUKTION FÜR DIE ERDE

Gelingt der Fund eines der teuren Edelmetalle, könnte sich der Verkauf auf der Erde lohnen. Das scheint für das extrem wertvolle Helium-3 auf den ersten Blick absolut der Fall. Aber auch Gold und Platin könnten gute Kandidaten sein. Dafür müssen allerdings die Transportkosten niedriger sein als der Wert des Materials. Das Nadelöhr beim Rücktransport zur Erde ist die Strecke vom LEO zur Erdoberfläche. Zurzeit gibt es nur ein Raumschiff, das Material in erwähnenswertem Umfang zur Erde zurückbringen kann: SpaceX Dragon. Der Dragon kann 3 t Material zurücktransportieren. Berücksichtigt man diese Masse bei einem Dragon-Start, ergibt sich zusammen mit den 6 t Nutzlast, die zum Orbit befördert werden können, eine Gesamtnutzlast von 9 t. Der Startpreis einer Falcon 9 mit Dragon-Kapsel beträgt 62 Mio.

USD, das wären rund 7 Mio. USD für jede der 9 t. Um mit der Dragon-Kapsel kompatibel zu sein, sollte das Metall in Barren gegossen und in einem Transportcontainer (Eigengewicht: 0,3 t) verstaut werden. Der Container wird dann vom Phönix in den LLO gebracht. Dort wartet er auf eine Rückfahrgelegenheit zur Erde, z. B. im Frachtraum einer Dragon-Kapsel, die Touristen zurückbringt. Das Schaubild unten links zeigt Kosten und Treibstoffverbrauch für den Transport von 3,3 t Material.

Der Marktwert pro Tonne bereitgestelltem Al/LOX-Treibstoff kann anhand der im vorherigen Kapitel berechneten Wirtschaftsleistung der Mondsiedlung bei dem Transport von Siedlern von der Erde zum Mond auf 1,6 Mio. USD bestimmt werden. Insgesamt betragen die Kosten für den Transport von 3 t Material vom Mond zur Erde bei einem Verbrauch von 20,7 t Treibstoff (= 33 Mio. USD) und Landekosten

### Materialtransport mit Dragon

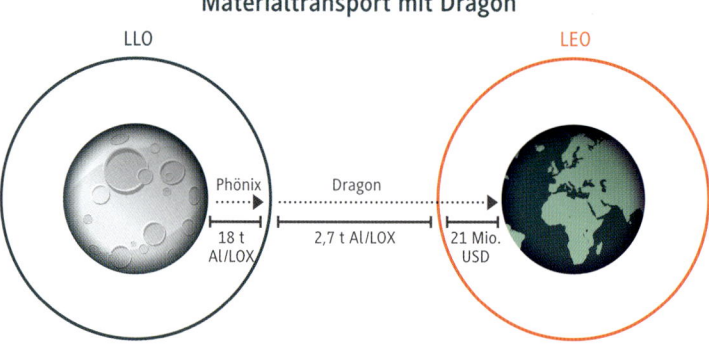

Treibstoffverbrauch und Kosten für den Transport von 3,3 t Material

auf der Erde von 7 Mio. USD/t (= 21 Mio. USD) damit 51 Mio. USD. Das sind 17 Mio. USD/t. Der Rücktransport lohnt sich also für alle aufgelisteten Elemente. Für Platin und Gold bestehen gute Gewinnmargen, um auch den Abbau auf dem Mond zu finanzieren, die Gewinnmarge für Helium-3 ist ausgesprochen komfortabel. Doch nicht nur der Transport spielt eine Rolle. Damit sich der Abbau lohnt, müssen die Vorkommen entsprechend umfangreich sein. Die lukrativste Goldmine der Erde, die Grasberg-Mine in Indonesien, verfügt über einen Goldgehalt von 1,2 g pro Tonne und 10 kg Kupfer pro Tonne. Sollte sich ein ähnliches Vorkommen auf dem Mond finden, wären für den Abbau von 1 t Gold ganze 27.7000 Mann-Tage erforderlich. Um lukrativ zu sein, müsste ein Vorkommen gefunden werden, dass erheblich reichhaltiger ist als irdische Goldminen.

In Ermangelung eines solchen Vorkommens erscheint nur Helium-3 wertvoll genug, um es zur Erde zurückzubringen. Helium-3 wird auf dem Mond durch den Sonnenwind in den Regolith implantiert, ein Vorgang, der seit Milliarden von Jahren stattfindet. Trotzdem liegt der Helium-3-Anteil in den analysierten Bodenproben nur zwischen 0,01 ppm (parts per million bzw. ein Millionstel) und 0,05 ppm. Um 1 t He-3 zu erhalten, müssen 20 Mio. t Regolith gereinigt werden. Bei Unterstellung derselben Bergmannsleistung wie beim Gold beträgt der Zeitaufwand für die Gewinnung von 1 t He-3 sage und schreibe 6,7 Milliarden Mann-Tage. Legt man den zu erwartenden Gewinn von ca. 1,5 Mrd. USD/t auf die Arbeitstage um, blieben zur Bezahlung des Bergmanns magere 22 Cent/Tag. Auch das vermeintlich extrem wertvolle Helium-3 lohnt sich im Abbau also nur, wenn gleichzeitig andere Rohstoffe aus dem Regolith gewonnen werden. In der ersten Stufe des Regolithprozessors könnten 0,05 g He-3 pro Tonne Regolith extrahiert werden. Bei der im Kapitel „Produktionsbeginn" vorgestellten Kapazität von 12 t pro Tag ergibt sich eine Helium-3-Produktion von bis zu 0,6 g pro Tag, im Jahr also 216 g. Der Verkauf auf der Erde würde etwa 328.500 USD erlösen. Nahezu am Ende dieses Buches bleibt damit auch die zu Beginn skizzierte Erkenntnis, dass sich lunarer Bergbau zu Exportzwecken finanziell nicht lohnt.

## 3. PRODUKTION FÜR DEN ERDORBIT

Beim Transport zum Erdorbit stellt sich die Situation erfreulicher dar. Der Argumentation von oben folgend beträgt der Preis für den Transport von 1 t Material vom Mond zum LEO 9,8 Mio. USD/t. Der Preis gibt allerdings nur einen Richtwert. Möglicherweise beschließen die Betreibernationen der Mondsiedlung, den LEO vom Mond statt von der Erde aus zu versorgen. Speziell, wenn es sich um den Transport von besonders unförmigen Objekten handelt, hat der Mond einen unschlagbaren Vorteil: keine Atmosphäre. Ohne Rücksicht auf Aerodynamik können vom Mond Bauteile jeder Form — und genügend Phönixe vorausgesetzt — auch von beliebiger Masse angeliefert werden.

Diese Möglichkeit eröffnet vollkommen neue Dimensionen beim Ausbau der ISS. Module müssen sich jetzt nicht mehr an den Transportvolumen der Startraketen orientieren. Es ist vorstellbar, auf dem Mond große Druckbehälter zu fertigen und zur Einrüstung in die Erdumlaufbahn zu bringen.

Eine Option für den Materialtransport von der Mondoberfläche zum Orbit ist elektromagnetische Beschleunigung. In diesen Massentreiber genannten Maschinen wird ein metallischer Gegenstand in einem Magnetfeld beschleunigt. Aufgrund der geringen Anziehungskraft des Mondes und der mangelnden Atmosphäre ist nur eine geringe Energie von 784 kWh nötig, um 1 t Material auf Fluchtgeschwindigkeit zu beschleunigen.

Hat man einen Massentreiber auf dem Mond installiert, kann der Materialtransport weiter verbilligt werden. Bei geschickter Wahl von Geschwindigkeit und Abschusswinkel des Massentreibers könnte man direkt in einen Erdorbit einschießen. Ist dies nicht möglich, muss die Masse selbst mit minimalen Steuermöglichkeiten ausgestattet werden, um die nötigen Beschleunigungsmanöver für das Einschwenken in den Erdorbit auszuführen.

## Neuentwicklung: MASSENTREIBER

Die einfachste Form eines Massentreibers kann man zu Hause mit einem Magneten und einem Stück ferromagnetischem Material (z. B. Eisen) gut nachstellen. Nähert man sich mit dem Magneten dem Eisen an, wird sich das Eisen irgendwann auf den Magneten zu bewegen. Würde man den Magneten nun schnell genug wegbewegen könnte man das Eisen beliebig weit ziehen, ohne dass es zum Kontakt von Eisen und Magnet kommt. Ein derartig bewegtes Magnetfeld kann man auch durch Aneinanderreihung von verschiedenen Spulen erreichen, die der Reihe nach eingeschaltet werden. Ein ferromagnetisches Metall würde sich dann im Inneren der Spule bewegen. Noch einfacher geht es unter Ausnutzung der Lorentzkraft. Dies ist die Kraft, die auf einen stromdurchflossenen Leiter in einem Magnetfeld wirkt. Ein Metallstück, das zwischen zwei Metallschienen liegt, wird von der Lorentzkraft beschleunigt. Die

Verwendung der Lorentzkraft ist erheblich flexibler, da hier die Einschränkung auf ferromagnetische Materialien entfällt. Die entscheidende Größe bei der Einschätzung der Machbarkeit ist die Länge des Massentreibers. Diese ergibt sich aus der gewünschten Endgeschwindigkeit und der vom Material tolerierten Beschleunigung. Die Tabelle illustriert den linearen Zusammenhang für verschiedene Beschleunigungen mit dem Ziel, Fluchtgeschwindigkeit zu erreichen:

### Beschleunigung im Massentreiber

| Beschleunigung | Länge | Zeit |
| --- | --- | --- |
| 10 g | 29 km | 24 s |
| 100 g | 2,9 km | 2,4 s |
| 1000 g | 0,29 km | 0,24 s |

Die Masse des beschleunigten Objektes hat keinen Einfluss auf die Länge des Massentreibers; Beschleunigung (1 g = Erdbeschleunigung), Länge = Länge des Massentreibers, Zeit = Zeitdauer bis zum Erreichen der Fluchtgeschwindigkeit

Eine 100-fache Erdbeschleunigung (100 g) erscheint für die Beschleunigung von Material noch zumutbar. Möglicherweise sind auch 150 g vorstellbar. Bei Beschleunigungen in dieser Größenordnung muss der Massentreiber etwa 2 bis 3 km lang sein. Eine Röhre dieser Länge in den Mondboden zu graben, erscheint umsetzbar. Hat man einen Standort wie die Südseite von Malapert, wo die Temperaturen verlässlich unter -183 °C liegen, ist auch der Einsatz supraleitender Materialien möglich. Hochtemperatur-Supraleiter verlieren ihre supraleitenden Eigenschaften bei etwa -70 °C. So kann ganz ohne Energieverlust ein starkes Magnetfeld erzeugt werden. Die nötigen Tieftemperaturen stellt der Mond bereit. Nimmt man dennoch nur einen Wirkungsgrad von 50 % an, sind 1,6 MWh erforderlich, um 1 t Material in den Weltraum zu beschleunigen. Berücksichtigt

## 4. PRODUKTION FÜR DEN MONDORBIT

Mehr noch als der Erdorbit bietet sich der Mondorbit als Weltraumbahnhof und Umschlagplatz für interplanetare Reisen an. Um vom Mondorbit zum Marsorbit zu gelangen, sind in der Summe Geschwindigkeitsänderungen (Delta-v) von 3,6 km/s notwendig, vom LEO sind es 6,1 km/s. Es bietet sich also, an massereiche Objekte im Mondorbit zu fertigen bzw. zu parken und nur mit verhältnismäßig leichten Shuttles zwischen Mondorbit und Erdorbit zu ver-

kehren. Das Erste, das man im Mondorbit ausbauen möchte, ist die ISS-2. Am Ende der Gründungsphase verblieben drei Transportmodule in einer Parkbahn um den Mond. Diese können mit etwas Modifikationen auch als Wohnmodule an die ISS-2 angebaut werden. Ziel dieser Umbauten ist das Schaffen von Aufenthalts- und Werkstatträumen. Die ISS-2 soll in die Lage versetzt werden, auf dem Mond gefertigte Druckbehälter mit von der Erde gelieferter Elektronik auszurüsten. Damit diese Arbeiten unter besseren Bedingungen (Normaldruck) ausgeführt werden können, liegt der Bau einer orbitalen Fertigungs-

man die Zeit für die Beschleunigung, ergibt sich eine Leistungsaufnahme von 2,4 GW. Ein Energiepuffer ist erforderlich, um die hohe Spitzenleistung während der Beschleunigung abzufangen. Stellt

die Mondsiedlung jeden Tag 1 MW Reaktorleistung für den Betrieb des Massentreibers bereit, können täglich 15 t in den Weltraum befördert werden.

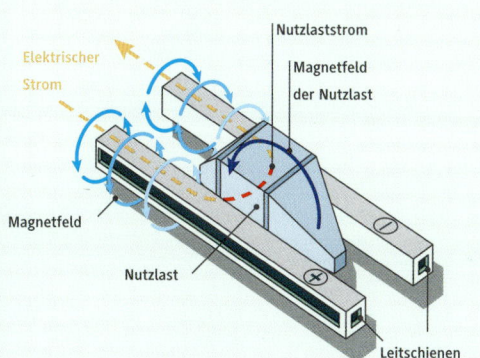

Elektrischer Strom

Nutzlaststrom

Magnetfeld der Nutzlast

Magnetfeld

Nutzlast

Leitschienen

### Fakten zum Massentreiber

| Zusammenfassung | |
|---|---|
| Beschleunigung | 100 g |
| Länge | 2,9 km |
| Intervall | 2,4 s |
| Energiebedarf/t | 1.600 kWh |
| Spitzenleistung | 2,4 GW |
| Masse zum Orbit | 15 t/MW/Tag |
| Grenzleistung | 36.000 t/Tag |

Theoretisch ist es möglich, die Grenzleistung, also die maximal pro Tag startbare Masse, weiter zu erhöhen. Dafür müssen die pro „Schuss" gestartete Masse und damit die Leistungsaufnahme weiter gesteigert werden.

halle nahe. In der Halle werden Komponenten von Erde und Mond zusammengeführt, es entfällt die Notwendigkeit der Landung. Wahrscheinlich ist, dass die Fertigungsanlage im Mondorbit überwiegend mit Mondbewohnern und Spezialisten von der Erde versorgt wird, die für die Dauer eines Projekts in den Orbit reisen.

# 5. PRODUKTION FÜR MARSMISSIONEN

Im vorangehenden Unterkapitel wurde bereits auf die Vorteile des Starts vom Mondorbit eingegangen, wenn man zum Mars fliegen möchte. Aus diesen Vorteilen sollte so viel Kapital geschlagen werden wie möglich. Das Mars-Raumschiff sollte im Mondorbit gebaut und vor allem betankt werden. Der Mond als Tankstelle wird die Kosten für interplanetare Reisen drastisch reduzieren. Diese Einsparung für nachhaltige Marsmissionen ist einer der Hauptgrün-

Um die Fertigung von größeren Objekten im Mond- oder Erdorbit zu ermöglichen, ist es erstrebenswert einen Arbeitsplatz zu haben, an dem kein Raumanzug getragen werden muss und wo nicht das Risiko besteht, in die Unendlichkeit abzutreiben: eine Halle.

Der einfachste Weg, mit geringem Gewicht ein möglichst großes Volumen zu erzeugen, ist die Füllung eines elastischen Materials mit Luft. Das zeigt ein Luftballon. Dieser Umstand wird auf der Erde bei der Errichtung von Traglufthallen routinemäßig genutzt. Traglufthallen sind extrem leicht und wiegen nur 1 kg/m² Außenfläche. Für die orbitale Fertigungshalle bietet es sich an, dasselbe Material zu verwenden, das bereits bei den Raumanzügen zum Einsatz kommt. Genaue Daten über das Stoffgewicht konnten nicht recherchiert werden, 10 kg/m² erscheinen jedoch eine konservative Obergrenze. Das Volumen sollte groß genug sein, um bequem Werkstücke von typischen ISS-Moduldimensionen aufnehmen zu können. Hier wird eine Kammer mit folgenden Abmessungen vorgeschlagen.

**Maße der orbitalen Fertigungshalle**

| Maß | Wert |
|---|---|
| Durchmesser | 18 m |
| Volumen | 3.054 m³ |
| Oberfläche | 1.018 m² |
| Masse Wandmaterial | 10,2 t |
| Luftinhalt | 4,3 t |
| Druckluftbehälter | 18 t |
| Gesamtgewicht | ca. 40 t |

Ein Kugelvolumen bietet sich als stabilste Form an. Damit auch ein Objekt von der Größe eines ISS-Moduls Eingang findet, kann die Kugel als zwei Halbkugeln ausgeführt werden, die in der Lage

de für den in diesem Buch vorgeschlagenen und beschriebenen Schritt-für-Schritt-Ansatz.

# ZUSAMMENFASSUNG

Die Leistung, die der Mond in dieser Phase erbringt, ist im Wesentlichen limitiert durch die verfügbare Energie. Die Herstellung von Treibstoff für die Raumfahrt ist zweifellos einer der wertvollsten Beiträge des Mondes. Alle anderen Leistungen werden sich daran messen müssen. Der Wert von 1 t im LLO bereitgestellten Treibstoffs wurde auf 1,6 Mio. USD veranschlagt. Da auch für den Transport zum LLO Treibstoff verbraucht wird, müssen für 1 t im LLO 7,6 t auf dem Mond produziert werden. Der wirtschaftliche Wert jeder produzierten Tonne beträgt demnach 186.000 USD. Im vorangehenden Kapitel wurde gezeigt, wie mit 9 MWel Leistung 11,5 t Treibstoff hergestellt werden können – jeden Tag. Die jährliche Wirtschaftsleistung der Mondsiedlung kann dementsprechend auf 781 Mio. USD geschätzt werden.

**KOSTEN:**
Entwicklungskosten werden je nach ausführender Nation variieren, sollten beim günstigsten Anbieter allerdings 400 Mio. USD nicht überschreiten.

sind, dicht zu schließen. Wie eine Muschel klappen die Halbkugeln auf und nehmen das Modul auf. Um bei jedem Öffnen eine Entlüftung zu vermeiden, wird die Luft zuvor in Lagertanks gepumpt. Komprimiert auf handelsübliche 300 bar schrumpft das benötigte Volumen auf 10 m³. Lagert man die Luft in handelsüblichen 50-Liter-Druckluftflaschen, ergibt sich ein Gewicht für die leeren Flaschen von 18,2 t. Die restlichen etwa 8 t bis zum Gesamtgewicht entfallen auf Mechanik zum Öffnen und Schließen, Sensoren und Pumpen. Am Ort des Scharniers wird auch ein Zugang zur Raumstation installiert, um die Fertigungshalle bequem betreten zu können.

## Was macht der Steinmetz auf dem Mond?

Auf dem Mond gibt es kein Holz. Daher ist es sinnvoll, so viele typische Holzprodukte wie möglich durch Stein zu ersetzen. Stein ist ein stabiler, langlebiger und haltbarer Werkstoff. So stabil, langlebig und haltbar, dass seine Bearbeitung das eigentliche Problem darstellt. Wenn sich beim Bau der Anlage herausstellt, dass es Stellen im Berg gibt, die abgestützt werden sollten, wird es die erste Aufgabe des Steinmetzes sein, geeignete Säulen und Torbögen herzustellen, um diese Abschnitte zu unterstützen.
Ist das abgeschlossen, wendet sich der Steinmetz der Fertigung von Alltagsgegenständen zu: Schränke, Tische, Betten und Stühle. Alle diese Dinge können auch aus Stein gefertigt werden. Natürlich hat der Stein eine höhere Dichte als Holz und natürlich ist er nicht so flexibel. Produkte aus Stein werden daher insgesamt masereicher und klobiger sein als ihr irdisches Pendant aus Holz. Aufgrund der niedrigen Anziehungskraft des Mondes werden sie jedoch nicht schwerer. Für die Standfestigkeit der Gegenstände ist es hier sogar von Vorteil, wenn sie ein ordentliches Gewicht haben.

Falls der Bedarf erwächst, kann der Steinmetz auch Mauersteine herstellen. Da Wasser ein wertvolles Gut ist, bietet es sich hier an, die Steine mit hoher Präzision zu fertigen und wie ein Puzzle aufeinanderzustapeln, vielleicht sogar nach dem Nut-und-Feder-Prinzip. Auf diese Weise ließen sich auch im Freien Gebäude errichten, die eventuell sogar luftdicht gestaltet werden können.

# FINANZIERUNG

# FINANZIERUNG

Der Grund, warum wir keine Mondsiedlung haben: Bisher hat es keiner bezahlt. Technische Hindernisse gibt es seit Apollo 11 keine mehr. Das war 1969. Es liegt also ausschließlich am Geld. Der hier vorgestellte nachhaltige Ansatz teilt sich wie folgt auf:

## Das kostet eine Mondsiedlung

| Phase | Untergrenze | Obergrenze | Dauer | maximale Kosten/Jahr |
|---|---|---|---|---|
| Erkundungsphase | 2,3 Mrd. USD | 8,3 Mrd. USD | 1 Jahr | 8,3 Mrd. USD |
| Gründungsphase | 30 Mrd. USD | 108 Mrd. USD | 5 Jahre | 21,6 Mrd. USD |
| Wachstumsphase | 38 Mrd. USD | 159 Mrd. USD | 10 Jahre | 15,9 Mrd. USD |
| Gesamt | 70,3 Mrd. USD | 275,3 Mrd. USD | 16 Jahre | 17,2 Mrd. USD |

Diese Kostenschätzung kann man mit den Kosten für verschiedene bisherige Raumfahrtprojekte vergleichen:

## Das kosteten andere Raumfahrtprogramme

| Projekt | Kosten (heutiger Geldwert) | Dauer | Kosten/Jahr |
|---|---|---|---|
| Apollo | 150 Mrd. USD | 1961 bis 1972 (12 Jahre) | 12,5 Mrd. USD |
| Space Shuttle | 200 Mrd. USD | 1972 bis 2011 (40 Jahre) | 5 Mrd. USD |
| ISS | 150 Mrd. USD | 1998 bis Heute (16 Jahre) | 9,4 Mrd. USD |

**Der Vergleich zeigt:** Zum Mond fliegen ist teuer. Eine nachhaltige Mondsiedlung zu errichten, ist das teuerste Raumfahrtprojekt aller Zeiten. Der große Unterschied zum Apollo- und Space-Shuttle-Programm ist die Nachhaltigkeit. Was ist übrig von Apollo? Ein paar Fahnen auf dem Mond, Museumsstücke hier und da, Fotos von Golf spielenden Astronauten. Auch beim Space Shuttle stehen die Errungenschaften heute im Museum. Ein paar kleine Technologien wie Raumanzüge, Lebenserhaltung und Ähnliches sind noch im Einsatz, die großen Investitionen stehen im Museum. Am Ende des Siedlungsbaus dagegen steht eine Siedlung auf dem Mond. Hunderte von Menschen bevölkern den vormals leblosen Himmelskörper. Am Ende steht eine Siedlung, die von sich aus weiter wachsen und überleben kann.

Um die jährlichen Kosten etwas moderater zu gestalten und ausreichend Zeit für Neuentwicklungen zu geben, bietet sich eine Entzerrung auf der Zeitachse wie folgt an:

## Zeitplan für Mondsiedlung

| Aktivität | Dauer |
|---|---|
| Vorbereitung | 6 Jahre |
| Erkundungsphase | 1 Jahre |
| Vorbereitung Gründung | 3 Jahre |
| Gründungsphase | 5 Jahre |
| Wachstumsphase | 15 Jahre |
| Gesamt | 30 Jahre |

Indem Entwicklungsaufträge rechtzeitig vergeben werden, kann zudem der Mittelabfluss geglättet werden. So sind z. B. für Entwicklung und Fertigung von Reaktor und Regolithprozessor zwischen 9 Mrd. USD (günstigste Schätzung) und 32,4 Mrd.

USD (teuerste Schätzung) vorgesehen. Speziell beim Reaktor kann die Entwicklung schon jetzt begonnen werden und damit kostengünstig ablaufen. Wird der Bau der Mondsiedlung auf 30 Jahre ausgelegt, liegen die jährlichen Kosten zwischen 2,4 Mrd. USD und 9,2 Mrd. USD. Eine Investition von dieser Größenordnung ist in der Vergangenheit von einzelnen Nationen gestemmt worden – und könnte dies auch in der Zukunft: z. B. von China.

## 1. NATIONALE FINANZIERUNG: DEUTSCHLAND

Auch Deutschland kann dieses Projekt alleine bezahlen. Bei der Abwicklung durch ein Land sinkt das Risiko, bei den Kosten am oberen Ende der Skala zu landen, da nicht länger auf internationale Verteilung geachtet werden muss. Akzeptiert man außerdem, dass es günstiger ist, mit russischen Firmen zusammenzuarbeiten als alles im eigenen Land zu produzieren, fällt der Preis weiter. Für eine Finanzierung aus deutschen Mitteln bieten sich verschiedene Varianten an.

### Umwidmung von Geldern aus dem Bundeshaushalt

Der deutsche Bundeshaushalt für 2017 umfasst insgesamt fast 330 Mrd. Euro.

Zieht man Verteidigung, Bildung und Forschung sowie Wirtschaft und Technologie als Hauptfinanzierungsressorts heran, hat man bereits ein Budget von 54,6 Mrd. Euro. Widmet man daraus gerade

**Der Bundeshaushalt 2017**

Ausgaben für einzelne Posten in Mrd. Euro

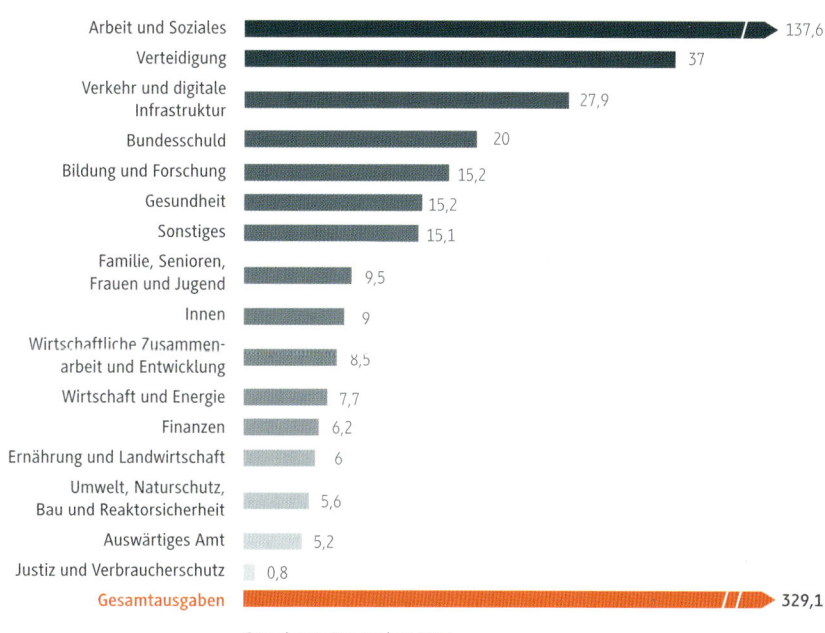

| | |
|---|---|
| Arbeit und Soziales | 137,6 |
| Verteidigung | 37 |
| Verkehr und digitale Infrastruktur | 27,9 |
| Bundesschuld | 20 |
| Bildung und Forschung | 15,2 |
| Gesundheit | 15,2 |
| Sonstiges | 15,1 |
| Familie, Senioren, Frauen und Jugend | 9,5 |
| Innen | 9 |
| Wirtschaftliche Zusammenarbeit und Entwicklung | 8,5 |
| Wirtschaft und Energie | 7,7 |
| Finanzen | 6,2 |
| Ernährung und Landwirtschaft | 6 |
| Umwelt, Naturschutz, Bau und Reaktorsicherheit | 5,6 |
| Auswärtiges Amt | 5,2 |
| Justiz und Verbraucherschutz | 0,8 |
| Gesamtausgaben | 329,1 |

Stand vom November 2016

einmal 9 % der Mittel zum Bau einer Mondsiedlung um, ergibt sich ein Siedlungsbudget von 4,91 Mrd. Euro/Jahr. Nimmt man eine Kürzung der anderen Ressorts um 0,9 % in Kauf, erhält man weitere 2,47 Mrd. Euro/Jahr, für eine Summe von 7,38 Mrd. Euro (= 7,81 Mrd. USD). Ziemlich nahe an den 9,2 Mrd. USD, die man im konservativsten Finanzierungsfall benötigt.

## Erhöhung der Mehrwertsteuer

Alternativ kann man sich auch die Mehrwertsteuer als Finanzierungsmodell anschauen. 2016 hat Deutschland 217 Mrd. Euro über die Mehrwertsteuer eingenommen, etwa 11,43 Mrd. Euro pro Prozentpunkt. Festhalten am ermäßigten Mehrwertsteuersatz von 7 statt 19 % kostet pro Jahr etwa 26 Mrd. Euro, 19 Mrd. Euro davon entfallen auf die Grundnahrungsmittel. Selbst unter Beibehaltung des niedrigeren Satzes auf Grundnahrungsmittel können durch Abschaffung des ermäßigten Mehrwertsteuersatzes pro Jahr 7 Mrd. Euro (7,4 Mrd. USD) Einnahmen für die Mondsiedlung erzielt werden, wahrscheinlich genug für die Finanzierung der Mission. Um sicherzugehen, müsste man noch den allgemeinen Mehrwertsteuersatz um 0,1 % anheben. Um eine Mondsiedlung ausschließlich über Anhebung des allgemeinen Satzes zu finanzieren, müsste die Steuer um 0,2 % bis 0,8 % erhöht werden. Auch dieser Preis scheint gering.

## Solidaritätszuschlag verwenden

Wer sich schon immer gefragt hat, ob man den Solidaritätszuschlag auch besser verwenden kann, der sieht vielleicht in einer Mondkolonie eine lohnenswerte Investition. Typischerweise werden über die Sondersteuer zwischen 10 Mrd. Euro und 12 Mrd. Euro pro Jahr eingenommen. Nur 7 Mrd. Euro (7,4 Mrd. USD) davon reichen aus, um die Mondkolonie zu finanzieren. Anstatt die Steuer abzuschaffen, könnte man sie um 40 % senken und mit den verbleibenden Einnahmen die Mondmission „Zweiter Generation" unternehmen.

## Gelder für ARD streichen

Einen weiteren Luxus, den sich Deutschland leistet, ist öffentlich-rechtliches Fernsehen. Das Gesamtbudget beträgt 9,1 Mrd. Euro, davon entfallen alleine auf die ARD-Anstalten 6,3 Mrd. Euro – jedes Jahr. Damit ist die ARD der größte nicht-kommerzielle Programmanbieter der Welt. Fraglich, ob das wirklich erforderlich ist, um dem Bildungsauftrag nachzukommen. Eine Schließung der ARD setzt 6,3 Mrd. Euro (6,6 Mrd. USD) frei, wahrscheinlich genug für die Mondsiedlung.

## Tabak- und Alkoholsteuer erhöhen

Möchte man mit der Finanzierung der Mondsiedlung auch noch zur Gesundheit der Bevölkerung und zur Entlastung der Krankenkassen beitragen, könnten Alkohol- und Tabaksteuer erhöht werden. Alkohol ist in Deutschland relativ gering besteuert. Eine Verdopplung des Steueraufkommens von 3 Mrd. Euro auf 6 Mrd. Euro scheint möglich. Die Mehreinnahmen von 3 Mrd. Euro bzw. 3,16 Mrd. USD würden bereits für die günstigeren Schätzungen reichen, für die restlichen 4 Mrd. Euro müsste die Tabaksteuer um 28,6 % erhöht werden – ein Mehrpreis von 82 Cent pro Schachtel. Bei einem Mehrpreis von 1 Euro pro Schachtel könnten über die Tabaksteuer 4,9 Mrd. Euro (5,16 Mrd. USD) beigetragen werden.

## Unterstützung als 17. Bundesland

Wer der Mondkolonie einen Bundeslandstatus geben möchte, kann daran denken, die Siedlung in den Länderfinanzausgleich aufzunehmen. Hier flossen 2015 etwa 9,5 Mrd. Euro. Damit wäre die Schaffung der Mondkolonie gut finanziert.

Das Beispiel Deutschland zeigt, wie ein Land durch geringe Steuererhöhungen oder Umschichtungen im Haushalt im niedrigen Prozentbereich in der Lage ist, eine Mondmission „Zweiter Generation" zu finanzieren. Besonders im Fall von Deutschland würde das Geld zurück in den Wirtschaftskreislauf fließen und eine Hochtechnologiebranche fördern. Auch wenn die Finanzierung durch ein einzelnes Land machbar ist und wahrscheinlich die niedrigsten Gesamtkosten verursacht, ist eine internationale Finanzierung erheblich wahrscheinlicher.

## 2. INTERNATIONALE FINANZIERUNG DURCH STAATENGEMEINSCHAFT

Die Mondmission zweiter Generation sollte ein internationales Unternehmen sein, um die Kosten für jeden Einzelnen zu minimieren und die internationale Gemeinschaft zu stärken. Als Teilnehmerstaaten bietet es sich an, die Betreiberländer der ISS plus China zu betrachten:

Als Besonderheit sei angemerkt, dass Norwegen ein sehr solides Haushaltsplus erwirtschaftet und die Gesamtkosten problemlos zu 100 % übernehmen

### Gemeinsame Finanzierung der Mondmission
Jedes Land steuert 0,06 % seines Haushaltsvolumens bei

| Land | Staatsausgaben [Mrd. USD] | Anteil an der Finanzierung | Jahresbeitrag [Mio. USD] |
|---|---|---|---|
| USA | 3.500 | 19,1% | 2.093 |
| China* | 1.137 | 18,6% | 680 |
| Japan | 2.500 | 13,6% | 1.495 |
| Deutschland | 1.513 | 8,2% | 905 |
| Frankreich | 1.420 | 7,7% | 849 |
| Vereinigtes Königreich | 1.140 | 6,2% | 682 |
| Russland* | 348 | 5,7% | 208 |
| Italien | 1.020 | 5,6% | 610 |
| Spanien | 628 | 3,4% | 576 |
| Kanada | 547 | 3,0% | 327 |
| Niederlande | 410 | 2,2% | 245 |
| Belgien | 238 | 1,3% | 142 |
| Schweden | 221 | 1,2% | 132 |
| Brasilien | 220 | 1,2% | 132 |
| Dänemark | 182 | 1,0% | 109 |
| Schweiz | 180 | 1,0% | 108 |
| Norwegen | 178 | 1,0% | 106 |
| Summe | | | 9.200 |

* Der Beitrag für China und Russland wurde verdreifacht, da sie in der Raumfahrt eine deutlich höhere Kosteneffizienz als die anderen Länder erreicht haben.
** Zum besseren Vergleich mit den anderen Ländern wurde für Deutschland nicht der Bundeshaushalt, sondern der Staatshaushalt (Summe aus Bundes-, Länder- und Kommunenhaushalten) verwendet.

könnte, ohne dadurch in die Verlustzone zu geraten. Durch die Aufteilung auf die verschiedenen Länder entsprechend ihres Staatshaushaltes muss jedes einzelne Land lediglich 0,06 % seines Haushaltvolumens in die Mondmission investieren. Der deutsche Anteil wären umgerechnet etwa 859 Mio. Euro, weniger als 75 % dessen, was die Bundesregierung jedes Jahr für das Betreuungsgeld aufzuwenden bereit war. Auf das plakative Beispiel des Zigarettenpreises umgerechnet sind das 17 Eurocent pro Packung.

## RÜCKFLUSS DER MITTEL

Eine Hauptrichtlinie bei der gemeinsamen Finanzierung sollte es sein, jedem Land auch ein Auftragsvolumen in Höhe der geleisteten Finanzierung zukommen zu lassen. Damit fließen die geleisteten Zahlungen als Subventionen ins eigene Land zurück und fördern die lokale Wirtschaft. Es wird folglich kein Land gezwungen, eine Hochtechnologiebranche in einem anderen Land zu fördern.

Der Nachteil an diesem Verteilungsschlüssel: gelegentlich würden Firmen Aufträge erhalten, für die sie nicht geeignet wären. Die Folge wären direkte Mehrkosten, da ein minderkompetentes Unternehmen länger für die gleiche Entwicklung braucht. In den meisten Fällen würde zudem nur ein unzureichendes Ergebnis erzielt, womit weitere Kosten durch Nachbesserungen, Neuentwicklungen und Fehlschläge entstünden.

Um aus der anteilsmäßigen Verteilung auszubrechen und dennoch jedem Staat einen Mittelrückfluss ins eigene Land zu ermöglichen, kann man den nachhaltigen Charakter der Mission berücksichtigen. Die hier vorgestellte Planung zielt darauf ab, spätestens in der Leistungsphase eine geldwerte Wirtschaftsleistung zu erbringen. Damit kann man die Mondkolonie wie jedes andere Wirtschaftsunternehmen betrachten, an dem jedes beteiligte Land einen Anteil entsprechend der obigen Tabelle hält.

Beispielsweise beträgt der russische Anteil an dieser Mond AG, die einen Gesamtwert von 276 Mrd. USD hat, 5,7 %, was einem Wert von 15,7 Mrd. USD entspricht. Beschließt nun z. B. Deutschland, für einen Raketenstart nicht Ariane Space zu beauftragen, sondern Khrunichev aus Russland, würden 85 Mio. USD über die Grenze nach Russland fließen. Damit erhielte Russland nun mehr Investitionsmittel, als ihm entsprechend seines Anteils zustehen würde, und Deutschland entsprechend weniger. Für diese Subvention der russischen Wirtschaft könnte Deutschland kompensiert werden, indem der deutsche Anteil an der Mond AG um 85 Mio. USD steigt und der russische entsprechend sinkt. Erbringt die Mondsiedlung später eine geldwerte Leistung, ist der Staat, der seinen Anteil steigern konnte, an den erwirtschafteten Gewinnen stärker beteiligt.

**Ein Beispiel:** Deutschland nimmt während der Errichtung der Siedlung die Dienstleistungen vom russischen Unternehmen Khrunichev für 10 Mrd. USD in Anspruch. Die Folge:

▶ der **russische Anteil** an der Mond AG sinkt um 10 Mrd. USD auf 5,7 Mrd. USD oder 2,1 %;
▶ der **deutsche Anteil** steigt entsprechend um 10 Mrd. USD bzw. 3,6 % auf 11,8 %.

Für jeden Passagier, der von der Erde zum Mond und wieder zurückfliegt, erbringt der Mond – wie zuvor gezeigt – eine Leistung im Gegenwert von

17 Mio. USD an den Gesamtkosten von 37 Mio. USD. Durch die veränderten Anteile ändert sich die Gewinnbeteiligung der Länder an der Mond AG:

▶ An den Transportkosten von 37 Mio. USD ist **Russland** nach wie vor mit 5,7 % (2,1 Mio. USD) beteiligt, erhält aber aus den 17 Mio. USD Gewinn der Mond AG nur 2,1 % (357.000 USD).

▶ Umgedreht beteiligt sich **Deutschland** mit 8,2 % (etwa 3 Mio. USD) an den Kosten des Fluges, erhält vom Gewinn allerdings 11,8 % (2 Mio. USD), rund 600.000 USD mehr als im Szenario ohne Finanztransfer.

Kurzfristig erscheint dieser Vorteil nicht sehr gravierend. Langfristig kann es sich jedoch auszahlen. Im Kapitel „Leistungsphase" wurde die Wirtschaftsleistung des Mondes mit 781 Mio. USD pro Jahr angegeben. Die Schätzung beruhte auf Projektkosten in der Größenordnung von 70 Mrd. USD, also der Mindestsumme für den Bau der Mondsiedlung. Steigen die Projektkosten, erhöht sich der Wert der Leistung einer Mond AG in ähnlichem Umfang. Würde, um beim obigen Beispiel zu bleiben, Deutschland 3,6 % mehr Anteile an einer Mond AG mit einer Wirtschaftsleistung von 3 Mrd. USD halten, entspräche dies 108 Mio. USD Rückfluss nach Deutschland pro Jahr. Ohne weiteres Wachstum der Mondbasis würde es zwar etwa 90 Jahre dauern, bis 10 Mrd. USD nach Deutschland zurückgeflossen wären, danach allerdings liegt Deutschland im Plus. Wächst die Wirtschaftsleistung weiter, was zu erwarten ist, tritt die Amortisierung entsprechend früher ein.

## SCHNITTSTELLEN MINIMIEREN

**Der zweite Fehler, der bei der Finanzierung von internationalen Projekten passieren kann: Arbeitspakete horizontal statt vertikal teilen.**

**Vertikale Teilung** bedeutet am Beispiel von Raketen: Möchte man drei dreistufige Raketen starten, bauen die Unternehmen Khrunichev, SpaceX und Ariane Space jeweils eine Rakete.

**Horizontale Teilung** würde bedeuten, dass z. B. Khrunichev drei Unterstufen, SpaceX drei Mittelstufen und Ariane Space drei Oberstufen baut.

Auf den ersten Blick bietet horizontale Teilung Einsparpotenzial. Es muss nur eine Stufe von jeder Sorte entwickelt werden, jede Firma muss sich nur auf ein Bauteil spezialisieren und am Ende sind alle drei Raketen gleich. Das klingt nach Synergie und Einsparung. In der Praxis entpuppt sich die Abstimmung der Schnittstellen, in diesem Fall zwischen den Stufen, jedoch als sehr zeitintensiv. Eine Minimierung der Schnittstellen ist daher der horizontalen Teilung vorzuziehen. Diese Strategie wurde bei der ISS verfolgt, wo der Bau der einzelnen Module weitestgehend in einer Hand blieb.

Ein Beispiel aus dem Betrieb der ISS, wie man es nicht machen sollte, sind allerdings die Versorgungstransporter. ESA, Japan und SpaceX haben unabhängig voneinander drei Transporter entwickelt, die im Prinzip das gleiche leisten wie der bereits eingesetzte Progress-Transporter – nur zu höheren Kosten.

Das Ziel für die Mondmission: keine Parallelentwicklung von Komponenten. Stattdessen Entwicklung einzelner Komponenten von jeweils einem Land mit der Berücksichtigung, dass sie sich auf verschiedenen Startsystemen (Raketen) transportieren lassen. Anschließend kann die jeweilige Komponente von den verschiedenen Nationen nachgebaut werden.

Betrachtet man all die aufgezählten Aspekte, zeigt sich, dass eine internationale Finanzierung finanziell kein Problem ist. Jedes der Länder kann für seine Beteiligung auch ohne ein Festhalten an der anteilsmäßigen Verteilung der Entwicklungsaufträge angemessen entschädigt werden.

## INTERNATIONALE FINANZIERUNG DURCH RAUMFAHRTBEHÖRDEN

Um die Anzahl der Vertragspartner zu reduzieren, könnte man statt mit den Staaten direkt mit den Raumfahrtbehörden verhandeln. Dadurch wird die Zustimmung zum Projekt von den Landesparlamenten zu den Behörden verlagert. Fünf Behörden kommen infrage. (s. Tabelle links)

Die in der Tabelle gezeigte Aufteilung ergibt ein etwas anderes Bild als nach Nationen. Der amerikanische Anteil ist jetzt deutlich ausgeprägter, die Anteile von China und Russland sind wieder mit einem Faktor 3 erhöht worden. Damit das Projekt möglich wird, müsste jede Behörde ein Drittel ihres Budgets umwidmen. Eine Aufstockung des Budgets durch die Nationen erscheint zielführender.

## FINANZIERUNG DURCH KREDIT

Die historisch niedrigen Zinsen die zurzeit von den Notenbanken in Europa und USA festgelegt sind, erlauben eine kreditbasierte Finanzierung der Mondsiedlung. Die folgende Tabelle gibt eine Übersicht über die Leitzinsen verschiedener Notenbanken:

### Raumfahrtbehörden als Geldgeber

| Behörde | Budget [Mrd. USD] | Anteil | Jahresbeitrag [Mio. USD] |
|---|---|---|---|
| NASA (USA) | 17,8 | 54% | 5849 |
| ESA (Europa) | 5,2 | 16% | 1709 |
| CNSA (China)* | 1,3 | 12% | 427 |
| Roskosmos (Russland)* | 1,2 | 11% | 394 |
| JAXA (Japan) | 2,5 | 8% | 821 |
| Summe | | | 9200 |

* Der Beitrag für China und Russland wurde verdreifacht, da sie in der Raumfahrt eine deutlich höhere Kosteneffizienz als die anderen Länder erreicht haben.

### Traumhaft niedrig

| Leitzins von | Aktueller Wert | Festgelegt seit |
|---|---|---|
| Euroland | 0,00% | 10.03.2016 |
| USA | 0,5-0,75 % | 14.12.2016 |
| Japan | 0-0,10 % | 05.10.2010 |
| Großbritannien | 0,25% | 04.08.2016 |
| Schweiz | -1,25 bis -0,25 % | 15/01/15 |
| Schweden | -0,35% | 08.07.2015 |

Nimmt man nun diese Zinssätze für eine 100 % kreditbasierte Finanzierung der Mondsiedlung, ergeben sich gemäß in der nebenstehenden Tabelle folgende Szenarien für Zinssätze von 0,25 %, 0,5 % und 1,0 %.

Spätestens mit dem Ende der Wachstumsphase beginnt die Mondsiedlung, eine jährliche Rendite zu erwirtschaften, die 0,78 Mrd. USD bis 24 Mrd. USD beträgt und damit auf 0,3 % bis 34 % der Investitionssumme geschätzt werden kann. Die große Spanne ergibt sich dadurch, dass sowohl die Gewinnmarge als auch die Investitionssumme stark variieren. Die Mondsiedlung könnte die angefallenen Schulden mit Beginn der Leistungsphase selbst begleichen und in die Tilgung übergehen. Bei anhaltend günstiger Zinsentwicklung und kooperativen Banken könnte eine Mondsiedlung für Zinsen von lediglich 10,8 Mrd. USD zu haben sein. Zur Bezahlung dieser Zinsen müssten pro Jahr 23 Mio. USD bis 2,76 Mrd. USD aufgebracht werden. Der Umfang des für die Zinszahlung benötigen Geldes ist deutlich geringer als in den anderen Szenarien und kann daher viel leichter durch die in diesem Kapitel vorgestellten Methoden aufgebracht werden.

## PRIVATE FINANZIERUNG DURCH EINZELPERSONEN

Das Forbes-Magazin macht sich jedes Jahr die Mühe, das Vermögen der reichsten Menschen der Welt zu recherchieren. Entsprechend der Liste aus 2017 gibt es fünf Personen, die in der Lage sind, nur mit den Zinsen auf ihr Vermögen die Mondsiedlung zu

## Finanzierung über Kredit bei verschiedenen Zinssätzen

| Jahr | Zinssatz Kreditvolumen [Mrd. USD] | 0,25% Zinsvolumen [Mrd. USD] | 0,50% Zinsvolumen [Mrd. USD] | 1,00% Zinsvolumen [Mrd. USD] |
|---|---|---|---|---|
| 1 | 9,2 | 0,023 | 0,046 | 0,092 |
| 2 | 18,4 | 0,046 | 0,092 | 0,184 |
| 3 | 27,6 | 0,069 | 0,138 | 0,276 |
| 4 | 36,8 | 0,092 | 0,184 | 0,368 |
| 5 | 46 | 0,115 | 0,23 | 0,46 |
| 6 | 55,2 | 0,138 | 0,276 | 0,552 |
| 7 | 64,4 | 0,161 | 0,322 | 0,644 |
| 8 | 73,6 | 0,184 | 0,368 | 0,736 |
| 9 | 82,8 | 0,207 | 0,414 | 0,828 |
| 10 | 92 | 0,23 | 0,46 | 0,92 |
| 11 | 101,2 | 0,253 | 0,506 | 1,012 |
| 12 | 110,4 | 0,276 | 0,552 | 1,104 |
| 13 | 119,6 | 0,299 | 0,598 | 1,196 |
| 14 | 128,8 | 0,322 | 0,644 | 1,288 |
| 15 | 138 | 0,345 | 0,69 | 1,38 |
| 16 | 147,2 | 0,368 | 0,736 | 1,472 |
| 17 | 156,4 | 0,391 | 0,782 | 1,564 |
| 18 | 165,6 | 0,414 | 0,828 | 1,656 |
| 19 | 174,8 | 0,437 | 0,874 | 1,748 |
| 20 | 184 | 0,46 | 0,92 | 1,84 |
| 21 | 193,2 | 0,483 | 0,966 | 1,932 |
| 22 | 202,4 | 0,506 | 1,012 | 2,024 |
| 23 | 211,6 | 0,529 | 1,058 | 2,116 |
| 24 | 220,8 | 0,552 | 1,104 | 2,208 |
| 25 | 230 | 0,575 | 1,15 | 2,3 |
| 26 | 239,2 | 0,598 | 1,196 | 2,392 |
| 27 | 248,4 | 0,621 | 1,242 | 2,484 |
| 28 | 257,6 | 0,644 | 1,288 | 2,576 |
| 29 | 266,8 | 0,667 | 1,334 | 2,668 |
| 30 | 276 | 0,69 | 1,38 | 2,76 |
| Summe | | 10,81 | 21,62 | 43,25 |

**Geboren:**
12.01.1964 in Albuquerque (New Mexico/USA)

Gründer, Präsident, Chairman und CEO von Amazon.com, Gründer des Raumfahrtunternehmens Blue Origin

**Vermögen:**
73 Mrd. USD

Jeff Bezos

**Geboren:**
28.06.1971 in Pretoria (Südafrika)

Paypal-Mitgründer, Gründer von SpaceX und Tesla (Elektroautos)

**Vermögen:**
13,7 Mrd. USD

Elon Musk

Richard Branson

**Geboren:**
18.07.1950 in Blackheath (England)

Gründer verschiedener Firmen, die alle Virgin im Namen tragen, darunter Virgin Galactic

**Vermögen:**
5 Mrd. USD

## Die 5 reichsten Männer der Welt

| Milliardär | Vermögen [Mrd. USD] | Nationalität | Alter | Zinsen [Mrd. USD]* |
|---|---|---|---|---|
| Bill Gates | 86 | USA | 60 | 4,3 |
| Warren Buffet | 76 | USA | 85 | 3,8 |
| Jeff Bezos | 73 | USA | 52 | 3,65 |
| Amancio Ortega | 71 | Spanien | 79 | 3,55 |
| Mark Zuckerberg | 56 | USA | 32 | 2,8 |

* angenommener Zinssatz von 5 %

den günstigsten Konditionen zu finanzieren. Jeder in der Liste hat bewiesen, dass er mit Geld umgehen kann, weshalb ein Zinssatz von 5 % auf das jeweilige Vermögen angenommen werden darf. Jeder einzelne der fünf reichsten Männer hat genügend Vermögen, um die Zinsen für eine durch Kredit finanzierte Mondsiedlung zu bezahlen. Wenn sich drei bis vier der Milliardäre zusammenschließen würden, könnten sie die Mondlandung auch ohne Banken finanzieren. Anbieten würde sich zum Beispiel ein rein amerikanisches Gespann Gates-Buffet-Bezos, das gemeinsam ein Budget von 11,75 Mrd. USD pro Jahr stemmen könnte.

Die fünf Herrschaften könnten eine Besiedlung des Mondes problemlos bei einem gemeinsamen Essen beschließen.

Von den etwa 2000 Milliardären, die es 2017 auf der Welt gibt, haben sich einige beson-

ders durch ihr Engagement für die Raumfahrt im Allgemeinen und die Besiedlung des Weltraums im Besonderen hervorgetan. Allen voran ist hier der SpaceX-Gründer Elon Musk (Vermögen 13,7 Mrd. USD), zu nennen, dessen erklärtes Ziel es ist, auf dem Mars zu sterben - vorzugsweise nicht bei der Landung.

Jeff Bezos hat ebenfalls starkes Interesse an der Raumfahrt. Bereits zwei Jahre vor Elon Musk hat er mit Blue Origin eine Raumfahrtfirma gegründet. Diese unternimmt seit 2005 Raketenstarts, vor allem mit der Rakete "New Shepard". Noch kann die Traglast nicht mit SpaceX konkurrieren. Musk und Bezos pflegen eine öffentliche Rivalität in der Frage, wer der erfolgreichere Pionier der privaten Raumfahrt ist.

Der dritte bekannte Milliardär mit Raumfahrtambitionen ist Richard Branson (Vermögen 5 Mrd. USD). Er hat sich der Verbreitung des Weltraumtourismus verschrieben. Mit dem Raumschiff SpaceShipTwo, das wie ein Flugzeug startet und landet, will er Privatpersonen über die Grenze des Weltraums bringen.

Weitere, an der Raumfahrt interessierte Milliardäre sind Microsoftmitbegründer Paul Allen, der bereits durch die Finanzierung von SpaceShipOne und anderen Projekten sein starkes Interesse an der Raumfahrt bekundet, sowie auch Marc Zuckerberg.

Würden lediglich die Herren Benzos,

Musk und Branson ihre Ressourcen zusammenlegen, könnten sie leicht 4,5 Mrd. USD pro Jahr aufbringen, ohne dass ihr Vermögen merklich leiden müsste. Dieses Trio hätte nicht nur genügend Geld, eine Mondsiedlung zu finanzieren, sondern auch das Know-how, um dieses Ziel zu erreichen.

## FINANZIERUNG DURCH CROWDFUNDIG

Als Alternative dazu, dass wenige Leute viel geben, wird es in den vergangenen Jahren immer populärer, von vielen Leuten wenig zu nehmen. Bei Crowdfunding – vom englischen „Crowd" für Menge – verspricht jeder so viel er kann. Zur Zahlung kommt es nur, wenn das Mindestziel erreicht ist. Im Gegenzug erhält der Spender etwas von geringem Geldwert oder großem emotionalen Wert, abhängig vom Umfang der Spende.

Das Wichtigste allerdings ist, dass der Spender das Projekt umgesetzt weiß.

Generell erhält man auch die Vorteile der jeweils niedrigeren Stufe. Jeder Spender nimmt zudem an der Verlosung einer Mondreise teil, mit Gewinnchancen entsprechend des Spendenbetrags.

Crowdfunding für die Mondmission hat den Haken, dass die gewünschte Summe von aufgerundet 300 Mrd. USD ziemlich hoch ist. Ein mögliches Spendenprofil könnte für die volle Summe und für die bescheidenere Variante mit 150 Mrd. USD so aus-

Für eine Mondmission „Zweiter Generation" könnten Spendenschritte und Gesten so aussehen:

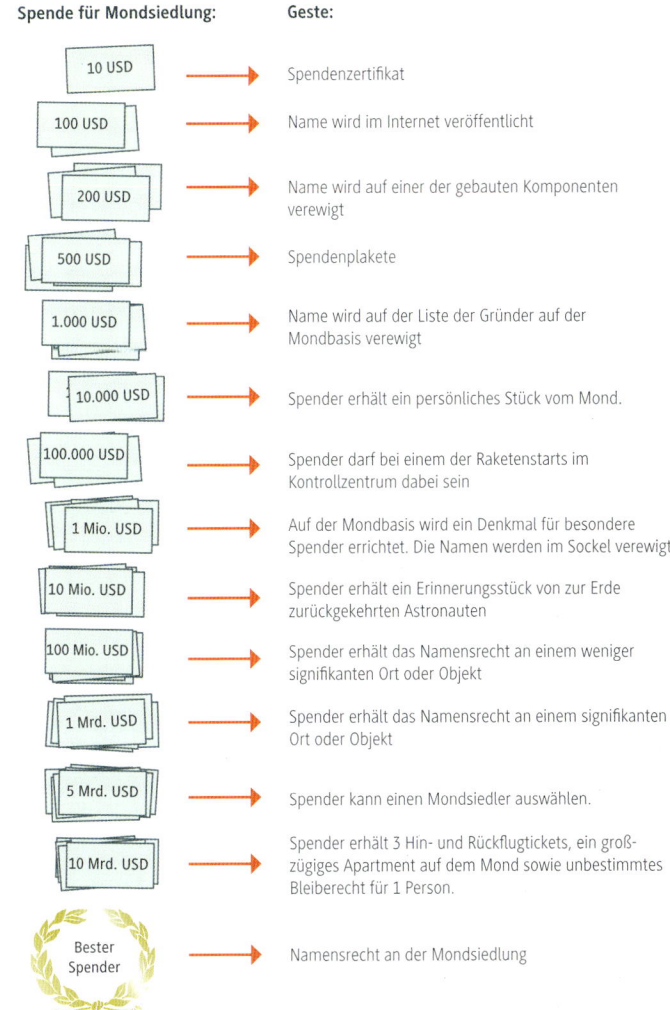

| Spende für Mondsiedlung: | Geste: |
|---|---|
| 10 USD | Spendenzertifikat |
| 100 USD | Name wird im Internet veröffentlicht |
| 200 USD | Name wird auf einer der gebauten Komponenten verewigt |
| 500 USD | Spendenplakete |
| 1.000 USD | Name wird auf der Liste der Gründer auf der Mondbasis verewigt |
| 10.000 USD | Spender erhält ein persönliches Stück vom Mond. |
| 100.000 USD | Spender darf bei einem der Raketenstarts im Kontrollzentrum dabei sein |
| 1 Mio. USD | Auf der Mondbasis wird ein Denkmal für besondere Spender errichtet. Die Namen werden im Sockel verewigt. |
| 10 Mio. USD | Spender erhält ein Erinnerungsstück von zur Erde zurückgekehrten Astronauten |
| 100 Mio. USD | Spender erhält das Namensrecht an einem weniger signifikanten Ort oder Objekt |
| 1 Mrd. USD | Spender erhält das Namensrecht an einem signifikanten Ort oder Objekt |
| 5 Mrd. USD | Spender kann einen Mondsiedler auswählen. |
| 10 Mrd. USD | Spender erhält 3 Hin- und Rückflugtickets, ein großzügiges Apartment auf dem Mond sowie unbestimmtes Bleiberecht für 1 Person. |
| Bester Spender | Namensrecht an der Mondsiedlung |

**Spendenprofile für 300 und 150 Mrd. USD**

| Höhe der Spende | Zahl der Spender | Spende | Spender |
|---|---|---|---|
| $10 | 1.000.000.000 | $10 | 100.000.000 |
| $100 | 800.000.000 | $100 | 140.000.000 |
| $200 | 500.000.000 | $200 | 100.000.000 |
| $500 | 20.000.000 | $500 | 20.000.000 |
| $1.000 | 10.000.000 | $1.000 | 10.000.000 |
| $10.000 | 500.000 | $10.000 | 1.000.000 |
| $100.000 | 10.000 | $100.000 | 10.000 |
| $1.000.000 | 1.000 | $1.000.000 | 1.000 |
| $10.000.000 | 100 | $10.000.000 | 100 |
| $100.000.000 | 50 | $100.000.000 | 50 |
| $1.000.000.000 | 10 | $1.000.000.000 | 10 |
| $5.000.000.000 | 5 | $5.000.000.000 | 5 |
| $10.000.000.000 | 3 | $10.000.000.000 | 3 |
| $12.000.000.000 | 1 | $12.000.000.000 | 1 |
| **$300.000.000.000** | **2.330.511.169** | **$150.000.000.000** | **371.011.169** |

sehen, wie in der Tabelle "Spendenprofile" gezeigt. Um bei diesem Profil auf 300 Mrd. USD zu kommen, müssten insgesamt mehr als 2,3 Mrd. Menschen eine Spende abgeben. Es darf als unwahrscheinlich gelten, dass dieser Betrag zustande kommt. Realistischer ist das zweite Szenario, bei dem 371 Millionen Spender zusammen 150 Mrd. USD geben.

## FINANZIERUNG DURCH SEEDFUNDIG

Seedfundig ist eine Weiterentwicklung des Crowdfundings. Abgeleitet vom englischen „Seed" für Keim oder Samen, wird ein Investor benötigt, der vom Erfolg des Crowdfundings überzeugt ist und sozusagen darauf wettet, dass es klappt, also die für das Projekt Mondsiedlung benötigte Summe erreicht wird. Der Investor muss nicht notwendigerweise von der Idee selbst überzeugt sein, sondern nur vom Erfolg des Fundings.

Im Fall der Mondmissionsfinanzierung wettet ein Investor 3 Mrd. USD. Als Ziel werden 150 Mrd. USD gesteckt, die im Laufe von drei Jahren zusammenkommen müssen. Jeder Seedfunder kauft sich nun einen Wettschein mit einem Wert entsprechend der oben gezeigten Crowdfundingspendentabelle. Der Seedfunder „wettet" damit auf ein Scheitern des Seedfundings. Das Geld aus dem Verkauf der Wettscheine legt der Investor mit dem Zinssatz an, den er auf seine 3 Mrd. USD erhält. Das ist ziemlich sicher mehr, als ein Normalbürger auf der Bank bekommt.

Wird am Ende der drei Jahre der Zielbetrag von 150 Mrd. USD erreicht, hat der Investor seine Wette gewonnen und erhält 9 Mrd. aus dem Seedfunding-Topf– ein Zuwachs von 100 % pro Jahr. Es bleiben 141 Mrd. USD, um zum Mond zu fliegen. Die Seedfunder erhalten nun abhängig von der Höhe ihres Einsatzes eine Geste entsprechend der Crowdfundingtabelle, z. B. eine Spendenplakette oder das Namensrecht an einem signifikanten Ort auf dem Mond.

Werden die 150 Mrd. USD nicht erreicht, haben die Seedfunder „gewonnen". Der Investor verliert seine 3 Mrd. USD und zahlt diese zusätzlich zu den Zinsen, die das Geld der Seedfunder inzwischen erwirtschaftet hat, an die Seedfunder aus. Der Clou an der Sache: Der Bonuszins, der den Seedfundern winkt, ist umso höher, je weniger Geld zusammengekommen ist. Denn je weniger Menschen investiert haben, umso höher wird der Anteil des einzelnen Seedfunders an den 3 Mrd. USD des Investors.

Hier ein paar Rechenbeispiele für einen Seedfunder, der gleich zu Beginn der drei Jahre investiert hat, bei 5 % Zinsen der Anlage auf dem Konto des Investors.

**Was kommt beim Seedfunding heraus?**

| Endbetrag | Zins inkl. Zinsessatz | Bonuszins | p. a. Zins |
|---|---|---|---|
| $1.000.000 | 15,8% | 300000% | 100005,3% |
| $1.000.000.000 | 15,8% | 300% | 105,3% |
| $5.000.000.000 | 15,8% | 60% | 25,3% |
| $10.000.000.000 | 15,8% | 30% | 15,3% |
| $50.000.000.000 | 15,8% | 6% | 7,3% |
| $100.000.000.000 | 15,8% | 3% | 6,3% |
| $150.000.000.000 | 15,8% | 2% | 5,9% |

Die Vorteile dieses Konzepts sind so mannigfaltig, dass es realistische Erfolgsaussichten hat. Der oder die Investoren werden mit einem märchenhaften Zinssatz von 100 % p. a. angelockt. Diverse Schneeballsystembetrüger haben Leute mit weit geringeren Zinsen zu weitaus waghalsigeren Anlagen überredet. Diese Gewinnaussicht erweitert das Spektrum der Investoren von überzeugten Raumfahrtenthusiasten, die bereit sind, 3 Mrd. USD zu riskieren, um dadurch der Mondmission eine Chance zu geben, auf Leute, die einfach nur gierig sind und den schnellen Dollar wollen.

Das gleiche Konzept greift auf der Gegenseite. Überzeugte Raumfahrtenthusiasten werden wegen der Crowdfunding-Aspekte mitmachen. Die Gegenpartei, die vom Scheitern der Raumfahrt überzeugt ist oder einfach nur gierig, macht wegen des überwältigenden Zinssatzes mit. Gerade in der Anfangsphase, wenn wenige Seedfunder beteiligt sind, liegt der Zinssatz jenseits allem Vorstellbaren. Diese Zinssatz getriebene Gier wird ein breites Medienecho hervorrufen und viele Leute zum Mitmachen animieren.

**Das Seedfunding bietet eine einzigartige Win-win-Situation, die Gier und Idealismus gleichermaßen anspricht. Eine kraftvolle Kombination, die uns zum Mond bringen könnte.**

## FINANZIERUNG DURCH BRANDING

Branding basiert auf der Idee, ein Produkt mit einem „Brandzeichen" oder Siegel zu versehen, damit es für Kunden attraktiver erscheint und sie bereit sind, einen Mehrpreis dafür zu bezahlen. In Deutschland gibt es viele solcher Siegel: der Blaue Engel, das TÜV-Siegel oder das Bio-Siegel. Diese Siegel zeigen, dass eine unabhängige Stelle das Produkt auf eine Eigenschaft wie Umweltfreundlichkeit, Sicherheit oder biologische Herkunft geprüft hat. Andere Siegel signalisieren, dass der Hersteller des Produktes eine bestimmte Sache unterstützt, z. B. eine Sportmannschaft oder eine Initiative zur Bekämpfung von Brustkrebs. Eine solche idealistische Botschaft könnte auch für die Finanzierung der Mondmission verwendet werden.

Es wird ein „Unterstützer der Mondmission"-Siegel in verschiedenen Ausprägungen (z. B. Silber, Gold, Platin) erschaffen, das interessierte Firmen gegen eine Umsatzbeteiligung und Gebühr verwenden dürfen. Ein Kunde, der sich jetzt zwischen zwei identischen Produkten entscheiden muss, hat ein weiteres Auswahlkriterium: Mondmission unterstützen oder nicht? Viele Kunden messen idealistischen Werten mehr Bedeutung bei als dem Preis, sind also auch bereit, einen Mehrpreis zu akzeptieren.

Am Ende gewinnt jeder: Der Kunde hat das gewünschte Produkt gekauft und die Mondmission, an der ihm offensichtlich etwas liegt, unterstützt. Die Firma hat einen höheren Umsatz und das Unternehmen „Mission zum Mond" hat Einnahmen. Hier eine Liste an Firmen, die in Frage kommen könnten:

**Potenzielle Werbepartner für die Mondmission**

| Firma | Geschäftsfeld | Jahresumsatz |
|---|---|---|
| Royal Dutch Shell | Öl und Gas | 484 Mrd. USD |
| Walmart | Einzelhandel | 446 Mrd. USD |
| Toyota | Automobil | 235 Mrd. USD |
| Volkswagen | Automobil | 222 Mrd. USD |
| E.On | Versorger | 157 Mrd. USD |
| ING | Finanzdienstleister | 151 Mrd. USD |
| Samsung | Technologie | 149 Mrd. USD |
| General Electric | Mischkonzern | 148 Mrd. USD |
| AXA | Versicherungen | 143 Mrd. USD |
| Siemens | Technologie | 113 Mrd. USD |
| Apple | Technologie | 108 Mrd. USD |
| Nestlé | Nahrungsmittel | 94 Mrd. USD |

Die zwölf hier vorgestellten Firmen erwirtschaften zusammen einen Umsatz von 2450 Mrd. USD/Jahr. Zur Finanzierung der Mondreise würden bereits 0,38 % davon ausreichen, um auf die benötigten 9,2 Mrd. USD/Jahr zu kommen. Geht man davon aus, dass es den meisten Konsumenten vermutlich durchaus 1 % bis 3 % Mehrpreis wert sein dürfte, die Mission Mond zu unterstützen, tut sich hier für beide Seiten ein ausgesprochen lukratives Geschäft auf.

## KOMBINIERTE STRATEGIE

Die meisten der in diesem Kapitel beschriebenen Ansätze lassen sich zu einer globalen Strategie kombinieren. Hierfür werden als Erstes drei Institutionen gegründet: Die Space Foundation (SF) als eine gemeinnützige Stiftung sowie Space Inc. (SI) und Lunar Inc. (LI) als Kapitalgesellschaften. Alle in steuergünstigen Regionen, damit die Mondmission nicht durch staatliche Abgaben behindert wird, falls schon eine direkte staatliche Unterstützung ausbleibt.

Für den Anfang hält SF 100 % der Anteile an SI und LI. Die Idee hinter den drei Firmen ist folgende:

**Space Foundation (SF):** Die Stiftung verwaltet alles Geld, das direkt von Bürgern oder Firmen in der Erwartung gegeben wurde, für die Besiedlung des Weltraums verwendet zu werden.

**Space Inc. (SI):** SI ist eine Managementfirma, die neue Besiedlungsmissionen lostritt, als Auftraggeber für Neuentwicklungen fungiert und Patente verwaltet. Ihre Einnahmen fließen an SF zurück.

**Lunar Inc. (LI):** LI ist eine Firma, die sich um

die Mondmission speziell kümmert und später die Siedlung betreibt. Bei folgenden Besiedlungen wird es entsprechend Mars Inc., Venus Inc. usw. geben.

Einer oder mehrere Investoren hauchen der Stiftung (SF) mit ihrem Wetteinsatz von 3 Mrd. USD Leben ein. Die 3 Mrd. USD werden SF zur Verfügung gestellt. SF finanziert sich ab jetzt aus den Kapitalerträgen. Um die alleine aufgrund ihres Vermögens und jetzt ihrer Wette prominenten Investoren sammeln sich weitere prominente Befürworter der Mondmission. Das Seedfunding beginnt und sollte sehr schnell sehr viel Kapital in die SF spülen. Auf der Welle des selbst entfachten Enthusiasmus werden die Unterstützer-Siegel herausgegeben. Die Einnahmen aus dem Branding laufen nicht in den Seedfunding-Topf, sondern direkt in das operative Budget der SF. Ein Teil des Budgets wird für den Geschäftsablauf der SF verwendet, ein Teil gespart, der Rest geht an SI.

SI wird als Auftraggeber tätig und beginnt die ersten für die Mondreise notwendigen Projekte zu finanzieren. Patente, die bei den durch SI finanzierten Projekten entstehen, verbleiben im Besitz von SI.

Lunar Inc. beginnt mit der Planung der Mondmission, wird später die komplette Abwicklung und den Betrieb übernehmen. LI erhält einen Wert auf dem Papier von 300 Mrd. USD. Firmen, Länder und Privatpersonen können sich nun bei LI einkaufen. Im Gegenzug erhalten sie einen prozentualen Anteil an der Firma, die später die Mondsiedlung betreibt. Länder haben ebenfalls die Möglichkeit, mit LI Verträge zu schließen, die ihnen einen geringeren Anteil an der Firma einräumen, dabei aber garantieren, dass alle investierten Gelder in das Geberland zurückfließen.

Nach drei Jahren endet das Seedfunding. Investor und SF werden ein starkes Verlangen nach Erfolg haben und einen eventuellen Fehlbetrag nachschießen, damit die anvisierten 150 Mrd. USD erreicht werden. Aus den nach Auszahlung des Investors verbleibenden 141 Mrd. USD können über 30 Jahre 9,2 Mrd. USD/Jahr entnommen werden, wenn eine Verzinsung des Geldes zu 3,8 % p.a. gelingt.

Ein alternatives Szenario könnte über Crowdfunding bzw. Seedfunding lediglich ein Startkapital generieren. Damit werden für die ersten Jahre die Zinsen auf das geliehene Kapital finanziert. Es wird nachhaltiges Branding eingeführt und damit über Jahre die Zinsen und Betriebskosten für die Firmen finanziert. Nach den 30 Jahren werden den gegründeten Firmen nachhaltige Einnahmen aus Patenten, Zinsen, Branding und Betrieb der Mondsiedlung bleiben. Im Idealfall sind diese Einnahmen dann so hoch, dass eine Marsmission finanziert werden kann. Damit ist das größte Hindernis der Mondmission überwunden: Geld.

# ERWARTETE SPIN-OFFS

Entwicklungen, die im Rahmen der Mondmission entstehen und anschließend Einzug in Industrie und Alltag finden, sind der große Bonusnutzen. Diese Spin-Offs haben das Potenzial, so viele Steuermehreinnahmen zu erzeugen, dass die Kosten für das Projekt vollständig refinanziert werden. In der Summe beträgt alleine das Spin-Off-Potential von zwei der drei hier vorgestellten möglichen Kandidaten 509 Mrd. USD über 30 Jahre verteilt.

**Spin-Off-Technologie: MIKRO-KERNREAKTOR**

Zurzeit forschen verschiedene Firmen aus rein gewinnorientierten Überlegungen an kompakten Kernreaktoren. Denn es gibt viele Länder, die Kernenergie gerne nutzen würden, allerdings nicht über das Wissen verfügen. Länder, welche die Kenntnisse haben — wie Deutschland, Japan oder die USA — dürfen ihr Wissen nicht in diese Regionen exportieren, um die Technologie zum Bau von Kernwaffen nicht weiter zu verbreiten.

Kompakte Reaktoren der vierten Generation sollen dieses Dilemma lösen. Ausgestattet mit allem, was ein Reaktor braucht, wird der Mikroreaktor in einem Stück in das Zielland geliefert, dort aufgestellt und verwendet. Ist nach 10 bis 30 Jahren alles Kernmaterial verbrannt, wird der gesamte Reaktor zurück in das Herstellerland geholt.

Zusätzliche Mittel aus dem Mondfahrtbudget können das für die Raumfahrt geeignetste Konzept unterstützen. Durch geringfügige Modifikation kann das Produkt marktreif zum Verkauf an interessierte Länder gemacht werden.

Bereits der jährliche Umsatz der Mikro-Reaktor-Branche dürfte die Entwicklungskosten stark übersteigen. Ein 10-MWel-Reaktor mit Spaltmaterial für 30 Jahre produziert in dieser Zeit 2,6 TWh elektrische Energie. Bei einem Verkaufspreis von 5 ct/KWh entsprich dies einem Gegenwert von 5,3 Mrd. USD — etwas mehr als die erwarteten Entwicklungskosten.

Ein Verkaufspreis von 60 Mio. USD für eine 10-MW-Anlage sollte das Ziel sein. Windkraftanlagen mit vergleichbarer Spitzenleistung schöpfen diese im Mittel zwar nur zu 25 % aus und haben nur eine Lebensdauer von 20 Jahren, kosten dafür allerdings auch nur 10 Mio. USD.

**Erwarteter Nutzen/Gewinn:** Laut Stand von 2011 befanden sich 180 Kernreaktoren auf Schiffen im Einsatz, Kernreaktoren für etwa 65 GW Leistung im Bau und Reaktoren für ca. 114 GW Leistung in Planung. Der Mikro-Reaktor hat vor allem beim Einsatz auf Schiffen großes Potenzial, die bisherigen Reaktoren abzulösen. Hier besteht ein Umsatzpotenzial von 10,8 Mrd. USD über die nächsten 30 Jahre.

Beim Bau von Großanlagen wird der Erfolg des Mikroreaktors weniger überwältigend sein. Gelingt es, neue Märkte zu erschließen, um einen Marktanteil von etwa 10 % zu erreichen, führt dies zum Verkauf von weiteren 1800 Anlagen für einen Umsatz von 108 Mrd. USD. Insgesamt sind durch den Mikroreaktor etwa 120 Mrd. USD über 30 Jahre zu erwarten.

## Spin-Off-Technologie:
# VERBESSERTE ALUMINIUMSCHMELZE

Bei der heute gebräuchlichen Herstellung von Aluminium durch Schmelzflusselektrolyse aus Aluminiumoxid sammelt sich Aluminium an einer Elektrode, Sauerstoff an der anderen. In industriellen Schmelzen lässt man den erzeugten Sauerstoff mit Aktivkohle zu $CO_2$ reagieren. Für die Erzeugung von 1 t Aluminium werden entsprechend 0,3 t Aktivkohle verbraucht und 1,25 t $CO_2$ erzeugt.

Im Besonderen der Verbrauch von Kohle ist für die Anwendung auf dem Mond nicht akzeptabel. Gelingt es, den Prozess zu verbessern und natürlichen Sauerstoff anstelle des unliebsamen $CO_2$ zu gewinnen, erzielt man für die irdische Industrie zwei entscheidende Vorteile: Es muss keine Kohle eingekauft werden und durch das nicht mehr anfallende $CO_2$ müssen keine $CO_2$-Zertifikate erworben werden.

Auch die Umwelt profitiert doppelt. Der $CO_2$-Ausstoß wird reduziert, gleichzeitig wird Sauerstoff produziert. Die Erhöhung des Sauerstoffanteils an der Luft reduziert den relativen Kohlendioxidanteil. Bei einer Weltjahresproduktion von 37 Mio. t Aluminium werden 11 Mio. t Aktivkohle mit einem Gegenwert von 12 Mrd. USD eingespart. Der $CO_2$-Ausstoß reduziert sich pro Jahr um 46 Mio. t, womit $CO_2$-Zertifikate im Wert von 322 Mio. USD bis 782 Mio. USD, je nach Marktpreis, frei werden.

Die Entwicklung des Regolithprozessors hat entsprechend ein beachtliches Spin-Off-Potential. Über zehn Jahre können durch die Prozessoptimierung in der Aluminiumindustrie 120 Mrd. USD eingespart werden. Bei Weitem mehr als für die Entwicklung des Prozessors investiert werden muss. Der mit der $CO_2$-Reduzierung verbundene Beitrag zum Klimaschutz ist ein wertvoller Zusatznutzen, der einer $CO_2$-Einsparung von 0,13 % bewirkt.

**Erwarteter Nutzen/Gewinn:** Die Verbesserung des Aluminiumherstellungsprozesses bietet das größte Spin-Off-Potenzial. Über 30 Jahre kann hier eine Einsparung von 389 Mrd. USD erreicht werden. Mehr als die Kosten für die Mondmission.

## Spin-Off-Technologie:
# AL/LOX-MONOTREIBSTOFF

Bisher werden in der Raumfahrt Treibstoffe mit zwei Komponenten verwendet, die vor der Verbrennung streng separiert gelagert werden müssen: LH2/LOX, Kerosin/LOX oder $UDMH/N_2H_4$. Zwei Lager verdoppeln den Aufwand für Lagerung und Beschaffung sowie die Anzahl an Tanks im Raumschiff. Auch wenn Al/LOX als Monotreibstoff einen niedrigeren spezifischen Impuls (285 Sekunden) bietet als die zurzeit eingesetzten Treibstoffe (327 bis 447 Sekunden), so liefert die Entwicklung dennoch einen Verständnisgewinn über Monotreibstoffe im Allgemeinen.

**Erwarteter Nutzen/Gewinn:** Die Entwicklung von Al/LOX-Monotreibstoff hat wahrscheinlich keinen unmittelbaren positiven Nutzen für die Weltwirtschaft, ist aber langfristig für die weitere Besiedlung des Universums wichtig.

# PROJEKTE FÜR DIE ZUKUNFT

# PROJEKTE FÜR DIE ZUKUNFT

Statt mit dem Raumschiff reisen wir mit einem Aufzug von der Erde zum Mond. Und dort benötigen wir keine Raumanzüge mehr, sondern bewegen uns frei über den Mondboden. Das klingt utopisch? Mag sein. Wahrscheinlich wird die Menschheit in den nächsten 100 Jahren technisch noch nicht so weit sein, einen Weltraumaufzug zu bauen oder den Mond so zu formen, dass er erdähnliche Lebensbedingungen bietet. Doch auch der Flug zum Mond schien vor vielen Jahren noch wie ein ferner Traum. Deshalb wird an dieser Stelle ein Blick in die Zukunft geworfen.

## WELTRAUM-AUFZUG

Die Idee für eine Struktur, die von der Erde bis in den Weltraum ragt, geht auf den russischen Wissenschaftler Konstantin Tsiolkovsky zurück. Dieser verbreitete bereits im Jahr 1895 – inspiriert durch den Eiffelturm – den Vorschlag, einen Turm zu errichten, der bis in den Weltraum ragt und auf diese Art Mensch und Material in den Himmel transportiert. Der ursprüngliche Ansatz, bei dem die gesamte Masse des Turms von den untersten Schichten getragen werden muss, hat sich schnell als unbrauchbar erwiesen. Erst 64 Jahre später schlug Tsiolkovskys Landsmann Yuri N. Artsutanov vor, den Aufzug nicht von der Erde aus zu bauen, sondern auf der geostationären Umlaufbahn einen Satelliten zu platzieren, der ein Seil zur Erde herablässt. Wegen der stationären Position des Satelliten könnte das Seil auf der Erde verankert werden und ein Aufzug könnte nun an dem Seil entlang in den Weltraum fahren.

**Wie funktioniert der Aufzug:** Um das Seil zu spannen, kann entweder ein gleich langes Seil in die Gegenrichtung abgewickelt oder ein entsprechendes Gegengewicht angebracht werden. Die Verwendung eines gleich langen Seils in die Gegenrichtung hat den Vorteil, mit dem Weltraumaufzug weit über den geostationären Orbit hinaus fahren zu können. Da sich das Seil mit einer Geschwindigkeit um die Erde bewegt, die der Geschwindigkeit des Schwerpunkts auf geostationärer Höhe entspricht, also etwa 3.074 m/s, können Raumschiffe zu einem Flug in die Tiefen des Sonnensystems gestartet werden. Auf einer Höhe von etwa 63.330 km über dem Erdboden reicht die Geschwindigkeit bereits für einen Hohmann-Transfer zum Lagrange Punkt L1. Das ist jener Punkt zwischen Erde und Mond, an dem ein Weltraumaufzug vom Mond enden würde, etwa 60.000 km über der Mondoberfläche.

### Ein Aufzug in den Weltraum

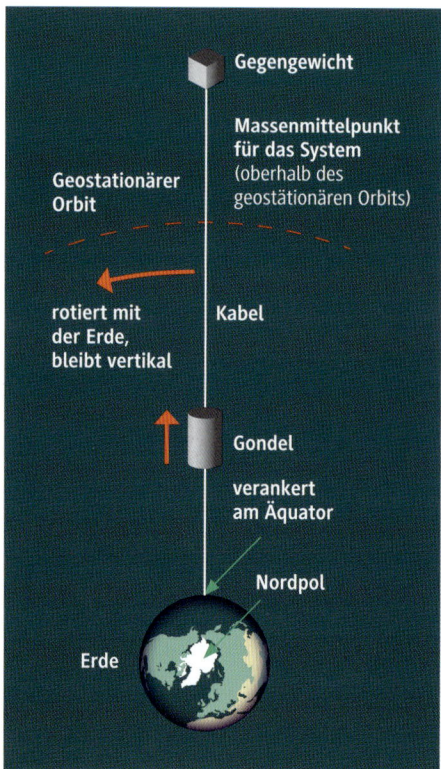

Gegengewicht

Massenmittelpunkt für das System (oberhalb des geostationären Orbits)

Geostationärer Orbit

rotiert mit der Erde, bleibt vertikal

Kabel

Gondel

verankert am Äquator

Nordpol

Erde

Um bis zum geostationären Orbit der Erde zu reichen, muss das Seil des Aufzugs mindestens 35.800 km lang sein. Länge des Seils und Gravitation treiben die Anforderungen an die Stabilität in die Höhe. Problem Zugfestigkeit: Aus praktischen Gründen muss das Seil zur Stelle stärkster Belastung hin verstärkt werden, um nicht zu reißen. Ein Material zur Konstruktion eines Weltraumaufzugs auf der Erde muss eine Zugfestigkeit von etwa 100 Gigapascal (GPa) aufweisen, um bei akzeptabler Gesamtmasse von der Erde in den Weltraum zu reichen. Zum Vergleich: Stahl erreicht etwa 0,38 GPa bis 1,55 GPa, Kevlar 3,6 bis 3,8 GPa. Die benötigte Zugfestigkeit übersteigt damit alle im Handel erhältlichen Materialien deutlich. Für die Zukunft bieten Kohlenstoffnanoröhren (CNT) die Chance auf eine erheblich verbesserte Zugfestigkeit. Witterungsbeständigkeit und Stabilität gegenüber Scherkräften könnten bei CNTs allerdings nicht ausreichend für einen Aufzug sein.

CNTs sind Verbindungen des Kohlenstoffatoms, die zu einer Röhrenstruktur führen und theoretisch in beide Richtungen unendlich fortgesetzt werden können. Da für die Stabilität die atomaren Verbindungen ausschlaggebend sind, können erheblich höhere Zugfestigkeiten als bei derzeit verfügbaren Materialien erreicht werden. Bereits 2002 wurden für mehrwandige CNT-Strukturen Zugfestigkeiten von 150 GPa erreicht. Allerdings ist es seitdem nicht gelungen, CNTs mit makroskopisch bedeutsamer Länge herzustellen und die Zugfestigkeit beizubehalten. Schon bei Längen um die 20 mm fällt die Zugfestigkeit, bedingt durch Strukturfehler, auf etwa

1 GPa bis 2 GPa. Der Forschungsaufwand bis zur Herstellung von mehreren Tausend Kilometer langen CNT-Strukturen erscheint noch ausgesprochen hoch.

**Kosten:** Die Möglichkeit, einen Weltraumaufzug auf der Erde zu bauen, steht und fällt mit der Verfügbarkeit des Materials für das Aufzugseil. Von der Verfügbarkeit dieses extrem zugfesten Seils bis zum betriebsbereiten Aufzug hat die NASA in einer Studie aus dem Jahr 2003 eine Konstruktions- und Entwicklungsdauer von 15 Jahren geschätzt, bei Materialkosten von 6 bis 7 Mrd. USD. Berücksichtigt man die üblichen Ineffizienzen, sind Projektkosten von ca. 20 Mrd. USD zu erwarten. Ist einmal ein Weltraumlift auf der Erde etabliert, reduzieren sich die Kosten für den Bau eines weiteren, z. B. auf dem Mond, erheblich. Zum einen ist der Bau auf dem Mond aufgrund der geringeren Schwerkraft erheblich einfacher, zum anderen sind alle Entwicklungsvorarbeiten bereits geleistet. Hinzu kommen noch reduzierte Transportkosten in den Weltraum durch den bereits bestehenden Aufzug. Die Kosten eines Weltraumlifts auf dem Mond können also mit 5 Mrd. USD geschätzt werden.

**Nutzen:** Die beiden Weltraumlifte ermöglichen es, nahezu ohne Treibstoffverbrauch von der Erdoberfläche zur Mondoberfläche zu gelangen. Die Transportkosten reduzieren sich damit auf die für

**Kohlenstoffnanorohr**

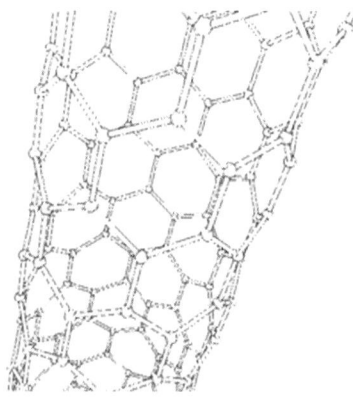

den Betrieb des Aufzugs erforderlichen Kosten, die in der NASA-Studie auf 220.000 USD pro Tonne für den Aufzug von der Erde angegeben wurden. Geht man davon aus, dass die Kosten für den Transport mit einem vergleichbaren Mondaufzug nur halb so hoch sind, kostet der Transport bis zum Mond insgesamt etwa 330.000 USD pro Tonne. Bei Einsatz von konventionellen Technologien liegen die Kosten, wie in den vorangehenden Kapiteln gezeigt, bei etwa 20 Mio. USD pro Tonne vom Mond zur Erde und etwa 15 Mio. USD pro Tonne von der Erde zum Mond. Pro transportierte Tonne würden also ungefähr 14,7 Mio. USD eingespart. Die NASA gibt die Leistung des vorgeschlagenen Weltraumaufzugs mit 1.000 t pro Jahr an. Dies entspricht einer Einsparung von 14,7 Mrd. USD pro Jahr gegenüber konventionellen Raketenstarts und Landungen.

Allein für den Bau der hier vorgestellten Mondsiedlung müssen etwa 1.400 t Material zum Mond gebracht werden, etwa 6.400 t auf dem Mond produzierter Treibstoff werden für die Landung benötigt. Bei der Verwendung von zwei Weltraumlifts ließen sich etwa 10,6 Mrd. USD für den Bau der Mondsiedlung einsparen und die Bauzeit der Siedlung deutlich reduzieren.

Der wichtigste Vorteil der reduzierten Transportkosten liegt in den deutlich günstigeren Passagiertickets. Bei 100 kg pro Passagier würde ein Ticket ab 22.000 USD zu haben sein, bei den bisher angesetzten 250 kg pro Passagier sind 55.000 USD zu bezahlen. Abhängig von der erreichten Fahrgeschwindigkeit der Aufzugsgondel dauert die Reise zum Mond zwischen 14 Tagen (400 km/h) und bis 25 Tage (200 km/h).

Wie bereits gezeigt, ist es ohne Weltraumaufzug möglich, mit einem Jahresbudget von 500 Mio. USD etwa 14 Personen pro Jahr umzusiedeln. Mit den Aufzügen wird es mit dem gleichen Budget möglich sein, zwischen 9.090 und 22.727 Personen binnen eines Jahres umzusiedeln – die Jahreskapazität des Aufzugs von 1.000 t bzw. 4.000 bis 10.000 Personen würde Geld als begrenzenden Faktor ablösen. Ein Weltraumaufzug auf Erde und Mond wird sich zwar nicht durch die Gründung einer Mondkolonie alleine amortisieren, hat allerdings das Potenzial, seine Baukosten bereits in den ersten beiden Betriebsjahren einzusparen.

Umsetzung: Die technischen Voraussetzungen für den Bau eines Weltraumaufzugs sind in absehbarer Zukunft nicht gegeben, da sich die nötigen Materialien erst in der Grundlagenforschung befinden und sich der Fortschritt nur mühsam einstellt. Japan hat als bisher einziges Land offiziell die Absicht geäußert, einen Weltraumlift zu bauen.

# TERRAFORMING

Terraforming beschreibt die umfassende Veränderung eines Himmelskörpers hin zu einer Umwelt, die den irdischen Umständen entspricht. Im Wesentlichen müssen dafür vier Parameter angepasst werden: Druck, Temperatur, Atmosphärenzusammensetzung und Wasservorkommen. Hat man das erreicht, ist irdisches Leben weitestgehend möglich.

Terraforming des Mondes hat den großen Vorteil, dass der Mond sich bereits auf der erwiesenermaßen besten Umlaufbahn um die Sonne befindet, um erdähnliches Leben zu ermöglichen: Er teilt sich eine Bahn mit der Erde.

**Druck:** Hauptproblem des Mondes ist der Mangel an einer Atmosphäre, wodurch so gut wie kein Luftdruck vorhanden ist. Wie der Saturnmond Titan zeigt, kann auch ein Mond mit geringerer Schwerkraft als der Erdmond eine Atmosphäre behalten. Auf der Erde hat die Atmosphäre eine Masse von etwa 9,8 $t/m^2$ im globalen Mittel, der mittlere Luftdruck beträgt 1.013 hPa. Aufgrund der geringeren Gravitation auf dem Mond muss die Masse der Atmosphäre entsprechend erhöht werden auf ca. 59.3 $t/m^2$. Damit wäre auf dem Mond ein Luftdruck wie auf der Erde möglich.

**Atmosphäre:** Um die Mondatmosphäre atembar zu gestalten, muss ein Stickstoff-Sauerstoff-Verhältnis von etwa 80 zu 20 erreicht werden. Dafür benötigt man 1,8 $10^{15}$ t Stickstoff und etwa 4,5 $10^{14}$ t Sauerstoff. Dies entspricht 44 % der Masse der Erdatmosphäre. Alternativ kann Stickstoff durch einen Asteroiden, der überwiegend aus gefrorenem Ammoniak besteht, „angeliefert" werden. Ein solcher Asteroid hätte einen Durchmesser von etwa 350 km. Nach dem Einschlag auf dem Mond würde Ammoniak im Sonnenlicht verdampfen und eine Atmosphäre bilden. Mit der Zeit spaltet das UV-Licht Ammoniak in Stickstoff und Wasserstoff auf. Der flüchtige Wasserstoff kann von der Mondatmosphäre nicht gehalten werden und entweicht in den Weltraum, Stickstoff bleibt zurück. Ammoniakhaltige Asteroiden werden

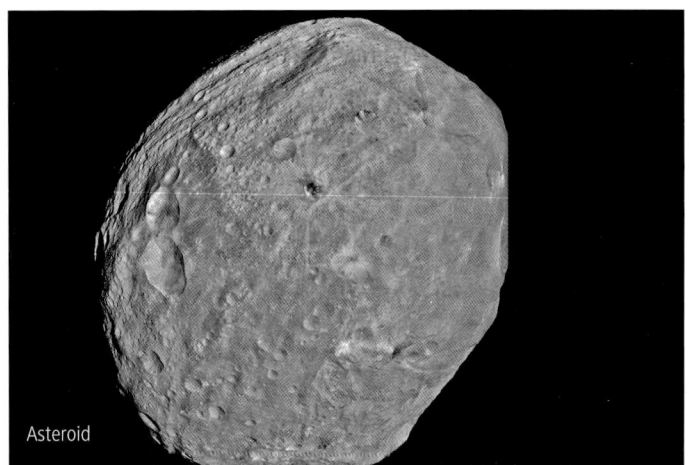

Asteroid

im Asteroidengürtel zwischen Mars und Jupiter sowie im Kuipergürtel jenseits des Pluto vermutet.

**Wasser:** Sauerstoff und Wasser könnten mit einem ähnlich großen Wassereisasteroiden auf den Mond gelangen. Nach dem Aufprall würde das Wasser schmelzen. Je nach der zu diesem Zeitpunkt bereits erreichten Lufttemperatur bliebe das Wasser auch während der Mondnacht flüssig. Durch Elektrolyse kann in großem Maßstab aus Wasser Sauerstoff und Wasserstoff gewonnen werden. Der erzeugte Wasserstoff kann als Brennstoff zum Betrieb von Fusionsreaktoren verwendet werden, die wiederum die für die Elektrolyse benötigte Energie liefern.

**Temperatur:** Die gewünschte Atmosphärentemperatur kann durch Zugabe von Treibhausgasen wie Methan oder $CO_2$ eingestellt werden. Methan ist wahrscheinlich ebenfalls in gefrorenem Zustand als Asteroid vorhanden. Es kann entweder direkt

Terraforming des Mondes

oder nach der Verbrennung zu $CO_2$ als Treibhausgas verwendet werden. Sobald eine für Pflanzenwachstum geeignete Atmosphäre erreicht ist, können die ersten Pflanzen von der Erde umgesiedelt werden. Später können sich auch Tiere und Menschen auf dem Mond im Freien aufhalten.

**Umsetzbarkeit:** Der Prozess des Terraforming ist ein langer und aufwendiger Vorgang. Ohne industrielle Beschleunigung wird es selbst bei der oben beschriebenen Nachhilfe Jahrtausende dauern, bis sich eine stabile Atmosphäre eingestellt hat. Das Aufrechterhalten der Atmosphäre erfordert kontinuierliche menschliche Unterstützung, da Gase immer wieder in den Weltraum entweichen werden und der Erdmond – frei von vulkanischer Aktivität – keine Gase nachproduziert. Terraforming des Erdmonds ist theoretisch vorstellbar und wahrscheinlich leichter als bei jedem anderen Himmelskörper im Sonnensystem. Noch fehlt es jedoch an den technischen Möglichkeiten zur Umsetzung. Für die ferne Zukunft kann es allerdings eine Chance sein.

# ZUSAMMENFASSUNG

In den vorangehenden Kapiteln wurden die drängendsten Fragen der Mondmission zweiter Generation adressiert und gezeigt, wie man mit einem nachhaltigen Ansatz Schritt für Schritt vom Erdorbit zum Mond kommen kann. Die Besiedlung des Mondes wurde in vier Phasen erklärt:

In der **Erkundungsphase** werden mit ein bis drei Mondflügen insgesamt drei potenzielle Siedlungsorte vor Ort durch Astronauten inspiziert. Die Wahl fällt auf den Ort, der eine gute Kombination aus tragfähigem Gestein und Aluminiumoxid-Vorräten bietet.

In der **Gründungsphase** wird das Swesda-Modul als Raumstation in den Mondorbit verlegt, auf der Mondoberfläche werden Vorbereitungen für das Anlanden eines Kernreaktors getroffen und schließlich ein 10-MWel-Reaktor abgesetzt, um die Station mit Energie zu versorgen. Nachdem anfänglich provisorische Lager – in zu Wohnmodulen umkonfigurierten Treibstofftanks – für die Siedler errichtet wurden, erfolgt der Siedlungsbau so bald wie möglich unterirdisch. Ausgehend von den Wohnmodulen werden Tunnel in den Berg gegraben und Räume angelegt. Später werden die an der Bergflanke gegrabenen Wohnräume mit Fenstern ausgestattet. Als erste und zentrale Industrieanlage wird ein Regolithprozessor zur Gewinnung von Al/LOX als Treibstoff gebaut, bei 9 MWel Leistungsaufnahme können maximal 11,5 t Treibstoff pro Tag erzeugt werden. Schon bei niedriger Leistung kann die Mondsiedlung jetzt einen wichtigen Beitrag zur eigenen Versorgung leisten. Zum Ende der Gründungsphase wohnen 21 Siedler auf dem Mond, die sich selbst versorgen können.

In der **Wachstumsphase** wird die Industrieproduktion ausgebaut. Die Metallgewinnung wird auf Titan und Magnesium erweitert, als weitere Baustoffe können Kalk, Zement, Glas und Solarzellen hergestellt werden. Die Möglichkeiten zur Metalllegierung und Verarbeitung werden ausgebaut. Im Laufe von 10 bis 20 Jahren wird die Siedlung vergrößert. Am Ende der Wachstumsphase hat sie etwa 400 bis 1000 Einwohner.

In der **Leistungsphase** verfügt die Siedlung über einen Produktionsüberschuss und kann für den Export produzieren. Vom Mond aus können Raumstationen im Erd- oder Mondorbit mit Treibstoff, Druckbehältern oder Solarmodulen versorgt werden. Die Möglichkeit zum Bau eines Marsraumschiffs im Mondorbit besteht.

Die **Kosten** für die Besiedlung des Mondes werden auf maximal 275 Mrd. USD geschätzt. Über einen Zeitraum von 30 Jahren also 9,2 Mrd. USD/Jahr. Mit Beginn der Wachstumsphase kann über die Produktion von Treibstoff auf dem Mond ein Beitrag zu den Kosten geleistet werden. In der Leistungsphase wird die Produktionsleistung der Siedlung auf 781 Mio. USD bis 23,6 Mrd. USD jährlich geschätzt. Hinzu kommt eine erwartete positive Stimulation der Weltwirtschaft durch Spin-off-Technologien aus der Entwicklung des Mikro-Kernreaktors und des Regolithprozessors in Höhe von 17 Mrd. USD pro Jahr. Nimmt man die Produktionsleistungen der Siedlung und die Rendite der erwarteten Spin-Offs als Grundlage, ist eine Rendite von bis zu 14,6 % pro Jahr, auf Investitionsvolumen von 275 Mrd. USD, möglich. Um die Finanzierung von der Politik zu entkoppeln, wird eine Gründung der Mondbasis als Kapitalgesellschaft vorgeschlagen, die den Großteil ihres Kapitals aus einer Abwandlung des Crowdfundings und dem Seedfunding erhält. Branding, Kredite und Erlöse aus zu erwartenden Patenten sowie die Exportleistung der Siedlung stellen den Siedlungsunterhalt über die ersten 30 Jahre hinaus sicher. Staaten, Firmen und wohlhabende Individuen können sich in die Kapitalgesellschaft einkaufen und so einen Beitrag zur Besiedlung leisten und später von der lunaren Wirtschaftsleistung profitieren.

Die Besiedlung des Mondes:

## Logisch sinnvoll. Technisch möglich.

## Finanziell profitabel.

# Packen wir es an!

„Die längste Reise beginnt mit dem ersten Schritt."

(Laotse)

# BILDNACHWEISE

S. 6 NASA
S. 10 NASA
S. 11 NASA
S. 13 USSR Post Office
S. 14 NASA
S. 16 NASA
S. 17 Ad Meskens, commons.m.wikimedia.org/wiki/File:Spaceship_one2.jpg#mw-jump-to-license
S. 21 NASA
S. 23 solarseven/iStock/thinkstock
S. 25 Maximilian Brice, CERN
S. 28 Roger Wilco, commons.m.wikimedia.org/wiki/File:Moon_vs_earth_compositions.svg
S. 32 krblokhin/iStock/thinkstock; VladTeodor/iStock/thinkstock; Picsfive/thinkstock/iStock
S. 33 Chesky_W/iStock/thinkstock; Sport-Tied, erlucho/iStock/thinkstock; unclepodger/iStock/thinkstock
S. 39 NASA, JPL
S. 41 NASA/Goddard/University of New Hampshire
S. 42/43 NASA
S. 44 NASA/USGS/LPI/ASU; NASA
S. 45 Armael
S. 47 NASA/Goddard Space Flight Center/Arizona State University
S. 48 Chinese Academy of Sciences/China National Space Administration/The Science and Application Center for Moon and Deepspace Exploration
S. 50 ISRO/NASA/JPL-Caltech/Brown Univ./USGS
S. 56 DLR/Thilo Kranz (CC-BY 3.0) 2013
S. 57 NASA, US Air Force
S. 58 NASA/Tony Gray and Kevin O'Connell
S. 59 JAXA
S. 60 DLR
S. 61 NASA
S. 62 NASA/Bill Ingalls
S. 63 NASA LaRC/John K. Quinn
S. 63 NASA
S. 65 NASA
S. 67 NASA
S. 68 CETA, NASA
S. 69 NASA
S. 70 NASA
S. 71 NASA
S. 72 NASA

S. 73 NASA, ESA/NASA
S. 74 NASA/George Shelton; NASA/KSC
S. 75 NASA
S. 76 NASA
S. 77 NASA
S. 78 NASA
S. 79 NASA
S. 80 NASA
S. 81 NASA
S. 82 NASA
S. 83 NASA
S. 84 Reubenbarton
S. 85 NASA
S. 90 NASA
S. 91 NASA
S. 93 NASA
S. 96 NASA
S. 98 NASA
S. 108 NASA
S. 109 NASA
S. 124 NASA
S. 132 Torrissen CC BY-SA 3.0;
Nebular1 10 (CC BY 2.5)
S. 135 NASA
S. 136 NASA
S. 137 NASA
S. 138 NASA/GSFC/Arizona State University
S. 139 NASA; NASA/GSFC/ASU;
S. 140 NASA/GSFC/ASU
S. 141 NASA
S. 142 NASA
S. 143 NASA; NASA/GSFC/Arizona State University
S. 149 NASA
S. 169 NASA
S. 195 NASA
S. 197 NASA
S. 198 NASA
S. 203 NASA
S. 207 NASA
S. 213 FlairImages/iStock/thinkstock;
Mode-list/iStock/thinkstock
S. 215 Agromov/iStock/thinkstock
S. 216 tortoon/iStock/thinkstock
S. 218 NASA; Via Motors

S. 228 Omnidoom 999
S. 240 Kathy Hutchins/Shutterstock.com; Amazon.com
S. 251 Schwarzm
S. 253 DLR
S. 254 Daein Ballard
S. 258 Privat

Dr. Florian Nebel

## DER AUTOR

Als leidenschaftlicher Erzähler hat der Physiker Dr. Florian Nebel in den vergangenen 20 Jahren etwa 1.000 Geschichten zu Papier gebracht, ebenso wie den Cyberpunk-Roman „Schatten der Paranoia".

Inspiration für „Die Besiedlung des Mondes" lieferten dem 39-Jährigen, der als Systemingenieur in der Luft- und Raumfahrtbranche tätig ist, die Verschwörungstheorien, deren Anhänger behaupten, eine Mondlandung hätte nie stattgefunden. Das Argument, eine Mondreise sei technisch nicht möglich, ist schnell widerlegt. Fasziniert von den Chancen, die eine Besiedlung des Mondes der Menschheit bietet, steigt er tiefer in das Thema ein und stellt schließlich einen genauen Plan auf, wie dieses Vorhaben Schritt für Schritt durchgeführt werden kann.

Besonders reizvoll für den Kernphysiker, der schon als Kind mit Captain Future und später Captain Kirk zu fremden Welten aufgebrochen ist, sind die technischen Herausforderungen einer Mondmission: das Überleben im Weltraum, der mit Vakuum, Strahlungsumfeld und großen Temperaturunterschieden eine extrem unwirtliche Umgebung für Menschen darstellt. „Dazu das Umfeld bei einem Raketenstart, wo starke Beschleunigungen und Vibrationen wirken, das ist eine technisch extrem spannende Herausforderung."

Dr. Florian Nebel lebt mit seiner Frau in der Nähe von München. Neben dem Schreiben sind Brett- und Computerspiele sein großes Hobby. Das Angebot einer Mondreise könnte er nur schwer ablehnen.

*Mein Traum ist, dass die Menschheit in den Weiten des Weltraums Einheit findet, sich nicht länger nach Geburtsort, Abstammung oder Religion trennt, sondern sich als Menschheit erkennt.*

*Mein Traum ist, dass die Menschheit beim Versuch, einen lebensfeind-lichen Himmelskörper bewohnbar zu machen, erkennt, wie schwer es ist, und so mehr Respekt gegenüber der Erde entwickelt, die bereits das hat, was wir uns von einem fremden Planeten wünschen.*

*Mein Traum ist, noch selbst erleben zu können, wie die Menschen eine zweite Welt besiedeln.*

*Dr. Florian Nebel*

# IMPRESSUM

LV·Buch im Landwirtschaftsverlag GmbH, 48084 Münster

© Landwirtschaftsverlag GmbH, Münster-Hiltrup, 2017

1. Auflage 2017

Redaktion/Lektorat: Anne Huntemann, Tecklenburg
Gesamtleitung: Thomas Richter, Kristin Bertels
Gestaltung: Nina Eckes, www.nina-eckes.de
Illustrationen: Marc Guddorp, www.designstuebchen.de
Druck: Westermann Druck Zwickau GmbH

ISBN 978-3-7843-5487-3